NF文庫
ノンフィクション

局地戦闘機「雷電」

本土の防空をになった必墜兵器

渡辺洋二

潮書房光人新社

はじめに

三年八ヵ月にわたった太平洋戦争を、日本海軍戦闘機隊は零戦だけで戦った、と答えてもあながち過言ではあるまい。空母に載せられた艦隊航空隊は言うに及ばず、戦闘機を装備したほとんどの基地航空隊は、零戦を主力装備機にしている（のちに「紫電」一一型に機種改変した部隊はあったが）。わずかな例外は、夜間戦闘機「月光」装備の少数の航空隊と、「紫電」二一型（「紫電改」）を装備した二代目の第三四三航空隊のみである。

昼間戦闘機隊に限れば、二代目三四三空を除いたすべての航空隊が零戦をそろえていたわけだ。三四三空も、潰滅《かいめつ》した初代は零戦部隊だった。

どうして零戦が長期にわたって、これほどまでに多用されたのか。たかだか一〇〇〇馬力のエンジンを積んでいながら、空戦性能、速度、航続力、武装など攻勢に必要なあらゆる面で、他国の一流機と互角、あるいはそれ以上の能力を持っていたから、というのが答案用紙向きの説明だろう。

名をほしいままにした、昭和十七年までの状況を見れば、容易に理解できる。

この文意は、間違ってはいない。つぶよりの搭乗員たちの技倆《ぎりょう》とあいまって無敵・零戦の
しかし、この模範的回答のなかに埋もれて、表面に浮き上がりにくいもう一つの要因が、強く作用していたはずである。それは、零戦の「扱いやすさ」ではなかろうか。

扱いやすさには、搭乗員にとっての面と、整備員にとっての面とがあって、ここで言いたいのは前者だ。多くの零戦搭乗経験者から得た回想のなかで、「零戦は操縦が難しく、乗りにくい飛行機だ」と聞かされた覚えは一度もない。誰もが「あんなにすなおで、癖のない飛行機はない」と語っている。

太平洋戦争を戦った海軍と陸軍の各種戦闘機を通じて、とにかく操縦特性に関するかぎり、これほど不満の出ない飛行機はほかにない。陸軍では一式戦闘機「隼」が似た存在だが、零戦には及ぶまい。ほとんどの機は操縦員によって評価が分かれるのがふつうなのに、昭和一桁《けた》から飛んでいる超ベテランも、総飛行時数二〇〇時間たらずの若年操縦員も、こぞって零戦の飛ばしやすさをほめている。

ここにこそ、零戦が終戦の日まで主力機であり続けた原因があるのではないか。太平洋戦争の旗色が悪くなってから、速度が出ない、防弾装備が不足だ、などと言われながらも、たえず量産に拍車をかけられたのは、古参にも新人にも好まれた万人向きの癖《くせ》のなさに、海軍が魅了されていたからだろう。

公平に見て零戦は名作に違いなく、バランスがとれた性能は万能戦闘機の名に恥じなかっ

た。同時期に外国で設計された多くの戦闘機のなかで、数字以外の面もふくんだ総合性能で、零戦に勝る優秀機は見つけにくい。

けれども万能とは、あらゆる方面で水準以上の成績を残せる意味であり、どの分野でも抜群というわけにはいかない。人間に当てはめれば、陸上、水泳、球技となんにでも適し得るスポーツマンはいるが、彼がスプリンターと一〇〇メートル走を競ったら、勝敗は明らかだ。道具にしても十徳ナイフはいろいろに使えて便利だけれども、缶詰を開けるだけなら専用の缶切りのほうが楽である。

これは、「万能」よりも「専用」が高度だと言っているのでは、もちろんない。全般に水準の高い人間や機器を作り上げるのは、一つだけ飛び抜けて優れたものを完成させるよりも難しい場合が多い。そして一般の局面では前者の方が、よりフレキシブルで広汎《こうはん》な運用が可能なのだ。

だが世の中には、水準をはるかに超える高度な内容を、要求されるケースが少なくない。市販のナイフはたいていのものを削ったり切ったりでき、取り扱いも容易で、買ったそのときから素人《しろうと》でも使いこなせる。これにくらべて、調理師が使う包丁《ほうちょう》や、工芸家の愛用する彫刻刀は、だれでも扱える代物《しろもの》ではなく、意のままに使うには年月をへた熟練が必要だ。そのかわり専門の用途においては、手容易ななんでも屋の小刀《こがたな》などとは、比較にならない切れ味を発揮する。

零戦が、誰にでも手軽に扱えて汎用性に富む市販のナイフだとすれば、本書の中心をなす

「雷電」は、まさしく専門家向けの刃物、すなわちプロの乗る戦闘機であった。

零戦のように安直には乗りこなせないし、運動性では及ばず、視界も劣る。大馬力、高翼面荷重からくる癖の強さは、経験の浅い搭乗員の手にあまるし、零戦に慣れたベテランにきらわれた例は少なくなかった。整備員たちも、延長軸を用いた動力系統や、工作の不充分な電気系統の故障多発には手を焼いた。汎用性のある機材ではなく、一般向けの飛行機とは言い難かった。

しかし戦況が、この扱いにくい「雷電」の登場をうながした。かつての万能機・零戦は、米軍機の性能向上にともなって、さして取りえのない平凡な存在へと落ち、よほどの敏腕搭乗員が操縦桿をにぎらなければ、必殺の一撃を与えられなくなっていた。

これにくらべて、扱いにくい鬼っ子の「雷電」は、慣熟した操縦員が調子万全の機に乗って発進すれば、抜群の上昇力と強力な武装によって、邀撃《ようげき》専門に鍛え上げられた切れ味を存分に発揮した。一芸だけに秀でた戦闘機が必要な情勢に変わっていたのだ。

生産機数は零戦の二〇分の一にすぎず、実戦期間もわずか一年でしかなかった「雷電」に、零戦のような華々しいエピソードはない。それでもこの局地戦闘機が、いまなお、ひと筋の光となって日本航空史に輝き続けているのは、逆境のなかで燃えつきようとしたプロたちが愛する飛行機だったからにほかならない。

文中の言葉には、できるだけ海軍の正式用語および慣用語を使っている。たとえば装備火器に関しては、口径四〇ミリまでを機銃と記した。ただし、陸軍は一二ミリ以上、ドイツ軍は二五ミリ以上を、連合軍では二〇ミリ以上を機関砲と称しており、いずれもそれぞれの基準に従った。

飛行機が出しうる最も速い速度を、陸軍の「最大速度」に対し、海軍では「最高速度」と称する。本書ではこれを遵守《じゅんしゅ》している。

搭乗員の出身については、海軍兵学校生徒を海兵、海軍機関学校生徒を海機、飛行予備学生を予備学生または予学、操縦練習生を操練、甲種（乙種、丙種）飛行予科練習生を甲飛（乙飛、丙飛）予科練、あるいは単に甲飛（乙飛、丙飛）と略記した。階級は、飛行兵曹長（陸軍の准尉に相当）を飛曹長、上等飛行兵曹を上飛曹（同・曹長）、飛行兵長を飛長（同・兵長）、上等飛行兵を上飛（同・上等兵）と略すのがならわしだった。整備員の場合は、「飛行」（略語では「飛」）の部分が「整備」（略語では「整」）に入れ替わる。

また航空隊の名称は、第三〇二《さんまるふた》海軍航空隊などと表記するのが正式だが、第三〇二航空隊、あるいは三〇二空を用いた。いずれも、フルネームを記したさいの読みにくさを避けるためである。

分かりにくい語句については適宜《てきぎ》、短い説明を付した。そうした文言や注釈などは（　）内に、また会話中で省略された言葉は〔　〕内に入れて、それぞれ区別してある。

『局地戦闘機「雷電」』目次

局地戦闘機「雷電」

本土の防空をになった必墜兵器

第一章　局地戦闘機の誕生

特異な機種構成

第二次世界大戦を戦った列強七ヵ国の航空兵力の配分をながめてみると、空軍型、空海軍型、陸海軍型に三分される。

空軍型は、ドイツ、イタリア、フランス、ソ連で、主要航空兵力の大半が空軍に所属し、残りわずかが海軍機という内容だ。海軍の装備機は主として水上機、飛行艇であり、戦闘機や攻撃機はない。これは、航空母艦を戦力化できなかったためである。

空海軍型はイギリス。航空兵力の主力は空軍が有するが、空母を持つ海軍は固有の攻撃戦力を備え、独自の作戦を実行しうるだけの能力がある。けれども戦力の規模では、あくまで空軍が主、海軍が従のかたちをとっている。

残る陸海軍型が日本とアメリカだった。他の列強では、陸軍はせいぜい連絡機程度しか持っておらず、地上部隊への直接協力任務も空軍が受け持つのにくらべ、日米は陸軍の航空組織が空軍に準じるほどの立場にあった。つまり、空軍独立以前の旧体制にとどまっていたとみなしうる。

両国の海軍航空も、重要な部分で他の五ヵ国と異なっていた。それは、独、伊、仏、ソの四ヵ国の海軍はもとより、空母を運用する英海軍と比較しても、兵力が大きかった点である。

米海軍およびそのなかの独立組織である海兵隊の航空兵力は、大戦勃発《ぼっぱつ》後に急速に整備が進み、装備機数こそ陸軍航空軍に及ばなかったけれども、威力の点では互角に近いほどにまで成長した。とりわけ、洋上の戦闘が勝敗を決した太平洋戦線では、米海軍／海兵隊機の活動によって、日本が戦術的にはもとより戦略的にも敗北を喫したケースが、いくつも見受けられる。

使用機材の側から見ても、ほとんど全機種を米海軍独自の開発機でまかなった。艦上機中の花形である単座戦闘機を、空軍機の改造や米海軍機の借用ですませた英海軍に、はっきり差をつけている。

ところが日本海軍は、この点でさらに顕著だった。保有艦艇で米英に劣勢をしいられた海軍は、昭和五〜六年ごろから長距離攻撃機の開発に取りかかり、他国海軍に例がない、陸上を基地とする航空兵力を整え始めた。ねらいは長駆、洋上に進出して艦隊決戦に参加し、水上兵力の不足を補うところにあった。

この長距離攻撃機、すなわち陸上攻撃機が昭和十一年（一九三六年）に、九五式陸攻（大攻）、九六式陸攻（中攻）として制式採用されてから、日本海軍の陸上航空兵力は急速に拡大されていき、後継機一式陸攻のほか、陸上偵察機（九八式、二式）、陸上爆撃機（「銀河」。海軍では急降下爆撃の可能なものだけを爆撃機と称する）、陸上戦闘機（十三試。のちの二式陸上偵察機および夜間戦闘機「月光」の原型）と、つぎつぎに陸上基地専用の機材を量産あるいは試作した。どれ一つとして他国の海軍には見られない機種だった。

さらに特異なのは装備機数である。アメリカでは昭和十六年（一九四一年）から二十年（一九四五年）八月までの海軍機数が陸軍機数の四六パーセントだったのに対し、日本の場合は九〇パーセントを超えている。つまり日本海軍は、陸軍ないし空軍とほぼ同数の飛行機を持つ、世界で異色の航空部門を抱えたのだ。これだけ装備機数が多い理由は、陸上専用機を多数そろえていたからにほかならない。

そして、太平洋戦争がその名のとおり、洋上および島嶼《とうしょ》での戦いを主体に経過したために、日本海軍航空部隊の重要性は陸軍航空部隊を上まわる面がいくつもあった、と評し得るのである。

艦戦は格闘戦至上主義

さきに述べた日本海軍の特異な陸上専用機種の一つが、本書の〝主人公〟たる「雷電」に代表された局地戦闘機だった。局地戦闘機（局戦と略す）とは日本海軍の呼称で、一般にはインターセプター・ファイターすなわち邀撃《ようげき》戦闘機と呼ばれる。要地への攻撃をめざして飛来する敵機（主として爆撃機）を待ち受け、投弾阻止を目ざして襲いかかるのが主任務であり、ひらたく言えば防空戦闘機だ。

要地防空に必要なのは、ただちに敵の来襲高度まで駆けのぼれる上昇力と、敵を追撃し捕捉できる速度、それに大型機を一撃で撃墜する火力の三点だ。長時間飛ぶための航続力や、敵機の後方にまわりこむ運動性などは二の次におかれる。

国境を接し、敵機侵入までに時間的余裕がないヨーロッパでは自然、邀撃戦闘機的な要素が重視された。一九三一年（昭和六年）から部隊配備が始まった英空軍のホーカー「フュリー」I型が、当初から邀撃戦闘機として開発されたのは例外としても、一九三〇年代以降の単発単座戦闘機はこの傾向の強いものが多い。

東西両岸を大洋に洗われ、国土も広大なアメリカでは、一九三九年（昭和十四年）早々に初飛行したカーチス・ライトCW－21が軽量邀撃戦闘機だったが、あくまで他国が使うための輸出用機である。開戦前までの米陸上戦闘機は全般的に、特徴がはっきりしない性能に作られていた。

艦隊決戦の補助戦力をめざす陸攻には大航続力を求めた日本海軍が、昭和初期のころから戦闘機に期待したのは、まず軽快な運動性、つまり小回りを利《き》かす格闘戦（巴戦《ともえせん》）能力だった。昭和四年（一九二九年）採用の中島飛行機の三式艦上戦闘機いらい、敵戦闘機に後方から狙われてもヒラリと体《たい》をかわし、小まわりをきかせて敵の後ろに食いつく、軽業《かるわざ》的な要素を追求していた。

これは、集団行動が苦手で一騎打ちを好み、他人にまねができない名人芸を重んじる、日本人の性格に裏付けられた宿願と言える。その延長線上の性能として、三舵（補助翼、昇降舵、方向舵）の効きのよさ、離着陸の容易さ、敵を見つける視界の広さが望まれた。三菱重工業設計の九六式艦上戦闘機はこうした諸性能を満足させた、日本初の近代的戦闘機として登場した。

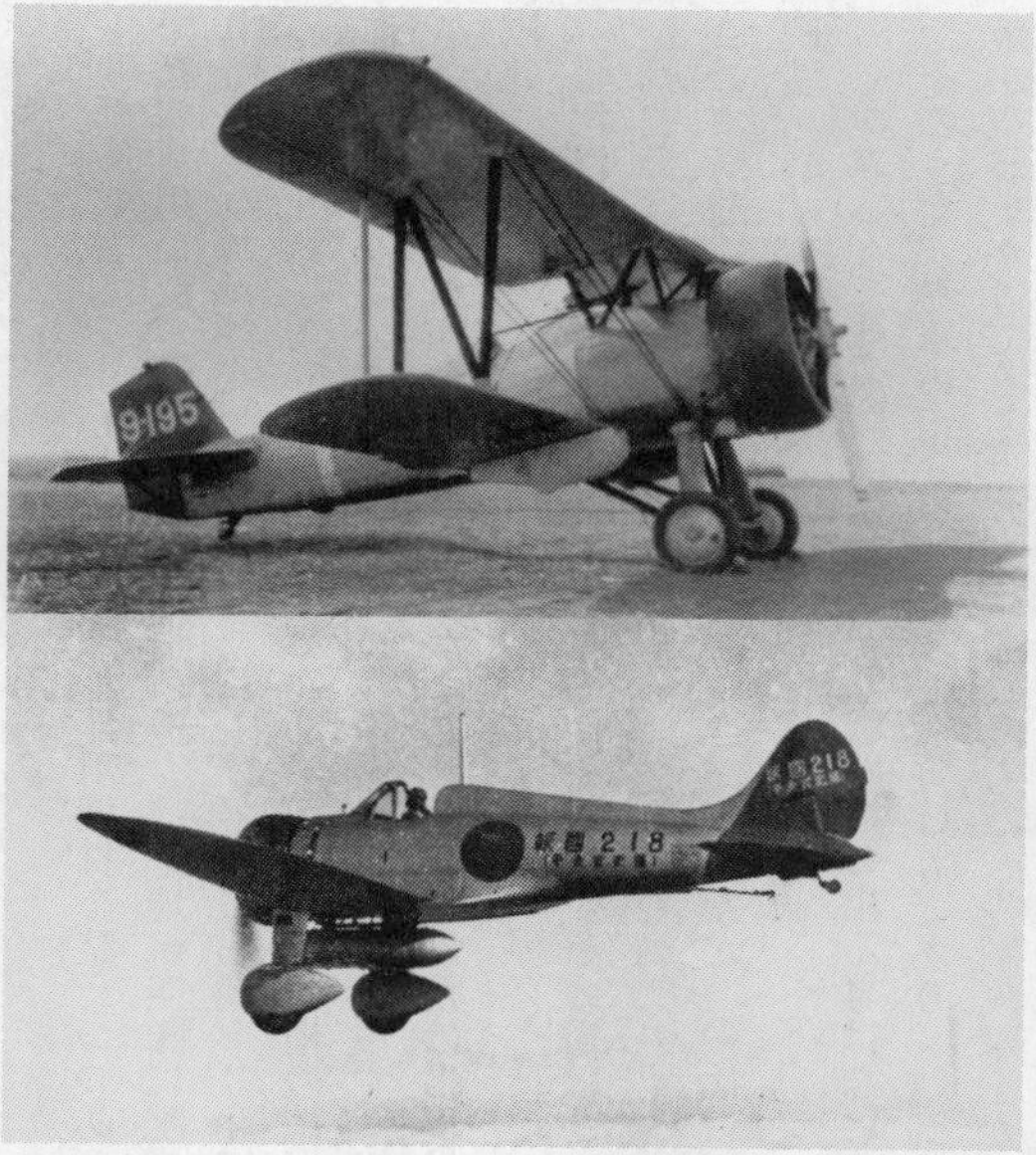

上：運動性を追求した複葉の九五式艦上戦闘機。下翼に落下式増加燃料タンクを取り付けた第十四航空隊の装備機材で、華南戦線で作戦中に撮影。下：華中戦線の十二空へ空輸される九六式二号艦上戦闘機。九六艦戦は海軍戦闘機メーカーの座を中島から三菱に取りもどした堀越チーム設計の傑作機だ。

海軍は九六艦戦の後継機に、さらに欲ばった能力を要求した。陸攻の掩護《えんご》を完遂しうる、格段の大航続力と、一撃で敵機に致命傷を与えられる大口径機銃の装備である。この無理難題を可能なかぎり実現してみせたのが、敗戦当日まで日本海軍の主力であり続けた零式艦上戦闘機だった。

開戦前に陸攻を中心とする陸上基地用機材を整えつつあった日本海軍も、戦闘機は一貫して艦戦を用いた。母艦航空隊はもちろん、基地航空隊に配備されて日華事変を戦ったのは、中島設計の九五艦戦と、九六艦戦および零戦の艦戦トリオである。

陸上専用戦闘機を作らなかったのは、艦戦が制空権の確保を目的とする制空戦闘機で、これら三種の各機が性能的にも列強の陸上戦闘機に劣らず、艦上と陸上の併用としてなんら差しつかえがなかったからだ。とくに九六艦戦と零戦は出現当初、確実に陸上機の世界水準を抜いていた。

艦戦はそのまま陸上戦闘機として使えるが、その逆はたいてい無理だ。それに、海軍の望む戦闘機は一にも二にも艦戦である。艦戦はなによりも発着艦が容易でなければならない。ここに格闘性能至上主義の日本海軍(陸軍もだが)の伝統が加わっては、高速一撃離脱を主戦法とし、翼面荷重(全備重量を主翼面積で割ったもの。一般に数値が高いほど運動性が劣る)が大きくて離着陸の困難な邀撃戦闘機の出る幕はない。

そのうえ、海軍の用兵思想は攻撃一点ばりであり、防御はほとんど考慮していなかった。敵が空襲をかけてくる恐れが生じたならば、先制攻撃をかけて敵基地を破壊してしまう方針を堅持しており、典型的な防御兵器である邀撃戦闘機を受け入れるような素地が、そもそもありはしなかった。

しかし、この日本海軍が日華事変の戦訓により、陸上専用の邀撃戦闘機、すなわち局地戦闘機に目を向けるときが来たのだ。

敵の空襲が生んだ必要性

昭和十二年（一九三七年）七月七日、北京郊外の盧溝橋《ろこうきょう》に散った火花はしだいに燃え広がって、当初の「戦火不拡大」方針にもかかわらず日本軍は本腰を入れだし、鎮火の気配が見られないまま、広大な大陸での果てしない追撃戦、日華事変に移行した。作戦協定により陸軍が華北方面の、海軍が華中と華南方面の、それぞれ主担当者として航空作戦を展開し、海軍は基地航空隊、艦隊（母艦）航空隊、水上機隊を動員。対米艦隊決戦用の〝虎の子〟の中攻隊を、爆撃戦力の中核に置いた。

中国航空兵力を質・量ともにはるかに凌駕《りょうが》する海軍航空部隊は、国民政府の首都・南京上空の制空権確保を手はじめに逐次、目標をつぶしていったが、弱小とはいえ中国空軍も果敢な反撃を見せ、日本軍の後方基地などに空襲をかけてきた。早くも七月十六日には、上海および呉淞《ウースン》沖の艦船と陸戦隊本部に延べ一二五機（日本側判断。以下同じ）が来襲。以後も、小規模の敵編隊が艦艇や陸上基地に投弾した。

ソ連から機材と搭乗員の供給を受ける中国空軍の抵抗は、十三年に入っても続いた。一月二十六日には敵双発爆撃機ツポレフＳＢ《エスベー》２一二機が海軍航空隊の哨戒線をくぐり抜けて南京・大校場基地に投弾したため、中攻二機炎上、六名戦死の損害が出た。哨戒中の九五艦戦と、離陸・追撃した九六艦戦が一機ずつを撃墜したけれども、低速の九五艦戦ではＳＢ２を捕捉

南京・大校場付近にソ連製の中国空軍ツポレフSB2M－100双発爆撃機が撃墜された。その高速性能に海軍航空は邀撃戦闘機の必要性を感じとった。

しがたく、戦闘後に九六艦戦への改変要望が出されている。複葉戦闘機の時代は、このときすでに終焉《しゅうえん》を迎えていたのだ。

六月中旬から七月下旬のあいだ、南京と漢口を結ぶ揚子江流域のほぼ中間にある安慶の周辺に、爆撃機を中心に延べ二〇三機もの中国機が来襲してきた。飛行場や艦艇を爆撃し、海軍に急遽《きゅうきょ》、増援航空兵力を送らせるほどのしぶとさを見せる。十月下旬に臨時首都・漢口が占領されても、中国首脳部はさらに奥地の四川省・重慶に後退して政府を維持。なおも徹底抗戦の態勢をくずさない。

侵入する中国空軍の爆装戦闘機や攻撃機、爆撃機の捕捉・撃墜はなかなか難しかった。新鋭機九六艦戦でも、急速発進して敵の高度に到達するまでに逃げられてしまう。それまで艦戦一本槍で来た海軍は、高速の陸上戦闘機を急いで大陸へ防空用に投入する、異例の企画を立てた。

日華事変が始まって数ヵ月たった昭和十二年の

引き込み脚と密閉式風防を備えたドイツのハインケルHe112V9。海軍はこの試作機の高速性能を期待して生産型Ｂ－0を昭和13年に12機輸入する。

秋、海軍航空本部は、水上偵察機や艦上爆撃機の生産権購入でかねて懇意《こんい》のドイツのハインケル社に対し、メッサーシュミットＢｆ109との競争試作で敗れたＨｅ112三〇機の購入を通達した。〝渡りに船〟のハインケル社はＨｅ112Ｖ９（試作九号機）をベースにしたＨｅ112Ｂ－０の生産に入り、翌十三年の五月ごろ、第一陣一二機を船積みして日本へ送った。

Ｈｅ112Ｂ－０は引き込み脚と密閉式風防を備えた楕円《だえん》翼のスマートな液冷戦闘機で、九六式二号艦戦一型に比べて、カタログ値（五一〇キロ／時）で約八〇キロ／時、海軍の実測値で約六五キロ／時も高速だった。だが、上昇力はほぼ同じ、運動性は大幅に劣るため、輸入は一二機で打ち切られて、参考機材の域を出ずに終わり、実戦には使われなかった。

なお、Ｈｅ112Ｂ－０とは別に（おそらく先だって）、開放風防で垂直尾翼が低いＡ型原型のＨｅ

B－0の先行見本として海軍が入手したと推定できるHe112V5の風防は開方式だった。航空技術廠の担当者たちが霞ヶ浦航空基地で試飛行の準備中。

112V5（試作五号機）が送られてきた。エンジン出力がB－0よりも小さなこの機は、最大速度も九六艦戦と二〇キロ／時と違わず、海軍から操縦性は「普通」、運動性は「相当に劣る」の判定を受けている。

海軍がHe112をきらった主因が、その劣等な運動性、つまり格闘戦能力の低さにあったのは間違いない。初の実戦用陸上戦闘機として輸入されたHe112を葬った、旋回性能を追求してやまない格闘戦至上主義は、以後の局戦開発に大きな影響を及ぼすのだ。

要求性能確立への模索

He112の輸入を契機として、局地戦闘機に対する要望がかたちをなし始め、昭和十三年秋には「防空用の陸上戦闘機」の性能要求が、あいついで二件提出された。

一つは、九五艦戦、ついで九六艦戦を装備して

空襲！　邀撃！　SB爆撃機の接近で揚子江沿岸にある九江基地から、十二空の九六式二号艦戦が緊急発進にかかる。操縦席に座るのは小福田租中尉。

華中方面で戦っていた第十二《じゅうに》航空隊から、戦闘経験にもとづいて出された試作戦闘機の要求性能についての所見である。この所見書では、操縦性（格闘戦能力）を最重要視する艦上戦闘機についてまず述べられ、続いて陸上戦闘機の項が立てられている。

二年後に初めて零戦を装備して、重慶上空で大戦果をあげる十二空は、十三年九月から漢口の下流にある九江に展開した。九江へはしばしば敵爆撃機が来襲し、九六艦戦はそのつど邀撃に発進した。敵機は低いときで一五〇〇～二〇〇〇メートル、高くて四〇〇〇メートルの高度で、時間を定めず三～四機やってくる。やや離れたところに監視哨があり、揚子江上の艦艇からも情報が入るのだが、よほど早く発進しないと敵高度への到達が間に合わない。

のちに「雷電」の審査を担当する十二空付《づき》

の小福田租《みつぎ》大尉は、しばしば邀撃に出動し、敵機捕捉が容易でないのを知って「上昇力がほしい。邀撃戦闘機があったらなあ！」と痛感した。いかに運動性が良好な九六艦戦にベテランが搭乗しようとも、敵機をつかまえられねば無為と同じなのだ。

十二空が提出した所見の冒頭には、来襲する敵攻撃機（多発爆撃機をさす）を迎え撃つ局地防御用機について、航続力と操縦性をいくらか犠牲にしても速力を最重視する、と掲げられている。この文意を額面どおりに受け取るなら、日本海軍としては画期的な要求と言えるだろう。

最高速度は仮想敵攻撃機を四〇ノット（七四キロ／時）上まわり、操縦性は特殊飛行がひととおりできれば可、航続力はできるだけ大きく、空戦高度は二〇〇〇～一万メートル、とされていた。

これらの要求性能は漠然としていて、交戦対象の様相を把握しがたい。ただ最高速度については、中国空軍が当時使っていたアメリカ製のマーチン139WC双発爆撃機が約三七〇キロ／時、同じくソ連製のツポレフSB2双発爆撃機が四二〇キロ／時強、本来の仮想敵であるアメリカの、新鋭双発爆撃機ダグラスB-18が三五〇キロ／時、四発重爆撃機Y1B-17A（B-17の最初の量産型）が四七〇キロ／時だから、この時点でなら五三〇～五四〇キロ／時を出せれば合格だろう。

所見書には、このあと艦戦および陸戦（局地戦闘機）用の機銃口径について書かれている。現用の七・七ミリ機銃では有効射程が短く、やや威力不足としながらも、本格量産に移りつつあった二〇ミリ機銃（スイス・エリコン社製FF型機関砲）は初速（銃口を出るときの弾丸速度）が小であることから「百害ありて一利なし」と決めつけ、一〇～一三ミリ級が限度と記している。

中国空軍が装備し実戦で用いられたアメリカ製のマーチン139WC双発爆撃機。ソ連製のSBよりは速度性能が劣った。

第十二航空隊の所見書と前後して昭和十三年九月、試作機の実用実験を担当する横須賀航空隊から、局地戦闘機の性能標準案が軍令部（海軍の作戦面でのトップ機構）次長あてで提出された。速度と上昇力を重点とし、格闘戦能力もできるだけアップさせ、航続力は全速で一時間（増加タンク装備時に巡航速度で六時間）、固定射撃兵装は一三ミリ機銃二梃、七・七ミリ機銃二梃を装備という内容で、あらたに上昇力が追加された以外は、やや具体化してあるものの、十二空の所見と大同小異の内容だった。

これを受けて翌十四年二月、軍令部で決まった局戦の性能標準もほぼ同様で、射撃兵装だけに変化が見られた。つまり、第一案が二〇ミリおよび七・七ミリ機銃各二梃、第二案が横須賀空案と同一の一三ミリおよび七・七ミリ各二梃、第三案が七・七ミリ機銃四梃とされ、第一案にようやく二〇ミリが登場した。これとても昭和十二年十月に出された十二試艦戦（のちの零戦）計画要求書の兵装と同一なのだが、軽量な小口径機銃に固執する大勢《たいせい》のなかで打ち出された案としては、いちおう注目に値する。エリコンFF型の国産版、九九式一号二〇ミリ機銃のテスト結果が良好だったためだろう。

提示された計画要求書

十二試艦戦の第一号機が海軍側のテスト飛行を受け、領収の段階にあった昭和十四年九月十二日、九六艦戦、十二試艦戦の設計主務者・堀越二郎技師は、多忙のなかを名古屋から上京して海軍航空本部（飛行機、搭載兵器の生産計画、審査や飛行方法の研究、航空要員の教育・養成などを担当する。陸軍にもある）へおもむいた。技術部の巌谷《いわや》英一造兵少佐に招かれたのだ。

堀越技師が巌谷少佐から示されたのは、十四試局地戦闘機の計画要求案だった。堀越技師は邀撃戦闘機に対する自身の考えを忌憚《きたん》なく述べ、名古屋にもどった。しかし、翌十五年に入っても三菱重工に正式な計画要求書は届かず、彼は十四試局戦の構想を練りつつ、十二試艦戦のテストや手直しに忙殺されていた。

堀越技師が局戦の内示を受けてからほどなく、戦火の消えない大陸で、防空戦闘機の開発をうながすような事件が起きていた。

昭和十四年十月三日の午後、漢口の競馬場を造成した飛行場のW基地で、第一連合航空隊司令官・塚原二四三《にしぞう》少将以下の幹部が、新鋭機の出迎えで指揮所に集まっているところへ、敵爆撃機（おそらくSB2双発機）八機が七〇〇〇メートルの高い高度で来襲。陸攻航空隊の副長二名を含む七名が戦死し、塚原少将が左腕を喪失したほか一二名が重傷を負った。十四日にもSB2二〇機が、太陽を背にして高度八〇〇〇メートルで奇襲攻撃をかけてきて、海軍約四〇機、陸軍約二〇機の多数が損害を受けた。このとき日本軍戦闘機三機が上空哨戒中だったが敵機に気づかず、あわてて九六艦戦七機が発進し、ようやく二機の撃墜を報告した。

二回の奇襲を許したのは、制空権確保からくる気のゆるみが原因だった。しかし、敵機を捕捉できなかった初回の空襲のさいに、上昇性能がよくて高速の局地戦闘機があれば追いつき、かなりの被害を与えて二回目の攻撃を躊躇《ちゅうちょ》させられただろう。また二回目の空襲時には、さらに多数の敵機を仕留められたに違いない。防空能力の弱い一連空が取り得た策は、敵主力基地の四川省・成都への報復攻撃だけであり、直接制圧はかなわなかった。

九六艦戦、零戦と傑作を続けて生んだ三菱の堀越二郎技師。

海軍にとって、初めての機種である邀撃専用機の、要求仕様をまとめるのに時間がかかったものか、航空本部から十四試局地戦闘機設計計画要求書が三菱に届けられたのは、内示から七ヵ月をへた十五年四月二十三日だった。「十四試」は十四年度（十四年四月〜十五年三月）中の試作指示を示す。この期間枠から若干はずれるケースは、特に珍しくはない。

他社との競争試作ではなく、三菱だけの一社指定である。海軍は前年の十四年からロスが多い競作を取りやめ、一機種一社の方針を決めていたからだ。

一社選択のさいに対抗馬の中島をはずしたのは、同社がすでに速度第一主義という、局戦と似たタイプのキ四四（のちの二式戦闘機「鍾馗《しょうき》」）の設計にかかっており、また同社が陸軍戦闘機の主力開発会社の座にあったためもあろう。しかし、なんと言っても九六艦戦、十二試艦戦と、連続して高性能機を生んだ三菱の手腕に、航空本部が期待をかけていたのを主因とみるのが妥当《だとう》だろう。

当時、三菱では一刻も早く十二試艦戦を大陸へ送るための準備と、その二号機の空中分解事故への対策であわただしく、戦闘機担当の第二設計課長・堀越技師や課長付の曽根嘉年《よしとし》技師らは、休むひまなく作業に励んでいた。

十四試局戦の計画要求書に記された各仕様は、次のとおりだった。

（一）目的

敵攻撃機を阻止撃破するに適する局地戦闘機を得るにあり

（二）型式

単発単葉型

(三)　主要寸度
特に制限を設けざるも、なるべく小型なること
(四)　発動機およびプロペラ
①発動機　昭和十五年九月末日までに審査合格の空冷発動機
②プロペラ　恒速（定回転）プロペラ
(五)　搭乗員
一名
(六)　性能［特記せざるものは正規状態とす］
性能要求順序を最高（最大）速度、上昇力、空戦性能、航続力とす
①飛行性能
(イ)最高速度　高度六〇〇〇メートルにおいて三二五ノット（六〇二キロ／時）以上。三四〇ノット（六三〇キロ／時）を目標とす
(ロ)上昇力　六〇〇〇メートルまで五分三〇秒以内。実用上昇限度一万一〇〇〇メートル以上
(ハ)航続力　正規状態、高度六〇〇〇メートル、最高速にて〇・七時間以上。過荷重状態（落下式増加タンク装備時）、高度六〇〇〇メートル、発動機公称馬力の四〇パーセントの出力にて四・五時間以上
(ニ)離昇（離陸）能力　過荷重状態、無風にて三〇〇メートル以下

㈭降着能力　降着速度七〇ノット（一三〇キロ／時）以下。降着滑走距離六〇〇メートル以下、なるべく小なること

②空戦性能　旋回ならびに切り返し容易にして、一般の特殊飛行可能なること

（七）本機の強度類別はⅨ類とす

（八）兵装

射撃：七・七ミリ機銃［弾数五五〇発］二梃、二〇ミリ機銃［弾数六〇発］二梃。爆撃：三〇キロ爆弾二個

（九）艤装《ぎそう》

無線電話機：九六式空一号無線電話機。防弾：操縦員後方に八ミリ厚防弾鋼板。酸素装置、計器などは十二試艦戦に準ずる

これらの要目のうちでまず目につくのは、飛行性能の最高速度と上昇力に対する図抜けた数字だ。

最高速度は、九六艦戦の新型である四号艦戦の四三五キロ／時は言うにおよばず、最新鋭の十二試艦戦の五一〇キロ／時すら一〇〇キロ／時近く上まわっている。高度六〇〇〇メートルまでの上昇時間については、零戦の初の量産型である一一型の七分二七秒、大戦後半の主力機・五二型の七分一秒とくらべれば、五分三〇秒がどれほど高い要求であるかが分かるだろう。

結果的に、十四試局戦に「雷電」の名が付いてから、この要求性能を二つとも満たす型はついに現われなかった。

反対に、航続力が十二試艦戦への要求値の半分なのをはじめ、着陸速度や運動性は、防空用の陸上機の性格上、当然ながら緩《ゆる》められていた。性能の優先順位は一に速度、二に上昇力で、日本戦闘機の絶対条件だった運動性は三番目、最後が航続力であり、一見、航空本部が局戦に対する高い洞察力をもっていたかに思える。

三菱・名古屋航空機製作所では十四試局戦用の設計チームを、堀越技師を主務者に置いて、以下のように組んだ。計算分担―曽根技師、櫛部《くしべ》四郎技師、小林貞夫技師ら。構造分担―曽根技師、吉川義雄技師、土井定雄技師ら。動力艤装分担―井上伝一郎技師、田中正太郎技師、藤原喜一郎技師ら。兵装艤装分担―畠中福泉《よしみ》技師、大橋与一技師、甲田英雄技師ら。降着装置分担―加藤定彦技師、森武芳技師ら。

堀越技師を支えて、名パートナーを務めた曽根嘉年技師。

このメンバーは、陸軍のキ四六（のちの百式司令部偵察機）設計のために東条輝雄技師が抜け、新たに加わった櫛部、小林両技師らを除けば、十二試艦戦の設計チームとほとんど同じだった。彼らには、前作とはまったく質が異なった戦闘機に、あらためて挑戦する仕事が与えられたのだ。

設計力と工業力のギャップ

あらゆる面で水準以上の性能を要求された十二試艦戦にくらべれば、数値は非常に高いが速度と上昇力だけに重点を置いていい十四試局戦の設計は、堀越チームにとってむしろ難度の低い作業だったと考えられる。

たとえば、運動性を高めようとすれば必然的に翼面荷重を低く抑える処置が不可欠だ。すると燃料が大量に積めないので航続力は減り、燃料消費率の高い大馬力エンジンを装備できず、速度は落ちる。反対に、速度を高めるため高出力で大重量のエンジンを付ければ、翼面馬力（最大馬力を主翼面積で割った数値）は大きくなり、翼面荷重も高まって着陸（着艦）速度が速まるから、降着が難しい、というぐあいだ。

ところが、速度と上昇力は相反しない要素である。要求書は、反発条件の運動性と航続力の優先度は低くていい、という。また局戦は、狭い空母の甲板へ降りる必要はなく、陸軍機と同様に地上基地の長い滑走路を使うから、着陸性能が多少劣っても許容される。つまり、大馬力エンジンを積んだ翼面荷重の高い戦闘機の設計が許されるのだ。

要求仕様を見た設計チーム次席の曽根技師も、「十二試艦戦より御《ぎょ》しやすい」と感じた。「果たして、できるだろうか」と悩んだ十二試艦戦のときとは違い、十四試局戦に対しては「一生懸命にやれば、できるだろう」と判断した。

出力が大きく、信頼性の高いエンジンさえあれば、十二試艦戦で味わいつくした「あちら立てればこちらが立たず」の苦しみは、大幅に減る。エンジンの直径が小さければ、なお好都合だ。

だが、事はそうかんたんに運ばない。

明治以降、急速に欧米に近づこうと工業力の育成に力を入れた日本は、技術者たちの努力によって飛行機や軍艦の設計に関しては、昭和一桁のうちに世界水準に追いつくレベルに達した。機体や船体は優秀な図面ができ上がれば、工作が比較的大まかなので、予期したとおりの実物を完成できる。

しかし、長い年月にわたる技術の蓄積を必要とする精密機械は、付け焼き刃の日本の工業力では対処しきれなかった。たとえ設計はできても、独創的な構造設計、特殊金属の生産、緻密《ちみつ》・高精度な整形に難点を生じて、量産へ持っていけないのだ。その代表が機銃（機関砲）であり、可変ピッチ式プロペラであった。

Bf109E 戦闘機の翼内に装備されたエリコン MG－FF20mm 機関銃と60発弾倉。

太平洋戦争に使われた日本軍の航空用固定機銃（機関砲）の構造は、二〇ミリがスイスのエリコン（海軍）およびアメリカのブローニング（陸軍）、一三・二ミリ（海軍）と一二・七ミリ（陸軍）がブローニング、七・七ミリがイギリスのビッカーズ（海軍、陸軍）

の各社の製品をベースにした。プロペラはアメリカのハミルトン・スタンダード（海軍、陸軍）を主用したほか、ドイツのＶＤＭ（海軍、陸軍）、フランスのラチエ（陸軍）で補った。プロペラも自動火器も外国製品の模倣あるいは改良に終始し、独創的な器機材はほとんど実用化されなかった。

艤装機器の代表とも言え、やはり高度な工業力を必要とするエンジンも、真に日本流の製品は登場しなかったが、付加工作や改良が続けられて、かなり〝和風化〟されたものが作られた。

ここで言う〝和風化エンジン〟には液冷を含まない。太平洋戦争で使われた第一線機用液冷エンジンは、ダイムラー・ベンツＤＢ601Ａを愛知時計電機（のちの愛知航空機）が海軍用に、川崎航空機が陸軍用にライセンス生産した一種だけだからだ。このＤＢ601国産版がそれぞれ「熱田《あつた》」二一型と八四〇で、どちらも冷却液に水だけを用い、艦上爆撃機「彗星《すいせい》」と三式戦闘機「飛燕《ひえん》」に装備された。しかし、現地部隊の整備の不なれに加えて、出力強化版の「熱田」三二型とハ一四〇が技術的、材質的に量産移行が遅れ、あるいは完全な製品を量産しきれず、両機とも後期型が空冷エンジンに換装されたのは、よく知られた事実である。

第一線機用の空冷エンジンは、三菱と中島が作った。大正の末から昭和の初めにかけて、三菱はイギリスのアームストロング・シドレー社から「ジャガー」などの、中島は同じくイギリスのブリストル社から「ジュピター」の、それぞれライセンス生産権を買って実力を養成。その後、両社はアメリカの技術導入をはかり、三菱はプラット・アンド・ホイットニー社の「ホーネット」、ライト社の「サイクロン」の構造を学んで、単列九気筒空冷エンジンの製作技術を身に付けた。

単列九気筒の星型エンジンをこなせる水準にいたった両社は、続いて複列（いわゆる二重星型）一四気筒の開発に移った。三菱はまず「金星《きんせい》」、ついで小型化した「瑞星《ずいせい》」、大型の「火星」を生産、一八気筒化した八四二および八四三を作って敗戦を迎える。中島は「栄《さかえ》」でスタートし、大直径の不成功作「護《まもり》」、「栄」を一八気筒化したコンパクトな「誉《ほまれ》」というコースをたどった。

エンジンの開発は、機銃やプロペラの可変ピッチ機構と同様、あるいはそれ以上に技術の蓄積と高度な生産能力を必要とする。吸収した先進国の技術を基盤に、米英独を追いかけてきた日本だったが、なんとか追いつけはしても、追い抜くのはかなわず、一〇〇〇馬力級でも二〇〇〇馬力級でも、つねに一歩遅れていた。

日本に大出力エンジンなし

昭和十四年九月の内示ののち、十四試局戦の設計に着手する堀越チームにとって、成功作への第一の鍵とも言える高出力エンジンとして使用可能なのは、三菱の空冷エンジン・十三試へ号改と、愛知の液冷（水冷）エンジン・十三試ホ号の二種類だけだった。前者はのちの「火星」、後者は「熱田」である。

十三試へ号改は、九六陸攻、九七式二号艦攻、九九艦爆に装備された「金星」四〇型（四二型および四三型）で得た経験をベースに、気筒径および気筒行程を拡大し、独自の二速過給機を取り付けた。一四気筒で離昇出力一四三〇馬力の、当時の日本では最強力なエンジンだった。しかし、難点は大きなエンジン直径にあり、大柄な攻撃機や爆撃機なら問題にならないが、戦闘機だと視界と空気抵抗の点でクレームを招く可能性が大きかった。一〇〇〇馬力級の直径で、二〇〇〇馬力近い離昇出力を発揮する〝奇跡のエンジン〟中島の「誉」は、このとき試作計画が始まったばかりだった。

まだ正式な計画要求書が交付される以前の昭和十五年二月、堀越技師は、十二試艦戦の翼面荷重一〇四キロ／平方メートル（主翼面積二二・四四平方メートル）に比べて、かなり高い数値の一三五～一四〇キロ／平方メートル（同一九平方メートル）で試算してみた。すると、空冷星型のヘ号改装備案が最高速度三一五ノット（五八三キロ／時）だったのに対し、液冷列型一二気筒で正面面積が半分近くしかない離昇出力一二〇〇馬力のホ号装備案は、約一〇ノット（二〇キロ／時弱）増しの六〇〇キロ／時と出た。

当然ながら両エンジンには重量差があって、乾燥重量七六〇キロのヘ号改は、五八〇キロのホ号よりも一八〇キロ重い。ただし、液冷のホ号には冷却液用の冷却器《ラジエーター》などが加わるから、差は相殺され、むしろヘ号改を超える場合も考えられる。

加えて、十三試ホ号は原型のDB601Aよりも性能が劣る傾向にあり、ヘ号改とともに新型局戦の動力には不適当と考えた彼は、試算の数値をたずさえて再度上京し、航空技術廠（空技廠）技術部長の和田操《みさお》少将らにその旨を説明した。

とはいえ、二種のエンジンのうち、どちらかを選ばねばならない。イギリスのスーパーマリン「スピットファイア」、ドイツのメッサーシュミットBf109を代表として、列強の高速戦闘機は液冷エンジン装備が主流だった傾向も手伝って、堀越技師としては十三試ホ号に食指が動いた。

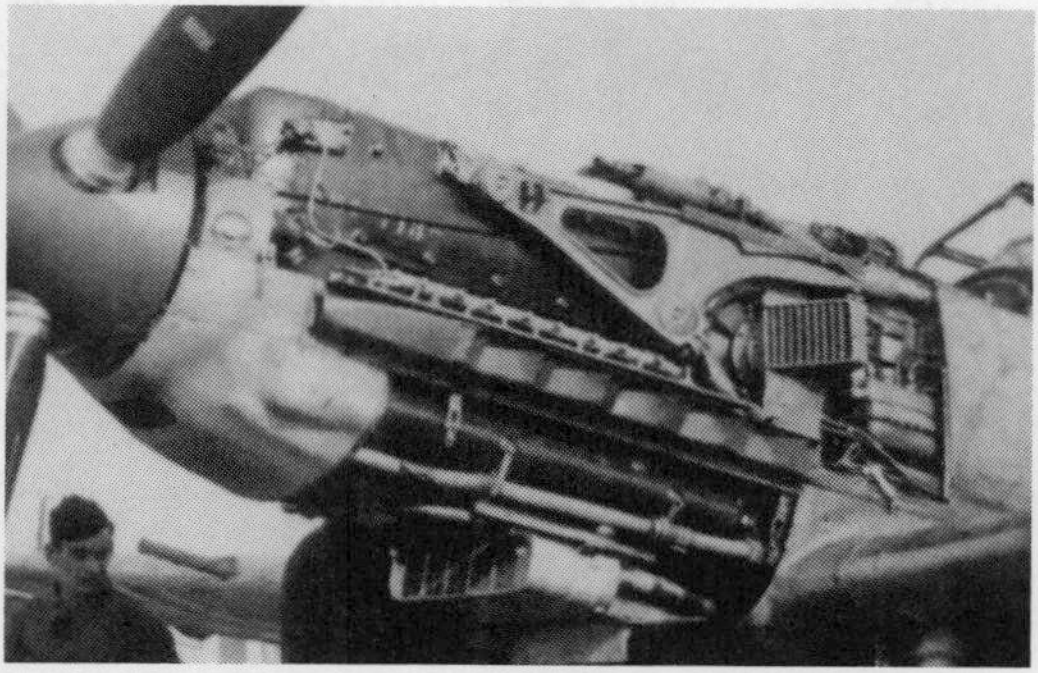

十三試ホ号のオリジナル、ダイムラー・ベンツ DB601A エンジン。ドイツ本土で Bf109E 戦闘機に装備した状態を示す。

しかし昭和十五年四月の正式要求書で、航空本部は空冷エンジン、すなわち十三試へ号改を指定してきた。空冷偏重の日本にとって慣れない液冷のホ号は、構造も複雑であり、信頼性と取り扱いに難点がある、と言うのだ。空技廠が設計した十三試艦爆（のちの「彗星」）にホ号の装備を認めたのは、研究機的要素が濃いためで、ぜひ実用化にこぎつけたい十四試局戦には不適当、というのが理由だった。

十四試局戦の不運は、候補エンジンがこの二種しかなかったことで決定的だった。へ号改の大直径が「雷電」の部隊配備遅延につながり、搭乗員の不評を買ったようすは、これから述べていく。だが、仮にホ号を選んでいても、量産がとどこおり出力増強に手間どって、結局はエンジン換装に追いこまれたはずだからだ。

日本に自国開発の優秀な液冷エンジンがない不利を、堀越技師は痛感した。彼はとりわけ、イギリスの傑作液冷エンジンであるロールスロイス「マーリン」の存在を、うらやましく感じた。「スピットファイア」の性能は、「マーリン」の九九〇馬力から一七〇〇馬力にいたる出力増大とともに、逐次向上していく。折紙つきの名戦闘機ノースアメリカンP－51「マスタング」も、「マーリン」エンジンがあってこそ高性能を手に入れられたのだ。

彼は戦後、後期型「スピットファイア」およびP－51と、「雷電」（十四試局戦）との性能差の九割以上が、エンジンの差に帰因する、とまで述べている。「十四試局戦の設計は気が晴れなかった」と回想する最大理由なのだ。

空冷十三試ヘ号改の量産品で延長軸タイプの「火星」一三型エンジン。プロペラ軸をおおう減速室のカバーが異常に長い。

十三試ヘ号改はなるほど、当時の日本では最強力のエンジンだったが、一・三四メートルという直径のわりには出力が小さい。

十五年四月の十四試局戦計画要求書の提示から、一ヵ月ほどのちのアメリカでは、ボート

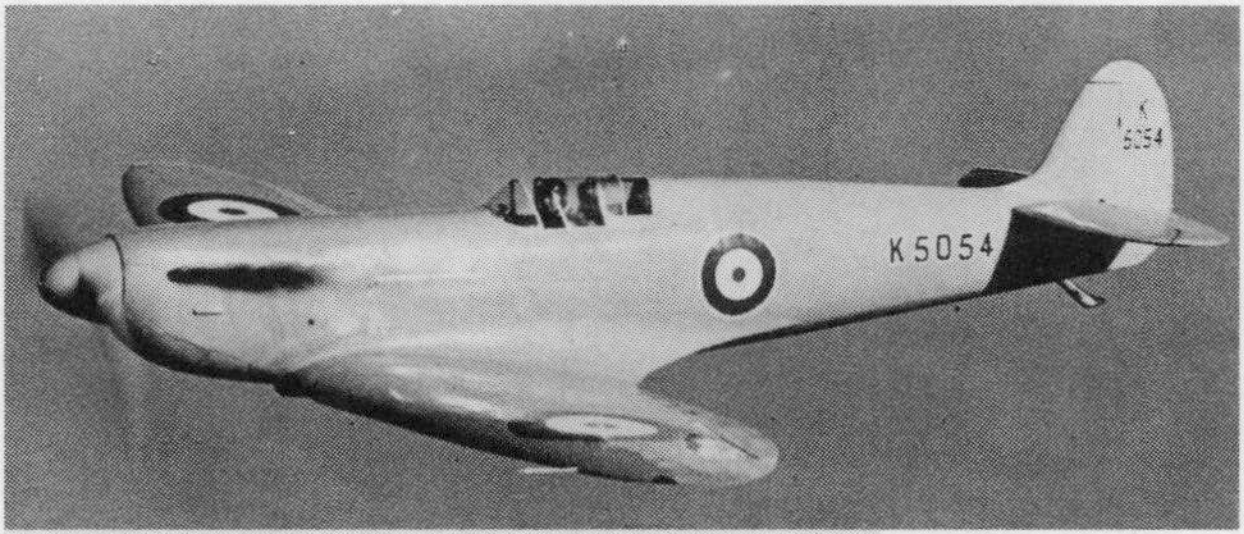

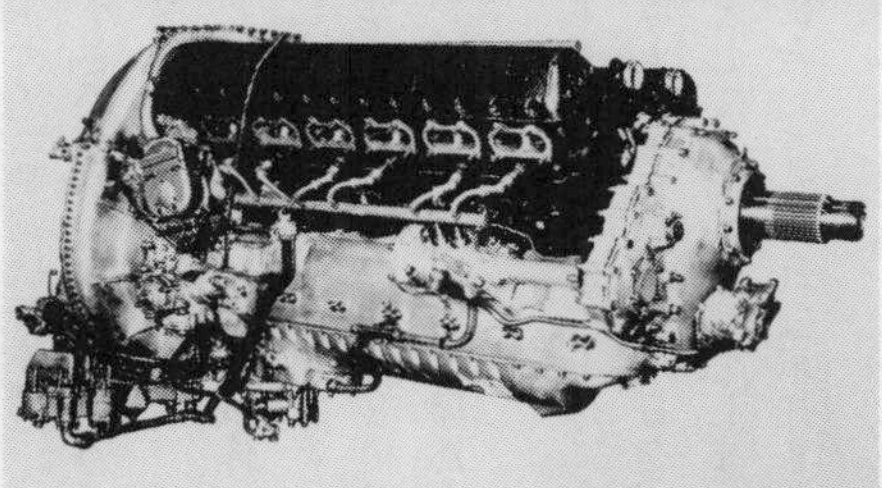

上：「スピットファイア」の原型初号機。ロールスロイス「マーリン」エンジンの出力向上（最終的に6～7割増）にともなって飛行性能が高まっていく。中：「スピットファイア」Ⅷ～Ⅸ型の能力を生み、名機P－51B～Dの高性能を引き出した「マーリン」61型は、高度3700メートルで1565馬力を発揮した。下：運動性も視界も日本海軍の規準からはなれたジャジャ馬「コルセア」の原型機XF4U－1。米海軍は、F4Uを朝鮮戦争まで使いつづける。

XF4U－1（F4U「コルセア」戦闘機の原型）が初飛行した。その装備エンジンは、ヘ号改よりも直径が二センチ小さいながら、離昇出力で四二〇馬力も大きい一八五〇馬力を発揮する、一八気筒のXR－2800－4である。

プラット・アンド・ホイットニー社製のこの試作エンジンは重量が二五〇キロほど重いけれども、それは改良を可能にする余地だったと言えよう。その後、離昇出力二三〇〇馬力にまで強化される、アメリカ空冷エンジンの傑作R－2800シリーズの母体をなした。液冷ばかりでなく、空冷エンジンの技術力の違いも歴然としており、米英との国力、基礎工業力の差は埋まらなかった。

ついでながら、XF4U－1は、この年の十月に六五〇キロ／時の快速を記録する。そして、十四試局戦／「雷電」以上に御し難いF4Uを、アメリカ海軍および海兵隊はまず陸上基地で用い、ついに艦上機として使いこなしてしまうのだ。人間を機械に合わせてしまったアメリカ人と、機械を人間に合わさなければ承知しない日本人の気質の差が、ここに端的に表われている。

太い胴体と斬新な構造

十四試局戦の略記号（型式）はJ2M1と言う。Jは陸上戦闘機を示す機種記号、2はその二番目の機（1は十三試双発陸上戦闘機、のちの「月光」に与えられた）、Mは三菱設計機、最後の1は、その最初の型を意味している。

第一速公称出力一四五〇馬力（高度三〇〇〇メートル）、第二速公称出力一三〇〇馬力（高度六〇〇〇メートル）を出す十三試へ号改装備で、航空本部が望む性能を実現するには、自重約一九〇〇キロ、正規全備重量約二五〇〇キロ、翼面荷重一四四キロ／平方メートルの機を作れば、達成しうると試算された。

風洞試験費と構造の荷重試験費一万五〇〇〇円も社内で認可され、いよいよ本格設計が始まった。

設計チームがまず直面した問題は、十二試艦戦の「栄」に比べ直径で二〇センチ以上も大きい、大型エンジンによる空気抵抗を、いかに抑えるかであった。当時、六〇〇キロ／時以上で飛ぶと、空気の圧縮効果によって空冷エンジンのカウリングの抵抗（空気抗力）が急激に増し、衝撃波を発生する、と言われていたからだ（実際には抵抗増加はさほどなく、衝撃波は生じなかった）。

これを避けるために堀越技師は、空技廠・空力《くうりき》研究班の勧める延長軸の採用を決定した。プロペラの回転軸を五〇センチ延ばしてプロペラとエンジンの間隔を広げ、この部分をぐっと絞りこむ。先細をなしたカウリング正面の狭い開口部から、エンジン冷却に必要なだけの空気を取り入れるには、プロペラ軸とともに回転する吸入用の強制冷却ファンを、開口部に置けばいい。

機首を細くしぼり、機体全長の四〇パーセント位置を最も太くし、後方をまた細くするデザインで、胴体は太い紡錘《ぼうすい》形を成した。胴体断面はどの箇所も楕円《だえん》形とされた。風防も抵抗

空技廠受領の十四試局地戦闘機6号機。胴体と風防は1号機と同一形状で、カウリングが長いのが明瞭に分かる。三点姿勢での前方視界は極度に悪い。

減少をめざして、十二試艦戦／零戦のような突出した水滴型とはせず、前部固定風防は曲面ガラスを使って背を低くし、後部固定風防はそのまま胴体ラインにつながるレイザーバック式を採用した。

こうした処置により、八分の一の風洞模型で胴体の抵抗係数を計ったところ、十二試艦戦の〇・〇〇二三四に対して〇・〇〇二〇四と出て、設計の正しさを証明した。

〔三年後の十七試艦戦（「烈風」）の設計のさいにも、機首を絞ってプロペラ効率を高めた方が、胴体の抵抗を減らすより有効と再確認される〕

これらはいずれも、直径の大きい十三試へ号改エンジンへの対処策であり、十四試局戦の日本機ばなれした外観を生んだ。太い胴体は離着陸時に大迎《おおむか》え角（強い機首上げ姿勢）をとったさいの前方視界を悪くし、レイザーバック式は後方視界をさまたげる。

堀越技師は「無理をしている」感じを抱きつつ

も、速度と上昇力を追求し、おもに大型機を攻撃する局戦ならば、対戦闘機用の格闘戦や母艦着艦には必須の視界は、多少劣っても仕方がない、と考えた。航空本部の要求も、それをにおわせていたからだ。さらに「インターセプターだから〔空戦中の〕後方視界はいらない」との曽根技師の判断は、端的だが正解の割りきりだろう。

主翼は単桁構造の直線テーパー翼で、翼型（翼断面）は付け根付近を層流翼タイプ、翼端付近を普遍的なNACA四字番号タイプに近い形状にする、半層流翼を採用した。

当時、各国でしきりに論文が発表され、実用機にも用いられ始めた層流翼型は、前縁の丸みの半径を小さくして、主翼の最大厚さを後方へずらす。乱流の発生を遅らせる特性があり、摩擦抵抗を減少させるため高速機に有利だった。輸入したハインケルHe112にも用いられていて、テスト飛行の結果、大迎え角時の失速特性が悪いと不評を買った。半層流翼を選んだのは、これを懸念したためだ。

十四試局戦の層流翼は、三菱・風洞試験場の藤野勉技師の数式に基づいて作られた。しかし、層流翼は高い工作精度を必要とし、表面の作りが荒いと逆に、抗力の増加と揚力の減少のマイナス効果しか生まれかねないのが難点だった。

層流翼を採用した機としては、P－51「マスタング」が名高いが、日本でも川西航空機の「紫電」／「紫電改」や川崎の速度研究機・研三（キ七八）が類似の翼型を採用した。工業レベルの高いアメリカが作ったP－51では、日本側に「神秘翼」と呼ばせるほどの効果を生んだのに対し、十四試局戦／「雷電」をふくめ、日本の層流翼は工作精度が不充分なため、所期の効きめを得られなかったようである。

速度最重要視の観点から、思いきって小面積の主翼を用い、翼面荷重を大きく取りたかった。高翼面荷重化は世界の趨勢《すうせい》でもあったのだが、運動性が大幅に劣れば搭乗員に受け容れてもらえない。そこで、将来の重量増加を見こし、着陸速度が約一三〇キロ/時に収まるように、一四〇キロ/平方メートル程度に設定した。運動性も重くみた十二試艦戦の着速一一〇キロ/時、翼面荷重一〇四キロ/平方メートルとくらべると、特段の高翼面荷重とは言えず、かなり遠慮した数字とみてとれよう。

二〇ミリ機銃発射時の〝据《す》わり〟をよくしようと、偏揺《かたゆ》れ(ヨーイング。機首が左右に振れる)を十二試艦戦なみに制御すべく垂直尾翼面積を大きめにとった。このため、風洞実験での偏揺れモーメント係数が非常に大きく出て、低速時の旋回のさい機体の傾斜を持続しがたいのでは、と心配されたほどだった。

十四試局戦の特徴の一つが、脚とフラップの操作への電気駆動の採用だ。堀越チームが初めて引き込み脚の設計を経験した十二試艦戦では油圧式だった。おりしも空技廠設計の十三試艦上爆撃機(のちの「彗星」)が電気駆動を用いたけれども、日本機は敗戦まで油圧駆動を主体にした。

油圧式は高圧の作動油を金属パイプで送るため、どうしても構造設計が面倒で、製造面でも手間を要する。これが電動式なら、細くて取り扱いの容易な電線ですむから楽だし、重量の面でも結局は軽量におさまる。

電気でやれるなら理想的だ、一応やれそうだから挑戦してみよう、と相談がまとまり、電気駆動に決定。肝心の動力源である小型電気モーターは、空技廠が相談に乗って関係製作会社に手配してくれた。「電機会社の方で作り上げてくれるに違いない」と曽根技師が期待したとおり、三菱の出した仕様に従って、実用可能な製品ができ上がった。もちろん、脚用とフラップ用にそれぞれ別のモーターが用意された。

フラップは九六艦戦、零戦に用いられた単純な開き下げ式のスプリット・フラップではなく、後方へ滑り出して開く（下がる）ファウラー・フラップを採用。これは作動時に主翼面積の実質的な増加につながり、また主翼後縁とフラップ前縁とのあいだにできる隙間《すきま》によって気流にエネルギーを与え、剥離《はくり》を防ぐ、効率の高い高揚力装置をかねる。

ファウラー・フラップの採用は、十四試局戦の着陸速度の高さに対処するのが目的だ。着陸時には最大に下げて（四五度？）用いるが、ほかに三分の一開いて、失速防止の空戦フラップとしても使えた。揚力を増して、十二試艦戦の一・五倍と計算された旋回半径を小さくし、かつ機動中の高度の低下を防ぐのに役立つわけだ。

のちの川西「紫電」に装備された、速度が下がるとひとりでに作動する自動式ではなく、操縦桿のボタンを押して操作する手動式だった。とはいえ、中島がキ四四（二式戦「鍾馗」）用に開発した蝶《ちょう》型空戦フラップとともに、高翼面荷重の戦闘機に対する巧みな新案と言えるだろう。

部品構成が複雑といわれた十二試艦戦での経験から、量産性への考慮も払われた。全体に分割構造を採用し、熔接部品を減らして鍛造《たんぞう》部品の使用に努めた。部品の工作簡易化、点数の減少、種類の統一、主脚取り付け部を一個の鋳鋼金具にするなど、工作の便宜への配慮が、十二試艦戦当時にくらべて設計チームの能力向上を示している。

木型審査で出た問題点

十二試艦戦が中国大陸に進出し、零式艦上戦闘機として制式採用された昭和十五年七月下旬、十四試局戦J2の設計は本格化した。課長付で計算係長と胴体係長を兼務する曽根技師は、吉川義雄技師に主翼前縁の荷重試験用の図面を依頼。小林貞夫技師は主桁の第一次強度計算を開始し、福永説二技師は胴体図面を描き始めた。

八月下旬には今後の作業予定を決める会議が開かれた。木型《きがた》審査を十五年十一月に受ける。供試体、つまり荷重試験用機一機を翌十六年九月〜十月、試作一号機を同年十一月（のち十二月末に変更）にそれぞれ完成させ、十七年七月までに試作機を合計八機作るスケジュールが定められた。

本格的な設計図の製作にさき立って、まず必要なのは木型審査である。これから作ろうとする機体にできるだけ似せた、実物大の木製模型（実大模型とも呼ぶ）を作り、航空技術廠の部員に視界や計器、諸装置の配置を見てもらうのだ。ここで注文が出されれば、試作機用の図面を直していく。この時点での改修要求は、出されて当然の反応だ。設計側にとっても実機製作図面の完成前だから、木型審査で意見が出つくした方が、実物ができてから文句を言われるより、はるかに対処が楽である。

名航《めいこう》と呼ばれた三菱・名古屋航空機製作所の、大江工場における実大模型の製作は、昭和十五年十月十五日に着手され、同月下旬から十一月中旬にかけて模型製作用の図面が工作部にまわされた。十二月に入ってすぐ木型（実大模型）の組み立てを開始。完成を前にした同月十九日に、横須賀の空技廠で計画一般審査が実施された。

第一次木型審査に進んだのは、十五年も押しつまった十二月二十六日である。名航・大江工場へ審査におもむいた海軍側の主要スタッフは、空技廠飛行実験部からの小福田租大尉と、横須賀航空隊からの下川万兵衛大尉の、二名のテストパイロットだった。

海軍新型機の試作機は、空技廠と横須賀空の両者によってテストが進められる。まず空技廠が飛行性能、離着陸性能といった基礎飛行実験をすませ、ついで横空に飛行機がわたされて、実際の戦闘に準じた実用実験に入る、という段取りが定めてあった。二人のベテラン操縦員は、やがて搭乗する新鋭機の審査責任者として出向いてきたわけだ。

華中の第十二航空隊で日華事変を戦った小福田大尉は、いったん内地にもどって練習航空隊・大分空の分隊長を務めたのち、十四空の分隊長に転勤してふたたび華南で戦い、「空技廠飛行実験部・戦闘機主務部員に補す」との辞令により、十二月に入って内地に帰ったばかりだった。下川大尉は横空戦闘機隊の分隊長として、十二試艦戦の実用化に打ちこみ、翌十六年四月に零戦のフラッター（空気流による翼の振動）事故で殉職する。

それまで、母艦や基地の実施部隊（実戦部隊）を歩いてきた小福田大尉にとって、空技廠

右：小福田租大尉は操縦技倆と判断力に富んでいた。左：零戦のフラッター事故で殉職する人格ゆたかな下川万兵衛大尉。

での任務は面くらう作業ばかりだった。部下を率いて戦うのと、飛行性能のデータ収集とは、まったく異質の仕事だから当然だろう。

彼が着任早々に横須賀・追浜《おっぱま》の横空基地で乗ったのは、十五年の秋にドイツから二機輸入（ハインケル社側記録では三機輸出）したハインケルHe100（He113とも呼ぶ）D－0戦闘機だった。He100は空気抵抗を減らすため主翼をラジエイター代わりに使う翼面冷却を採用するなど、斬新な機構が随所に織り込まれていたが、高度五〇〇〇メートルで六七〇キロ／時と高速（ハインケル社側のカタログ値）ではあっても、離着陸距離が大変に長く、小福田大尉も、その後に乗った横空のパイロットも肝を冷やさせられた。

航空本部では、He100を十四試局戦の参考に用い、性能が良好ならば制式局地戦闘機にする考えをもっていた。しかし、海軍パイロットの性格に合わず、日本の飛行場での使用に適さない、と判断されて、追加機およびライセンス生産用の図面や機器の輸入を打ち切った。ドイツ側の記録では、戦局の変化によってハイン

ハインケルHe100D－0と同型のD－1。高速でBf109に劣らない性能を発揮したが、日本海軍の操縦員の感性と飛行場の大きさなどに適さなかった。

ケル社が治具《ジグ》や工具の輸出ができなくなったため、とされている。いずれにせよ、ハインケル戦闘機はさきのＨｅ112と合わせ、二代にわたって日本への〝帰化〟に失敗したのだった。

小福田大尉は、前任者の真木《まき》成一少佐からの事務引きつぎを受け、Ｈｅ100に試乗してまもなく、大江工場にやってきたのだ。

大尉が十四試局戦の木型を見てまず感じたのは、最大幅一・五メートルの胴体の異様な太さで、「これが戦闘機か⁉」と驚嘆した。操縦席に入ってみると零戦よりもずっと広く、大げさに言えば「中で宴会ができる」というほどの感覚にとらわれた。陸軍の九七式重爆撃機の胴体幅と同じ、と表現すると太さを実感しやすい。

広いために、スロットル開閉、過給機切り換えなどの操作レバー類に手が届きにくい点も指摘されたが、おもな関心は視界の問題だった。

太い胴体がじゃまになって離着陸時に前が見えにくく

いし、後方も水滴風防よりは視界が狭い。三菱側は、J2は滑走路が長い陸上基地での専用機だし、敵戦闘機との格闘戦が主目的ではないから、視界は二の次のはず、と言う。小福田大尉が「なんとか良くならないか?」と質問すると、「座席を高くして風防を上げる処置があるが、それでは抵抗が増して速度と上昇力が落ちる」が答えだった。

確かに航空本部の仕様書には、速度と上昇力が重点、と示されている。審査の雰囲気は、しだいに「視界が悪くても仕方がない」感じになじんできた。大尉自身も「空母に降りるわけではない。着陸は腕でカバーできる」との気持ちを抱き始めていた。ただし、「われわれが妥協しても、実施部隊へまわれば『難しい』と文句を言われるだろう」という不安は消せなかった。

空技廠から来た飛行機部の部員が燃料注入口や兵装関係を見て、第一次木型審査は翌二十七日に終わった。この審査がのちの局戦「雷電」に及ぼした最も大きな点は、なんといっても視界の追求の不徹底である。

小福田大尉は戦後の回想記で「いちばん残念に思い、審査主務官として責任を痛感しているのは、視界に対しはっきりした見解を示せなかった」点を嘆いている。「私も、審査に当たった海軍関係者も、あまり問題にしていなかった視界の不良が、のちに致命的な欠点となったことは、私たちにとっては大きな黒星」と堀越技師は記し、「エンジンが大きいので徹底して抵抗を減らしました。視界は艦戦ほどいらない。それより速度だ。木型審査でも『これでいいだろう』で落ち着いた。当初から視界重視が強く出されていれば、満足するまでやれたのですが」と設計チーム次席技師の曽根さんは語る。

だが、この問題の本当の責任は、審査側にも設計側にもない。航空本部が出した計画要求書には、敵戦闘機と戦うための機とは書かれていないし、離着陸性能は十二試艦戦よりも三～四割あまく示されている。小福田大尉にしても、堀越、曽根両技師にしても、本機が大型機邀撃専用機だからと、視界向上に大鉈《おおなた》を振るわなかったのだ。これは、むしろ当然のなりゆきだった。

さきに「視界の追求の不徹底」と記したのは、視界向上についての検討不足を意味するのではない。海軍側が「これはこういう飛行機なのだ」と結論づけてしまわなかった生半可《なまはんか》を指しているのである。

航空本部があれだけの計画書を出すのなら、局戦専任の搭乗員を養成するぐらいの決意と意気ごみを、示すべきではなかったか。

のちに量産に移行し、実施部隊への配備が始まると、視界の問題がにわかにクローズアップされてくる。その直接の原因をなした点が二つあげられよう。一つは、一五〇〇馬力級で「火星」のような大直径エンジンしかなかった日本の工業力、国力であり、もう一つは、あまりにもバランスのとれた素直な戦闘機、すなわち零戦とくらべられねばならなかった背景である。

一号機の製作に取りかかる

局戦の完成と改良に打ちこむ
後任主務者・髙橋巳治郎技師。

明けて昭和十六年（一九四一年）、冬のうちに第二次、第三次の木型審査が催《もよお》された。設計チームはいよいよ実機の設計図製作に着手し、強度計算、使用材料の検討、新構造の研究をかさねつつ、作業を進めていった。

二月から工作部への出図（図面が設計課からまわされる）が始まり、七月には主翼や胴体の重要部の設計図がわたされ出したが、零戦の改修作業もあって疲労がつのった曽根技師は、胸を悪くし八月から三ヵ月の休養を指示されてしまった。設計作業の右腕を失った堀越技師も、ついで過労に倒れ、休養を余儀なくされた。

三菱には戦闘機設計チームは、堀越技師をトップとする一チームだけしかない（中島も川崎も同様）。主将と副将が倒れたあとを引きついだのは、ドイツのハインケル社へ派遣されていた、攻撃機担当の髙橋巳治郎《みじろう》技師である。航空本部から試作機完成を促進せよとの厳命が三菱に伝えられた九月上旬に、堀越技師は二年後輩の彼に事務の引きつぎをし、曽根技師の回復、出社を待って、十月から休養に入った。

以後、髙橋技師が主務、曽根技師が補佐のかたちで作業が進められ、十六年十一月下旬には設計図の五〇パーセントが、翌十二月下旬には八〇パーセントが出図されるに至った。この間に、特殊材料の発注、機械部品・手仕上げ部品の作業着手、原図（実寸法図面）および治具《ジグ》の製作着手と、試作現場での段取りが進んでいった。十二月下旬には組み立て作業（主翼桁）もスタートした。

作業のペースは、前年八月の会議で定められたスケジュールよりも、二〜三ヵ月は遅れていた。その主な原因は、設計側ではメインの技師が相ついで過労で倒れたこと、工作側では日華事変のための量産に追われ、しかも零戦および一式陸攻の試作から三年近くたっており、組織が試作機作業に適さなくなっていたことがあげられる。しかし、この程度の遅れは充分に許容範囲であり、周囲の状況とまったくの新機種である点を考えれば、むしろ設計側、工作側の努力が買われていい。

十四試局戦がまだ組み立て作業に入る以前の昭和十六年十二月八日、太平洋戦争が勃発。堀越技師はようやく小康状態を得て、同月中旬からぼつぼつ出社を始めたけれども、医師の不手際《ふてぎわ》によってふたたび休養に追いこまれた。飛行機の仕事がかたときも頭を離れない彼だったが、設計室への一刻も早い復帰のために健康回復を第一義に、鎌倉での日々をすごさねばならなかった。

連戦連勝にわく昭和十七年を迎え、設計チームと工作部は試作一号機の完成に向けて、全力を傾注した。前年の十月には工作部内に工作技術課試作工場が急いで新設され、生産機にわずらわされず、試作だけを別個に扱える環境が整えられていた。試作工場の内容整備にあたり、作業をリードしたのは、リベット頭部が突出しない沈頭鋲《ちんとうびょう》と零戦の主翼折りたたみ機構、一式陸攻のインテグラル・タンクの実用化の功労者、平山広次技師だ。

試作工場ではりっぱな治具に頼らず、とにかく機体の速やかな組み上げに邁進《まいしん》し、二月末絶対厳守とされた一号機完成までの二ヵ月半、遅れを少しでも取りもどすべく「諸君の正月は完成後の三月一日である」との福井工場長の訓辞を念頭に、すさまじい連続作業を続けた。

十七年一月中旬と二月上旬の二度にわたって、それぞれ二日ずつ一号機の構造審査が実施された。構造審査は機体の組み具合や強度を調べる目的で、外形が整いつつある十四試局戦を、主として空技廠の技術士官が審査する。

治具に主翼桁と小骨がならんだ程度の第一次構造審査では、期限内の完成が危ぶまれたほどだった。ところが、その後は異常とも言える努力が功を奏して、第二次構造審査の翌日（二月八日）には全設計図が出図され、二月末の完成をめざしてのラストスパートに入った。

これ以前の二月二日には、完成にさき立って空技廠で十四試局戦の性能研究会が催された。ここでは、これまでに三菱側と空技廠側で推算された性能が発表され、舵の効きや安全性などについても意見が出た。

試算によれば、高度六〇〇〇メートルにおける最高速度は三二七・八ノット（五八八・六キロ／時）にとどまり、要求性能の三二五ノット（六〇二キロ／時）に及ばないとの数字が出た。一五キロ／時以上の増速を実現するため、プロペラ、主翼の銃身出口の形状や、排気のロケット効果の研究などを扱う方策が決まった。

排気のロケット効果とは、十四試局戦に採用された機首下面の両側二箇所に出る集合排気管を、カウルフラップに四本ずつ合計八本ならべた単排気管にあらため、排気を後方へ噴き出させて速度の向上に役立たせる現象である。

研究会が終わったあと、太平洋戦争の緒戦の戦訓が、十四試局戦に関連して披露《ひろう》された。それは、ボルネオ島バリクパパンに進出した台南航空隊の零戦二一型一五機が、来襲したB－17四機を攻撃して煙を吐かせたが、撃墜できなかった、という内容だった。

零戦二一型に装備された九九式一号二〇ミリ機銃二梃と九七式七・七ミリ機銃二梃は、十四試局戦に予定の兵装と同一である。これでB－17が落ちないなら、重爆殺しを本務とする局戦にとって、はなはだ都合の悪い事態と言える。そこでこの席では、二〇ミリ機銃のドラム型弾倉の容量を六〇発から一〇〇発に増加、性能が向上した二〇ミリ機銃（のちの九九式二号銃）四梃装備、といった研究事項が、出席した曽根技師らに提示された。

J2M1一号機、完成

試作工場では福井工場長、工場長付・平山技師以下、役付と工員が一丸になっての作業が続いていた。四時間残業は連日で、日曜も休まず、二月十五日には八一名が徹夜する猛烈な勤務のかいがあって、二十日には荷重試験用の供試体が完成。アンテナ支柱と不時着水用の浮袋をのぞいて、外注部品もとどこおりなく入手でき、一週間後の二十七日と翌二十八日、ついに試作一号機の完成審査にこぎつけた。

一号機の実測重量（自重）は、計画の二一〇五キロに対し二一九一キロで、増加分は八六キロにおさまり、問題なく通過できた。二十八日には工場内での地上試運転も実施され、こ

十四試局戦の6号機。カウリングの開口部内に22枚羽根の強制冷却ファンが見える。J2M1試作機だけに使われた3翅プロペラが「雷電」を感じさせない。

の日が一号機の記念すべき完成日に定められた。二月中旬から出社を始めた設計主務者の堀越技師、補佐の曽根技師、ピンチヒッターで主務を務めた髙橋技師をはじめ、技術陣にとって待望の一日であった。

その思いは試作工場側でも同じだった。翌三月一日の日曜日、工員、職員たちにとっての〝正月〟を迎えて、夕方に合成酒の冷や酒で乾盃し、二日には近郊の聚楽園《しゅうらくえん》で祝賀親睦会が開かれた。この席で、榊原正雄工員・作詞、木村一馬組立掛《がかり》伍長・作曲の「J2《ジェイツー》機完成の歌」が発表された。試作機を作り上げて記念歌を用意する異例さが、苦しかった突貫作業をものがたっている。

情熱《ねつ》と意気とを打込んで
今一号機成《な》し遂《と》げり
聞けよ雄々しき産声《うぶごえ》を
これぞ吾等の、おおJ2《ジェイツー》だ

試作工場関係者一同は、こみあげる熱い気持ちに酔いながら、力感あふれる完成記念歌を合唱したのだった。

第二章　苦難の道のり

霞ヶ浦基地で初飛行

昭和十七年三月二十八日、三菱・名古屋航空機製作所内での第一回地上運転のおり、カウルフラップとプロペラに問題が生じていた。

一号機にとって「カウルフラップ」の呼称は、実は正確ではない。どんな機でも上昇中にカウルフラップを開けば、空気抵抗が増し、そのぶん上昇力が殺《そ》がれて高度を稼ぎにくくなる。そこで、ずらせば開口部が現われる摺動《しゅうどう》式の排気用フラップ（形状は不詳。シャッター式ではないか）を採用していた。一般の機では、単に開口部があるだけでは熱気の排出が充分になされないが、十四試局戦は強制冷却ファン装備で排出力が強いから可能だったのだ。

けれども十三試へ号改の冷却ファンは、惑星歯車を用いプロペラより回転数を多くする増速式が間に合わず、回転軸への直結式でプロペラと同回転数だった。このため熱気排出が予定レベルに及ばなくて、地上運転のさいにひどい冷却不足状態を招いた。

結局、摺動式排気フラップは機構的に無理があり、作動もスムーズではなかったので、試飛行を前にふつうのカウルフラップに作り変えられた。

カウルフラップの改修はさほど困難ではなく、社内で処理できる。そうは行かないのが航空本部から指定され、軍支給のかたちで取り付けられる官給品。そのうち、入手が遅れ、かつ不具合をともなったのが、新機構のVDMプロペラである。

エンジンとプロペラの回転数をつねに一定にし、飛行速度の変化に応じて羽根角《ピッチ》を変える定回転(恒速)プロペラは、一九三〇年代後半から高性能機に不可欠の装備にあげられていた。陸海軍が主用した定回転プロペラは、前章で述べたようにハミルトン・スタンダード社の製品を、住友金属工業がライセンス生産したもので、零戦に初めて取り付けられた。

日本の独自技術がまったく育たず、米欧への依存度が最も高かったのが、プロペラの可変ピッチ機構である。アメリカが日本への技術輸出にブレーキをかけ始めた昭和十四年末以降、住友金属は新機軸の定回転プロペラを求めてドイツのVDM社と技術提携し、製造権を買って国内生産に移行した。

オリジナルのVDMプロペラは羽根角《ピッチ》変更が、ハミルトンの油圧式に対して電気式だ。ピッチの範囲がハミルトンの四五度〜二五度(零戦一一／二一型の場合)にくらべ、五五度〜二五度と広いうえ、機構的にも無理が少なく、重量も軽い長所があった。しかし日本の工業力では、すぐにその精度を消化しきれず、電気系統に故障が多発した。

住友から三菱・名古屋航空機製作所に、国産版VDM三翅《し》プロペラがようやく届いたのは、一号機完成まぎわの二月十二日に至ってからで、しかも肝心の電気系統の不具合は完治していなかった。試作工場では以後四ヵ月間にわたって不具合に悩まされ、試作報告書に「機体ノ試作ニハ実験未済ノモノハ付ケラレナイ」と記入したほどだった。

試作一号機が完成した試作工場では、試作八号機までの組み立て製作に入った。同時に、一号機を初飛行させるための急速改修と諸準備にかかる。振動試験、操縦装置剛性試験に続いて、昭和十七年三月七日にふたたび地上運転が実施された。

二度目の地上運転を試した翌日の三月八日、試作一号機は分解された。初飛行させる飛行場へ輸送するためである。飛行場には万全を期して、広大な霞ヶ浦海軍航空基地が選ばれていた。三月十二日、荷造りずみの胴体と翼がまず汽車で運ばれ、ついでエンジンなどが十五日にトラック便で送り出されて、十六日には試作工場から派遣された平山広次技師の指揮により、現地で組み立てと整備にいそしんだ。

十八日の霞空基地での地上運転のさい、プロペラの可変ピッチ機構が不良で、低ピッチ時の固定装置が壊れてしまった。不調、故障続きのVDMプロペラを、速《すみ》やかに完調にもっていくのは不可能と判断され、扱いなれたハミルトン式の代用案を採用。応急的に一式陸攻のハブに、空技廠設計の試作陸上爆撃機Y20（のちの「銀河」）のブレードを、組み合わせたプロペラを取り付けた。

堀越二郎、髙橋巳治郎、曽根嘉年、加藤定彦各技師ら三菱の主だったメンバーも霞ヶ浦基地へおもむいた。海軍領収前の三菱側の社内飛行とはいえ、異色の機材の初飛行なので、海軍側からは空技廠の小福田租大尉、周防《すおう》元成大尉や横空の花本清登少佐、航空本部の永盛義夫技術少佐ら一〇名ほどがやってきた。

だだっ広い飛行場にヒバリの声が聞こえる快晴の十七年三月二十日。まず地上運転が試みられ、代用プロペラは順調に作動した。

午後、銀色に輝く無塗装のJ2M1一号機に、三菱テストパイロットの志摩勝三操縦士が乗りこんだ。豪放ながら緻密《ちみつ》な操縦で定評のある志摩操縦士は、滑走から機を浮かせて低高度でのジャンプ飛行に移り、ふつうならいったん停止するところを、調子がいいので、そのまま本格的な飛行に入ってしまった。

曽根技師は、苦労して育て上げた〝愛児〟のみごとな飛行ぶりを感無量のまなざしで追っていた。日本の戦闘機には類例のない太い胴体が、飛んでいると弾丸のようなたくましさを高橋技師に感じさせた。

もどってきた一号機から降りた志摩操縦士は、安定性および操縦性はこれまでの試作機に見られないほど優秀、と報告し、垂直・水平尾翼と補助翼は満足のいく出来ばえと分かった。反面、空気抵抗を減らすために採用した、曲面ガラス構成の背の低い前部固定風防は、視界がゆがんで着陸がやりにくく、電気駆動の主脚は速度が九〇ノット(一六七キロ/時)以上に上がると出にくい、などマイナス面も判明した。

ともかく初飛行は無事に終わり、試作一号機は再整備ののち、三日後の三月二十三日に三重県の鈴鹿航空基地へ送られた。ここなら霞ヶ浦とは違って三菱の各航に近いので、なにかと便利である。三菱のテストパイロットも志摩操縦士のほかに、新谷春水《あらたにはるみ》、柴山栄作両操縦士が参加し、四月一日から試飛行が始まった。

初飛行時に問題になった脚出入の不具合は、鈴鹿でも続いた。電動で格納された脚が固定鉤《フック》に引っかかると、モーターの電気が切れるよう設計されていたが、スイッチが不具合なため、新谷操縦士が一号機で試飛行中に右主脚が出なくなった。四月八日のことだ。

操縦士は初め、脚下げを示す赤灯が電球切れで点《とも》らないだけと判断し、特殊飛行に移ったところ、Gがかかって作動用歯車が壊れてしまった。これで右脚はもはや完全に動かない。テスト機には無線電話を積んでいない。居合わせた曽根技師は九六陸攻に乗りこみ、J2と平行に飛ばせてギリギリまで接近。脚出しの各操作を初めから一つずつ順に黒板にチョークで書いて、新谷操縦士に示した。操縦士がそのとおりに操作しても効果はなく、曽根技師は急なロールをやらせてみたが、右脚はいっこうに出てくれない。やむなく「片脚だけで降りてくれ」と書いて見せた。

新谷操縦士は消防態勢の整った飛行場へ向かい、みごとに片脚着陸をこなして、機体の破損は最小限ですんだのだった。また彼は、脚の操作経過と状況を計器板に書き付けており、その冷静さを皆から大いに誉め上げられた。

脚出入の不具合の対策として、モーターを強力にしたうえ、十三試艦爆（のちの「彗星」）と同じ機構に改修。試作八号機に導入され、以後は同種のトラブルは出なくなった。

鈴鹿移動のころ、降着装置担当の加藤技師は、初飛行時の霞ケ浦出張のさいにかかった風邪が悪化、急性肺炎を起こして四月二日に逝去した。また設計主務者の堀越技師は、零戦の後継機たるべき十七試艦戦（のちの「烈風」）の設計研究の準備のため、春さきから十四試局戦を離れて、相談役の立場にまわっていた。

小福田大尉が試乗

試作工場では一号機を完成させたのち、残る試作機の製作に取りかかり、四月三十日に二号機、五月二十一日に三号機、同月三十一日に四号機と完成させ、組み立てピッチをじりじりと早めていた。

十四試局戦の製作について工場側は、主脚取り付け金具の鍛造一体化が困難（鋼板熔接に変えた）、フラップ操作装置の部品数の多さ、尾脚引き込み装置を単独に組み上げると機体に取り付けられない、などの難点を指摘したけれども、総体的に零戦にくらべて作りやすくなっている、と結論した。設計側の量産性への配慮は、試行錯誤の面も見受けられたが、かなりの効果があったと言えよう。

一方、鈴鹿ではオレンジ色に塗られた試作一号機を使っての、社内試験飛行が続けられていた。五月末、海軍側で初めてこの機に乗ったのは、審査主務者として空技廠飛行実験部長・加藤唯雄大佐とともに鈴鹿を訪れた小福田大尉である。

大尉は飛行を終えて降りてきた柴山操縦士に「どうだった？」とたずねた。柴山操縦士は日華事変勃発以前の一空曹当時、小福田中尉（当時）とともに大湊《おおみなと》航空隊に勤務しており、

J2M1の主翼後縁からせり出した最大下げ位置のファウラー・フラップが見どころ。のちの「雷電」三一型、三三型にくらべると風防が格段に小さい。

旧知の間柄だった。

「上昇はいいですが、視界はご承知のとおりです」。こう答える操縦士に、他機と異なる点を聞くと「特にありません」と言い、滑空速度が大きいが低速度時の操縦性は良好なむねを付け加えた。

実機を見た小福田大尉にとっての第一印象は、大きな飛行機、だった。乗りこんでみると、実大模型のときと同様に視界がよくない。「よほどしっかりやらないと、着陸がうまくいかないぞ」と肝《きも》に銘じ、発進に移った。離陸時にも水平姿勢の位置まで尾部が上がらないと、前が見えない。

ひとたび浮けば、むりやりエンジンで引っぱっていく感じで、身体が取り残されるようだ。人機が一体化しうる零戦とは、まったく異質の操縦感覚である。全力上昇を試してみると、上昇力は非常に大きい。それに横転などの横運動がごく軽く、操舵に敏感に反応した。ファウラー・フラップの効きも良好だった。

機首を上げて大きな着陸速度を殺しながら、飛行場

予想できない尾輪と昇降舵の事故で帆足工大尉は殉職した。

に近づいていく。前が見えないので左右の視界に頼り、主として左前下方をながめる。着陸態勢での低速操縦性のよさは、柴山操縦士が言及したとおりだった。

辣腕《らつわん》の小福田大尉は十四試局戦になんども搭乗し、離着陸時の視界不良と着速が大きいのが難点、と指摘した。「若年搭乗員は訓練を充分にやらないと、ちょっと乗りこなせない。しかし、高性能の代償としてはやむを得ない」というのが彼の結論だった。

それからまもなくの昭和十七年七月下旬、十五年末いらい本機に携わってきた小福田大尉は、第六航空隊の飛行隊長への辞令が出て空技廠を離れるため、後任者として海軍兵学校で四期後輩の帆足工《ほあしたくみ》大尉が実験飛行を引きついだ。

空母「翔鶴」の戦闘機隊長を務め、ハワイ攻撃から珊瑚海海戦までを戦った帆足大尉は、開戦前に横空で十二試艦戦の実用実験に参加しており、新鋭機の実験作業にズブの素人ではなかった。

彼は十四試局戦の性能調査に没頭し始めた。

機体の改修と動力の変更

前任者・小福田大尉の報告と、空技廠の周防大尉、横空の花本少佐らの協力を得て、帆足大尉は作業を進め、夏のうちに海軍側の改修要求が三菱に出された。指摘された点は次のとおりである。

▽前下方、後下方の空戦視界の改良と、風防全般にわたるゆがみの除去。
▽夜間、指導灯火を見ての着陸も必要になるので、零戦程度にまで視界を向上させる。
▽航空本部からの官給品であるVDMプロペラのピッチ変更機構の改良。
▽高度五七〇〇～六〇〇〇メートルでの最高速度三二〇ノット（五七四キロ／時）は、計算値の高度六一〇〇メートルでの三三三ノット（五八九キロ／時）にかなり劣る。上昇力はさらに計算値より劣る。したがって、エンジン出力の強化を要する。

プロペラに関しては、三菱に責任はまったくなく、エンジンも三菱製とはいえ官給品だから、機体設計面についての改修要求は、視界の向上に集中したわけである。

髙橋技師、曽根技師らは視界改良を指示されて、「いまさら」の感を持った。木型審査は通っているし、そもそも敵戦闘機とわたり合う機材ではないのだから「零戦と同程度の視界」は要求されていないはずだ。だが、発注者である海軍の意にそわなければ、十四試局戦は採用に至らない。試作工場で作っているJ2M1に、「顧客」が納得する「製品」に変わるまで改修を加えねばならなかった。

視界改善策として採られたのは、風防の大型化とガラスの平面部の拡大である。背が低い風防を全体に五センチ高めるとともに、下方へもできるだけ広げ、曲面構成の前部固定風防ガラスは枠を増やして、三分の二の面積が平面化された。同時に、座席を前方へ七センチずらし、八センチ高く上げられるよう上下調整量を変更。これは、側方視界が劣る十四試局戦に零戦なみの視野を与えるためには、前方をさらに見やすくする必要があったからだ。

離着陸時に座席を最上位置に上げたとき、搭乗員の顔が強風にさらされるのを懸念し、前部固定風防の上面をはね上げ式の遮風板に改造して、テストでぐあいを見た。しかし、工数と操作が増すわりに効果が少なく、一機に試用しただけで不採用に決まった。

空技廠側の測定による高度六〇〇〇メートルあたりでの最高速度が、計算値と一三ノット（二四キロ／時）も差が出たことに、設計側は首をひねった。仮に抵抗係数を零戦と同一（実際は十四試局戦のほうが小さい）とし、馬力に比例させると、少なくとも三一五ノット（五八三キロ／時）は出て、八ノット（一五キロ／時）差以内ですむはずだ。原因が判然としないため、高橋技師らはエンジンの出力がカタログ値以下なのではと疑ったが、確証は得られなかった。

そのエンジンについては、十三試へ号改が制式化されて「火星」一〇《いちまる》型シリーズと名づけられ、延長軸と強制冷却ファンを付けた十四試局戦用は、「火星」一三《いちさん》型（海軍略記号MK4C）に改称されていた。

十三試へ号改／「火星」一〇型シリーズの出力向上は、三菱・名古屋発動機製作所にとっ

風防を大型化した十四試局戦。主翼前縁から九九式二号20ミリ機銃の銃身が出ているのは三〇一空の装備機ゆえ。場所は神奈川県追浜の横須賀基地。

てかねてからの懸案で、これを実現したのが、水・メタノール噴射付きの「火星」二〇型シリーズである。この装置は、水およびメタノール（メチル・アルコール。一般に凍結防止用に使われる）を過給機まわりへ噴射し、吸入空気の温度を下げる。それにより異常燃焼《デトネーション》をおさえて、許容ブースト圧を高め、燃料の高オクタン化に準じた効果を得るのが目的で、三菱では昭和十四年に実用化にこぎつけた。

「火星」二〇《にいまる》型シリーズのもう一つの特徴は、燃料を霧状にして吸入管内に吹きつける燃料噴射装置である。通常の気化器による燃料供給方式にくらべて、噴射装置による無気噴油はいかなる飛行姿勢でも燃料の供給量に過不足がなく、寒冷地での始動も容易なうえ、燃料消費の経済性を高める利点を有していた。ただし三菱では、こちらはまだ開発終了以前の段階にあった。

「火星」二〇型シリーズのうち、一三型に代わる十四試局戦用として海軍から指定されたのは、やはり延長軸と強制冷却ファンを備える「火星」二三型《にいさん》（海軍記号MK4R）だった。二三型の離昇出力一四三〇馬力に対し、二三型は一八五〇馬力を発揮でき、一段二速過給機の第一速の公称馬力は一四〇〇馬力から一七二〇馬力へ、同じく第二速は一二六〇馬力から一五八〇馬力へとアップした。つまり二〇～三〇パーセントも出力が向上したのである。

だが反面、過給機の第一速の全開高度は二七〇〇メートルから二一〇〇メートルへ、同じく第二速は六一〇〇メートルから五五〇〇メートルへと下がった。水・メタノール噴射は許容ブースト圧を上げるだけの効果しかなかったからで、二速の全開高度を超える高高度での出力増加は、さほど望めないのが分かった。のちには夏期の高気温時の出力低下などが判明し、水・メタノール噴射は本物の高オクタン・ガソリンの代用策としては、充分な結果を得るには遠かった。持たざる国の悲しさである。

十四試局戦すなわち「雷電」と、ほぼ同時に戦線に登場したF4U－1D「コルセア」の、R－2800－8Wエンジンは高高度でも余裕がある二段二速過給機付きで、日本海軍の九一／九二オクタン燃料よりも実質的に三〇オクタン近いプラスに換算できる高品質燃料を用いた。その上に水噴射を加えたのだから、勝負にならない。

エンジンの変更にともなって、強制冷却ファンも大幅に変わった。十四試局戦ではプロペラ軸に直結したから回転数が同一の二二枚羽根だったが、改修型では三菱・名古屋発動機製作所（名発《めいはつ》と略す）の浅生重太技師が開発した、増速式の一四枚羽根に換装。これはプロペラ軸とのあいだに惑星歯車を噛ませた仕組みで、プロペラ軸に対し回転数が三倍以上に増えている。

残る改修要求は、プロペラについてだ。住友製ＶＤＭプロペラの電気式ピッチ角変更機構は、かねてから故障が多く、不評を買ったことは前に述べた。そこで住友では、羽根数を四《よん》翅《し》に増し（ピッチ範囲を六八度〜三〇度に拡大）、ハミルトンの油圧式変更機構をＶＤＭプロペラに取り付けた折衷作を製作。これをＶＤＭ油圧管制恒速式と呼んで、十四試局戦の改修型に装着する処置が決まった。

「火星」二三型の特徴は、水・メタノール噴射と燃料噴射装置の付加。冷却ファンの羽根は増速式の14枚に変更された。台架に載った未使用の新品エンジン。

エンジン、プロペラ、冷却ファンを合わせて七二キロの重量増が見込まれた。そのぶん重心位置が前方へずれるのを防ぐため、エンジンの取り付け面を一〇センチ後退させた。間隙《かんげき》の圧縮で、エンジン後部や補器類の整備をさまたげる恐れがあったが、十二月八日の木型審査で差しつかえなしと認められた。これを含め、Ｊ２Ｍ２のカウリングの長さはＭ１よりも二〇・五センチ短縮される。

水・メタノールタンクは重心位置変更への影響をおさえるため、胴体内燃料タンクの前に密着させて置かれた。

J2M2へ移行する

これらの改修をほどこした機は、十四試局地戦闘機改と呼称され、機体の記号もJ2M2に変えられた。「改」は文字どおり、改修を意味する。このため純粋なJ2M1の完成機は、当初の試作予定数の八機には至らず（海軍側の指定では三機のみに減らされた）、J2M2仕様に少しずつ近づいたものが作られていった。

空技廠で催された性能向上研究会においてJ2M2の製作が決まったのは、十四試局戦／J2M1の一号機の組み立てが始まるころの昭和十六年十二月二十二日だ。J2M1が要求性能を出せたとしても、部隊配備される一〜二年後には傑出した存在たりえない、との判定により、「火星」一三型装備のJ2M2を最初の生産型とする方針が決まった。

要求仕様は次のとおり。

最高速度：高度六〇〇〇メートルにおいて三四〇ノット（六三〇キロ／時）以上（J2M1より一五ノット〔二八キロ／時〕優速）

上昇力：高度六〇〇〇メートルまで五分一〇秒以内（J2M1より二〇秒短縮）

航続力：正規状態、高度六〇〇〇メートル、最高速度で〇・七時間以上（J2M1と同一）。ただし水・メタノール混合液搭載量は第二速の公称馬力で〇・五時間分

離陸能力：過荷重状態、無風で三〇〇メートル以内〔J2M1と同一〕
着陸速度：七〇ノット（一三〇キロ／時）程度〔J2M1は七〇ノット以下〕

J2Mシリーズの全タイプを通じて、この速度と上昇力はどちらも実現できずに終わる。航空本部が十七年七月の完成を望んだJ2M2の一号機は、二ヵ月あまり遅れて十月上旬に完成した。堀越二郎技師の回想記（奥宮正武氏との共著『零戦』。昭和二十八年、出版協同社刊）の二四三ページには、同月中に海軍が本機を制式採用し、「雷電」一一《いちいち》型の名称を与えた、と書かれている。しかし、この点については疑問が少なくない。

第一に、海軍が領収していないできたての機に、即座に制式名称を与える例はない。

第二は、昭和十七年中に制式採用の機は、それまでの命名法に則《のっと》って「二式〇〇」になるのが決まりだからだ。すなわち、十七年二月採用の二式飛行艇、七月採用の二式陸上偵察機と二式水上戦闘機といった具合で、J2M2完成と同時期の十月に採用された二式艦上偵察機（「彗星」艦爆の偵察機型）も同様である。

もしJ2M2の十七年十月採用が正しいならば、「雷電」一一型ではなく、二式局地戦闘機と呼ばれるはずだ。海軍が飛行機の制式名称を「紫電」「月光」「彗星」「彩雲」といった固有名詞に確定し、局地戦闘機には「電」または「雷」を付けるのは、昭和十八年七月下旬からである。したがって「雷電」一一型の名で海軍が制式採用に踏みきったのは、十八年、それも後半に入って以降と推定できる。

さらに、また別の採用年月日を明記した資料がある。機体、エンジン、プロペラの研究や製造、改修を管轄する航空本部第二部がまとめた「海軍現用機性能要目集」（昭和二十年七月四日現在）がそれだ。ここには「雷電」一一型の採用は昭和十九年十月と記され、武装強化の二一型《にいいち》、視界向上をはかった三一型《さんいち》も同時に採用された付記も加えてある。

十九年十月といえば、初の「雷電」装備実施部隊（三八一空）が開隊してから一年もたっており、本土防空の三個航空隊（三〇二空、三三二空、三五二空）の乙戦隊が「雷電」をそろえて、B-29の来襲を待ち受けていたときだ。三菱での生産機数は、一一型と二一型を合わせて約三三〇機にも達していた。こんなときに、ようやく「雷電」一一型が制式採用されるというのは、なんとも不自然ではないか。

これを否定すると思える証拠の一つが、十九年二月ごろに海軍に領収された一三六号機の、後部胴体に書かれた型式・所属欄で、〔雷電一一型〕と制式名称が明記してある。また、十九年四月に横須賀基地で撮影された三〇二空の装備機からも〔雷電一一型〕の文字が読み取れる。一一型の採用が十九年十月ならば、当然〔十四試局戦改〕、あるいは〔試製雷電〕と書いてあるはずだ。公的機関の書類に全幅の信頼が置けないのは、いまも昔も変わらない。実際、「海軍現用機性能要目集」のデータには明らかな誤記が散見される。

おもしろいことに、堀越・奥宮共著の『零戦』には、もう一つの採用年月が登場する。出版協同社版二一九ページにある「昭和十八年十月にようやく制式機として採用された」の一文だ。昭和十七年十月説と十九年十月説のちょうど中間で、タイミング的にこれこそが正解のようにも思える。また「海軍現用機性能要目集」を改訂した、第二復員局残務処理部製作（したがって敗戦直後の統計）の「日本海軍航空機一覧表」にも、「雷電」一一型の採用は昭和十八年十月、二一型が十九年十月と明記してある。しかし、十九年四月以降の採用を思わせる別のデータ集（十九年夏の記述）もあって、十九年十月説も安直に打ち消しにくい。

出てきた振動問題

三菱航空機では十七年九月に設計課の編成が変わり、病床から復帰していた堀越技師は第二設計課長の辞令を受けた。J2の設計主務者に復帰したが、あらたに始まったA7（のちの「烈風」）の設計が始まっていたため、髙橋技師が主軸の役を継続した。

諸要求をふくませて完成した、十四試局戦改／J2M2は鈴鹿に運ばれ、十月十三日に初飛行に成功した。

四翅のVDMプロペラ、大型化した風防が、まず目にとまる変化箇所だ。ほかに、十四試局戦／J2M1の集合排気管から単排気管に変わり、カウリング後縁の左右両側に四本ずつ配置されていた。

これは二月二日に開かれた空技廠での性能研究会のさいに、増速の観点から排気のロケット効果を利用する研究事項が出されて以来、設計チームが研究していた改修だった。戦闘機への推力式単排気管の導入は、日本ではJ2M2が初めての事例である。

武装についても、やはり性能向上研究会で提示された強化案にそって、若干の変更が加えられた。翼内装備の二〇ミリ機銃を九九式一号機銃三型から、まだ量産に入っていない九九式二号機銃三型に置き換える処置が決まったのだ。一号銃も二号銃も、ともにエリコン二〇ミリ機銃の国産版に変わりはないけれども、前者が六〇発弾倉式（のち一〇〇発に改修）なのに対し、後者は一〇〇発入りの大型弾倉を用いた。これを覆うため、十四試局戦改の主翼の上面と下面に、タマゴ形の大きなふくらみが付けられた。

両機銃（三型）の最大の相違点は銃身長で、二号銃のほうが四五センチほど長い。銃身が長くなれば初速（銃口を出るときの弾丸の速度。大きいほど威力が大）が増す。使用弾薬包の装薬量（薬莢《やっきょう》内の火薬の量）が増えたことも手伝って、二号銃の初速は二五パーセントも大きくなった。反対に発射速度（一定時間内に撃ち出せる弾数）は一割弱減り、機銃の重量も四割以上重いが、装備弾数の増加などあらゆる要素を計算に入れれば、一号銃にくらべ総合的な威力は二割は向上したと言えるだろう。

しかし同じころ、零戦にも同様の火力強化がはかられつつあった。重爆邀撃用の局戦が、対戦闘機戦闘に主眼を置いた艦戦と同じ兵装とあっては、いまだ攻撃力不足の感は否めなかった。

初飛行を終えたのちのJ2M2は社内飛行に移った。そしてこのとき、実用化までの一年以上にわたる苦難の道が始まったのだ。

試験飛行ですぐに判明したのは、エンジン関係の不調によって激しく黒煙を噴き、同時にひどい振動を起こす異常な事態だった。エンジンの不調と黒煙の噴出は、水・メタノール噴

4翅プロペラ、単排気管に変えた十四試局戦改。オレンジ色の試作機塗装のまま横須賀基地の三〇一空で用いられた。機銃が機軸に平行と分かる。

射装置の作動の不完全さが原因で、この装置の調子は大気の状態に影響されやすいと分かった。そのほか、エンジンのクランク・ピンの締め付けボルトにも不具合が見出された。

エンジンの振動には二種あって、振動数の高いのが「ビービー振動」、低い方が「ゴツゴツ振動」と呼ばれた。

エンジン振動の真の原因は、エンジン作動時の振動にプロペラ羽根の曲げ振動が共振して振動が倍加され、さらに延長軸の存在によって、いっそう大きな連成振動を生じる点にあると分かった。複合的な発生原因なのだ。

Ｊ２Ｍ１設計時、振動発生を懸念する堀越技師に、エンジン支持法の知恵を貸したのが三菱・名古屋発動機製作所の山室宗忠技師だった。

山室技師は、各気筒への燃料配分が不均一なのでは、と気化器の型式を変えたり、エンジン支持架の緩衝・防振ゴムを改良するなどの対策を施したけれ

ども、納得しうる状態には至らなかった。オシログラフの解析によって、クランク軸とプロ

ペラの回転が生む唸《うな》り現象と判断され、空技廠・発動機部と打ち合わせる。量産効率の低下

を覚悟のうえでプロペラ減速比をベベルギアを噛《か》ませて〇・五四から〇・五に変更、プロペ

ラの不平衡重錘《ふへいこう》の位相（位置と状態）を選択する措置をとった。これが有効で、昭和十八年

に入ってゴツゴツ振動に対し、それなりの成果を収められた。

二号機炎上

これらの改善策は、空技廠飛行機部の松平精《ただし》技師らも加わって、地上テスト、飛行テスト

をかさねながら進められていった。この飛行テストを海軍側で担当したのが、小福田大尉の

あとをついでJ2の主務者に任じられた帆足工大尉である。彼は性能データの計測とともに、

J2M2の改善に心血をそそぎ、空技廠・特殊研究所内の自室でしばしば深夜まで検討を続

けていた。

帆足大尉は振動問題に心をくだく一方で、本機の視界問題に関心を持った。J2M2はM

1よりは、いくぶん視界が向上したとはいえ、零戦にくらべて格段に劣るのを気にかけ、実

施部隊に配備されるころの搭乗員の平均技倆で乗りこなせるか、目標の爆撃機に護衛戦闘機

がついてきたら太刀打ちできるか、などの問題に対する解決策を模索した。

しかし、J2の実施部隊配備を見る前に、帆足大尉を悲運の死が待ち受けた。

J2M2の二号機のテストのために、昭和十八年六月の初めから鈴鹿基地に出張した大尉

は、十六日にプロペラ不平衡重錘の位相試験にたずさわっていた。ゴツゴツ振動は消えたが、大きなほうのビービー振動が残っており、その解決策を探ろうと、午前中もプロペラハブの付け根に不平衡の重錘バンドを装着して、位相試験のために飛んだ。

このテストでは効果が見られなかったため、午後もう一度、不平衡重錘の位相試験の実施が決まった。三菱・名古屋発動機製作所の佐野朗技師は、重錘を二五〇〇グラム・センチとより重くし、座席後方の電磁オシログラフに記録紙をセットする。鈴鹿基地に隣接の三菱・鈴鹿整備工場（鈴鹿格納庫）でJ2M2二号機の整備が終わり、準備が整った。

昼寝から目覚めた帆足大尉は、顔を洗ったのち二号機に搭乗。午前の飛行と同じように、駐機場《エプロン》から発進にかかる。離陸し、高度一五〜二〇メートル（一説には五〇メートル）で脚を納めたJ2M2は、そのまま上昇するはずが、逆に機首下げの姿勢に変わった。

飛行場端にある下士官集会所の方向へ降下し、道路を越えた麦畑の農具小屋に接触、プロペラが吹きとんだ。二〇メートルほど前方の畑の中に墜落した二号機は機首がもげ、胴体は二つに折れて、座席とともに帆足大尉はななめ後方に投げ出された。

ちょうど下士官集会所に来合わせた鈴鹿航空隊の軍医長は、三〜四名を連れて、土煙がわく現場へ走る。大尉は意識はないが生きており、苦しそうに呼吸していた。ゆがんだ座席にベルトで結ばれ、足も曲がっているため、下士官が抱きはずすのに手間どった。

担架がわりの畳も運ばれてきた。ようやくベルトが取れ、座席から離そうとしたとき、右翼タンクの燃料に引火して爆発。軍医長と下士官一名がひどい火傷《やけど》を負い、機体も炎に包まれて、帆足大尉は救出不可能のまま殉職した。

機材輸送の搭乗員がすごす空輸員室を白幕で区切って、葬儀の祭壇が設けられ、遺体の上に彼の軍帽と短剣が添えられた。ブリッジ好きの愛煙家だったので、トランプとタバコが霊前に供えてあった。

翌十八日の朝、空技廠関係者二〇名ほどが一式陸攻で鈴鹿基地に到着。三菱側の幹部も加わって、大尉の告別式が催された。海軍側で三菱の責任を問い叱声を上げる者はおらず、堀越技師は恐縮するばかりだった。荼毘《だび》に付された遺骨は陸攻で横須賀基地へ運ばれた。

応急の会議が同日に開かれ、民間側から三菱・航空機製作所の堀越技師、平山技師、本庄季郎技師ら、発動機製作所の山室技師、佐野技師ら、プロペラの住友金属から小川技師らが出席した。空技廠飛行実験部員で帆足大尉の先輩の志賀淑雄《よしお》大尉が司会役を務め、堀越技師らが試作状況を説明。ついで事故に関する論議がなされた。

エンジン、操縦系統、プロペラについて、それぞれ異常が生じたのではとの推測が出たが、墜落原因の手がかりは得られなかった。そこで、各部門が担当部分の残骸を工場へ持ち帰り、点検調査にかかる手だてが決まった。

長い試練ののちに

二号機の残骸は、ただちに三菱技術陣によって調査されたが、原因は解明されなかった。

帆足大尉（殉職後に少佐）の死によって、後任のJ2担当主務者を命じられたのは、一年前

オレンジ色の十四試局戦改はJ2M2の直前（あるいは最初期）タイプだ。カウリングは長く、下面に空気吸入口カバーがない点が異なる。三〇一空から三〇二空が引きついだ機で、この19年7月の時点での呼称は試製「雷電」であった。搭乗の上野博之中尉は9月11日の不時着事故で殉職にいたる。

の昭和十七年七月に彼にバトンタッチして南東方面へ向かった、前任者の小福田租少佐（十七年二月に進級）だった。

六空（十一月に二〇四空と改称）飛行隊長としてブーゲンビル島ブインを基地に、ソロモンの激戦を戦った少佐は、十八年四月に錬成部隊の厚木空の飛行隊長に転じて内地に帰還。事故の八日後に、ふたたび空技廠飛行実験部・戦闘機主務部員の辞令が下りた。

小福田少佐はほとんど連日のように、追浜基地で空技廠の装備機であるオレンジ色の十四試局戦改に乗って、性能測定の試験飛行と振動問題の早急な解決に全力をそそいだ。それは設計側が感服するほどの熱心さだったが、当然ながら彼の脳裏に、いつも帆足大尉の事故が引っかかっていた。

前述の、新規機材に固有名詞を付ける機名様式が決まったのは、そのころの十八年七月二十七日付だ。Ｊ２Ｍ２に「雷電」を付けたのは、局戦に

「電」を使うルールに従ったからだが、力士の「雷電」為右衛門の巨体に見合っていた。ここでそれまでの十四試局戦改の呼称をやめて、「試製雷電」への変更がなされる。

少佐が実験部員に復帰して三ヵ月たらずの昭和十八年九月十三日、墜落事故の原因が一気に解明される事態が生じた。

鈴鹿を離陸した三菱の柴山操縦士が、脚を収納した直後に操縦桿が前へ引かれ、J2M2、試製「雷電」の一〇号機は帆足大尉が乗った二号機の場合と同じに、機首下げ姿勢に入った。持ちまえの腕力で桿を引いてみたが、びくともしない。彼はとっさに、脚上げのためにこの状態におちいったのだ、と判断し、ふたたび脚を出した。テストパイロットの直感である。脚が下がると同時に、操縦桿はもとどおり操作に対応して動いた。あの世の門をのぞく数秒前に、からくも柴山操縦士は機首を起こし、急いで着陸した。

ただちに原因が調査されて判明したのは、尾輪のオレオ式緩衝装置が曲がって、脚上げ時に左右昇降舵をつなぐ軸管に当たり、その圧迫によって昇降舵が下げられた、という事実だった。鈴鹿の三菱社有の格納庫に入れてあった帆足大尉の事故機の残骸を調べてみると、まったく同様な状態を呈しているのが分かった。

構造的には、オレオ式緩衝装置内の空気／油による衝撃吸収用の圧力が高すぎて、支柱の湾曲を招き、支柱と昇降舵横軸とのすきまが少なかったために接触してしまったのだ。設計と整備を担当の三菱側のミスが主因だが、構造審査で空技廠の技術部員が見落とした点も、非難される余地があるだろう。

試作機による飛行は、事故の危険を背中に負って進めるようなものだ。かつて十二試艦戦でも殉職事故に直面した曽根さんは「テストパイロットは命がけで乗っている。これを殺しては、お詫びのしようもありません。だが、万全をつくしたつもりでも、事故は起きてしまう。技術者にとっては最大の醜態であり、断腸の思いです」と設計技師の内心を語る。

しかし、計算だけでは分からず、飛んでみて初めて判明するマイナス点はたくさんあり、設計側の責任だけを追及するわけにはいかない。J2の将来に賭け、職に殉じた帆足大尉は、尊い犠牲にほかならなかった。

エンジン関係の振動問題は、三菱のエンジン部門で個人的な努力はあったけれども、部門全体の協力が得がたかったため、解決は遅れた。不利に傾く戦況から、新鋭機を望む声が高まって、振動問題が出なかったJ2M1をM2の代わりに生産せよ、との声が海軍側から出たという。すでにM2用のエンジンとプロペラの量産準備が、整いつつあったのだが。

ようやく昭和十八年十月、やはりエンジンとプロペラの共振問題に悩まされた十五試陸上爆撃機（「銀河」）の対策を参考にして、共振を避けるために、プロペラ羽根を厚くして剛性を高める処置をとった。

羽根を厚くすればプロペラ効率の低下、すなわち推力の減少につながり、重量も増す。マイナスの影響に目をつぶってとられた応急手段であり、根本的な打開策とは言えなかったが、これによって一応、一年にわたって続いた「火星」二三型の振動問題は収まった。のちに、エンジンの前列および後列の各主気筒（主接合棒）の位置が一八〇度（正反対）に配置されていたのを、隣り合わせに変えれば振動をなくせると分かったときには、敗戦が目前に迫っていた。

試製「雷電」J2M2の不具合は、さらに続いた。エンジンの重要部分であるケルメット(鉛と銅の大硬度合金)製の平軸受けの焼き付きを防ぐ目的で、エンジン潤滑油の循環量を増やしたために、油温の過昇を招いたのだ。この解決には、振動問題のような時間はかからなかった。

それまでは空気抵抗の減少をはかって、滑油冷却器はカウリングに内蔵され、強制冷却ファンで取り込んだ空気を当てていた。冷却機能の向上策として、四〇パーセント大型化した冷却器を機首下に露出し、前方のカウリング下面に整流カバーを取り付けて、吸入外気を直接当てる方式で対応できた。この改修で実用化がそのぶん遅れ、かつ抵抗が増して若干の速度低下を招いたのはやむを得まい。

振動も油温の過昇もエンジン担当側に責任の過半があり、機体設計は後手《ごて》、後手の対策に振りまわされた。当時、A7/十七試艦戦の設計に全力を投入していた堀越技師は、「発動機側の怠慢による連絡の遅れ」(彼の回想)で、一年以上を空費した失態を嘆くのだった。

曽根技師も昭和十八年春から十七試艦戦の設計に移行しており、髙橋技師をトップに据えたJ2チームは、晩秋に至ってようやく試作期間の最終段階に到達した。正式要求書が出されてから、すでに三年半ちかくが経過し、J2M1試作一号機の初飛行から一年半が消費されていた。「雷電」一一型の名称が付いて真に制式採用が決まったのを、この時期、すなわ

各翼前縁に凍結防止用のグリースを塗り、小福田少佐が搭乗して横空基地から耐寒飛行へ向かう空技廠飛行実験部の所属機。呼び名が十四試局戦改から試製「雷電」に移行したのちにできた20番台の生産機である。滑油冷却器を機首下に移し、カウリングを縮めた「雷電」一一型に等しいスタイル。

ち十八年十月とするのは不自然ではない。

Ｊ２Ｍ２に海軍側が要求した最高速度三四〇ノット（六三〇キロ／時）に、高橋技師たちはより近い数字が得られるのを期待した。十八年晩春に社内飛行テストの間に三二八ノット（六〇七キロ／時）／高度五二五〇メートルを出したのち、八月十八日に七号機が三三二ノット（六一五キロ／時）／高度五四一〇メートルを記録している。これらは武装や艤装を付けない、最軽量荷重の状態だったから、要求値には遠かった。

また飛行実験部において、基本装備をほどこしたＪ２Ｍ２の二二号機が、高度五四五〇メートルで三二二ノット（五九六キロ／時）を出したのも同じころのようだ。これが「雷電」一一型の最大速度としてデータ表に記載された。

速度が伸びないのはエンジン出力の不足、と設計チームは判断した。「火星」二三型は第二速全開高度五五〇〇メートルで一五八〇馬力がカタロ

陸軍戦闘隊屈指の高い操縦技術を身につけた荒蒔義次少佐。

グ値だが、設計側には五七〇〇メートルで一五一〇馬力と伝えられていた。だが、再測定データは四八〇〇メートルで一四一〇馬力。これでは、六〇〇キロ／時に近づかないはずだった。

陸軍パイロット、J2に乗る

話を一年前にもどす。

曽根技師の回想によれば、J2M1の一号機および二号機の、鈴鹿基地を使った三菱側による試験飛行は延々と続いて、昭和十七年三月下旬に始まったのが、その年の秋までくり返された。

その後、空技廠が領収して横須賀空の飛行場へ持ってくるのだが、この時期ももう一つ判然としない。ほぼ確実と思われるのは、陸海軍試作機の互乗研究会にJ2M1が用意されたのが十七年十月、空技廠から横空が受け取って実用実験に入ったときが翌十一月ごろ、の二点だ。

互乗研究会は、東京都福生《ふつさ》にある陸軍航空審査部の飛行場（いまの横田基地）で実施された。空技廠・飛行実験部からは十四試局戦と十三試双発陸上戦闘機が、航空審査部・飛行実験部からは二式戦闘機（「鍾馗」）、二式複座戦闘機（「屠龍」）とキ六一（のちの三式戦闘機「飛燕」）が持ち出され、たがいに相手の機を操縦しあって今後の新型機研究審査の参考にするのが目的だった。

　このとき、陸軍側でオレンジ色の十四試局戦に乗ったのは、二式複戦と三式戦の審査主務を担当し、飛行艇まで操縦できる、陸軍屈指の名パイロットといわれた荒蒔義次《あらまきよしつぐ》少佐である。局戦で飛んでみた荒蒔少佐は、視界はよくないが、「捕獲した『バッファロー』なみに」（少佐談）ずんぐりした機体のわりに舵の釣り合いがとれていて、乗りにくい飛行機ではなく、全体として「悪くない」との評価を与えた。

　彼は二式戦のテストも受け持っており、性格が似た両機をくらべて、速度と旋回はＪ２が勝り、上昇力は二式戦一型が上、と判定している。着陸についても、部隊配備当初には「殺人機」と呼ばれた二式戦より楽だった、と語る。海軍機を含む多機種の搭乗経験をもち、フランクで的を射た判定を下しうる少佐の意見は、データで見てもうなずける内容で、大変に興味ぶかい。このとき陸軍側では、やはり技倆抜群の審査部部員・木村清少佐もＪ２に搭乗したようだ。

同様に爆撃機の大型エンジンを付けたが、頭デッカチのまま胴体をしぼった陸軍の二式戦闘機（この機は二型甲）は紡錘形のJ2と対照的な形に仕上がった。着陸の高難度は類似する。

性能試験を終えたJ2M1は、このあとしばらくして横空に引きわたされ、次の段階である実用実験に入った。

横須賀空での実用実験

空技廠飛行実験部や陸軍航空審査部と同様に、横空のパイロットたちも名うての腕達者ぞろいである。十七年十一月ごろ、その戦闘機隊にJ2M1が持ちこまれたとき、狭い横須賀基地ではやりにくいので、東京湾の対岸、二五キロ離れた千葉県の木更津基地へ運んで、慣熟飛行にかかる算段が立てられた。

木更津へ出かけた操縦員は、東山市郎少尉、羽切《はきり》松雄飛曹長ら四〜五名。東山少尉と羽切飛曹長は日華事変中の昭和十五年十月、成都の中国空軍飛行場に零戦で強行着陸する離れわざを演じた猛者《もさ》だった。

木更津にJ2M1を運んだ初日、まず羽切飛曹長が離着陸を試した。ついで順次搭乗したが、やがて尾輪が折れ、これを修理するのに手間どった。

晩秋の日は釣瓶《つるべ》落としだ。夕方にようやく修復できたけれども、いまからJ2を飛ばして帰ると、横空には日没後に着く。ただでさえ降りにくい狭い基地に夜間、それも不なれな扱いにくい機で着陸するのは、ベテランでも不安だった。

分隊長・白根斐夫《あやお》大尉から、持って帰れ、との命令が出されていた。「東山さん、どうする?」と羽切飛曹長がたずねると、少尉は「あんたが乗って帰って下さい。ぼくはまだ一回しか乗ってないから自信がない」と言う。やむなく飛曹長は意を決して、すっかり暗くなった木更津を発進、まもなく横須賀上空に到達した。風はほとんどなかった。

彼はよく効くブレーキを頼りに降下に入り、ややオーバー気味で接地して、行き足を止めようと操作したが、着陸速度が大きかったので容易に制動の効果が表われない。滑走路端が迫り、岩壁が見えてきた。ようやく岩壁の直前にある指示灯の位置でブレーキを踏みつつ、機首を左へねじり、かろうじて停止させられた。

飛行歴すでに八年の羽切飛曹長にとっても、クマンバチと渾名《あだな》がついたJ2を乗りこなすのは容易ではなかった。彼の技倆で、零戦なら六〜七割の腕を使えば乗りこなせるところを、J2では一〇〇パーセントの力を発揮する必要があった、と言う。失速におちいるのが早く、手動操作の空戦フラップの使い方も難しいなどから、のちに搭乗した「紫電」の方がずっと楽だった。

羽切飛曹長と大石英男飛曹長が昭和十七年十二月九日に実施した、J2M1と零戦（二一型か三二型か不明）の単機模擬空戦は興味ぶかい。この場合、両者の操縦技倆に大差があっては無意味に等しい。海軍入隊は羽切飛曹長が一年、操縦練習生は大石飛曹長が二期・五ヵ月、それぞれ早く、ともに九六艦戦と零戦で日華事変を戦っているから、腕はまず互角と見ていいだろう。

戦闘パターンはJ2にとっての優位戦。高度三〇〇〇メートルを飛ぶ大石飛曹長の零戦に、羽切飛曹長のJ2が八〇〇メートル高い高度から左後上方《こうじょうほう》攻撃をかけるところから開始され

右：ひげの羽切(はきり)の異名をとる羽切松雄飛曹長は大胆にして細心。左：操縦と同等のカメラの名手・大石英男飛曹長。羽切分隊士と因縁が深い。どちらも戦闘機操縦のプロだ。

た。言うまでもなく、この状況はJ2に圧倒的に有利だ。

したがって第一撃は、有効な射撃を加えて離脱する。二撃目をかけるため（おそらく左へ）旋回しつつ上昇に移ったが、零戦の上昇旋回がやや勝った。高度差を詰めて食い込んでくるため、J2は前側方（なため前から）攻撃を果すのがやっとの状態。第三撃を仕掛けるのは体勢上困難で、第四撃（四回目の旋回）のころには逆に零戦に追われる立場に変わってしまった。

零戦を引き離そうと、三〇〇ノット（五五六キロ／時）に達するまで降下を続けたが、振り切れなかった。ついで上昇にかかると、速度が落ちるにつれて零戦が近づき、高度でもJ2を上まわった。

この模擬空戦は、上昇力はJ2M1が上でも、旋回を加えた格闘戦では零戦に抗しがたい飛行性能を、よく示している。J2M2なら、いま少し零戦を苦しめられただろうが。

着陸速度の高さに対処するためのファウラー・フラップは、旋回時の空戦フラップとしての有効性が確定された。所見でフラップ面積の増大が検討課題に上がったとおり、Ｊ２Ｍ２では左右幅が五〇センチ増やされるうえに、最大下げ角を四五度（?）から五〇度まで増加。三分の一開いた一六度が空戦フラップ用の位置に定められた。

それにしても零戦との単機空戦は、そもそも十四試局戦の資質を無視したテストだ。対戦闘機戦は本来、試す必要がない飛行なのだから。

ぐらつく水平尾翼

この模擬空戦から数日たった昭和十七年の十二月中旬、操縦練習生で羽切飛曹長の二期後輩の豊田耕作上飛曹が、横空戦闘機隊に転勤してきた。十三空付で日華事変の初期に参戦したのち、内地の練習航空隊で長らく教員を務めていた豊田上飛曹は、横空に来るまで零戦すら見る機会がなかった。そこでまず零戦の操訓を開始。たちまち乗りこなし、翌十八年の一月に入ってまもなく、白根分隊長に言われてＪ２に搭乗した。

性格からくる冷静さ、適性と練磨の高度な操縦術が豊田耕作飛曹長の本領だ。零戦五二型とともに。

空技廠の記号を付けたままのオレンジ色のＪ２は、二機に増えていた。ずんぐりして「虻《あぶ》みたいな不格好な飛行機だ」と感じた豊田上飛曹は、胴体のわりに主翼が小さいのがいくらか気になっただけで、躊《ちゅ》躊躇《うちょ》なく滑走に移る。前方視界の不良、離着陸がやりにくいといった既出の意見のほかに、速度が落ちると舵の動きがはっきり悪くなり、一部の搭乗員には好評の横転もさほどではない、といった辛《から》めの評点をつけた。

「利点は速度と上昇力だけ。局戦である以上、速度第一は仕方のないところ」と判定した彼を、意外なアクシデントが待っていた。

何回目かの試乗のおり、操縦席内に荷重計を取り付けての強度テストが企画された。四〇〇〇～五〇〇〇メートルの高度から降下して引き起こしに移り、針が六Gを指したのち視界が薄れ、あたりが暗くなった。ブラックアウトである。搭乗経験ゆたかな豊田上飛曹は、あわてずに回復を待つ。やがて視力はもどったけれども、J2の飛行に異状が出た。

速度を高めると機首が上がっていくのだ。スロットルを絞れば機首上げは収まり、増速するとまた同じ状態をくり返す。どこかに故障を生じたのは明らかだった。ぐっとスピードを落とした上飛曹は慎重に高度を下げ、着陸コースに入るところで火災を懸念して主スイッチを切ってから、滑空で降着した。

J2のまわりに人が集まってきた。彼の話を聞いた一人が右の水平尾翼にさわると、グラグラ揺れる。驚いて調べたら、水平安定板を胴体に固定する部分が折れていた。

水平安定板は零戦と同じ二本桁《けた》構造で、前桁《ぜんけた》、後桁《こうけた》ともに上下から一本ずつ、合計四本の取り付け金具が伸びて、ボルト締めで胴体に固定される仕組みだ。飛行中に力がかかる度合はJ2の場合、前桁が後桁よりも格段に大きい。引き起こしのさいの荷重に耐えられず、前桁の下の取り付け金具が折れたのだ。

その影響が他の三本の金具にも及んで、右水平安定板はガタガタにゆるみ、水平飛行速度を増すと前縁部が下がって、昇降舵を上げたのと同じ効果をもたらした。これが機首上げの原因である。すぐに三菱へ状況が通達され、取り付け金具の強化がはかられた。

経験が浅い搭乗員だったら、さらに無理な機動をかさね、ついに右水平尾翼は飛散して大事故につながるところだった。落下傘降下で命が助かっても、機は砕け散って原因の早期究明はかなわなかったに違いない。二月一日付で豊田上飛曹は、横空司令・草鹿龍之介少将の名による表彰を受けた。

「試験飛行中破損セル飛行機ニテ着陸、改善進歩ニ資スルモノ大ナルモノアリタルニ依《ヨ》リテ」という長い題目の表彰が、彼の冷静な判断力を証していた。

この事故と前後して、ソロモンで戦って豊橋に帰った第二五一航空隊（旧称・台南空）から、一木《いちき》利之一飛曹と茂木義男一飛曹が横空戦闘機隊に転勤してきた。二人は、白根大尉、東山少尉、羽切飛曹長、大石飛曹長、豊田上飛曹らが担当していたＪ２に乗るよう命じられた。「Ｊ２は三機ぐらいあった」との一木一飛曹の回想から、空技廠、ついで横空にわたる試作機の数が少しずつ増えていたようすが知れる。

オレンジ色の太い機体を見た一木一飛曹が、まず感じたのは「乗れるだろうか？」という不安だった。まず地上でいちおうの講義を受け、離着陸訓練にうつる。当初は広い木更津空で、ついで慣れてから横空で飛んだ。着陸速度が零戦二一型の一二〇キロ／時にくらべ、一七〇キロ／時近くもあって難しく、初めのうちは三点着陸がやりにくい。空中機動はダイブはいけるが、空戦フラップを利かせても旋回性能は悪かった。

J2M1の曲面風防は、雨の日が特に見えにくく、晴天でも視野が狭いので離着陸に難儀をした。ただし後方視界は、零戦に比べればもちろん良くないけれども、見えなくて困るほどではなかった。総じて「乗りにくい」が一木一飛曹の感想で、彼も零戦が最も操縦しやすかった、と断言する。

反面、J2M1のエンジン不調はあまりなく、電気系統もうまく作動した。これに乗ったパイロットは誰もが、エンジンの振動に取りたてて言及していないところから、J2M2の振動の原因が「火星」二三型とVDM四翅プロペラにあったのは明白だ。

空技廠飛行実験部のパイロットたちにとっても、J2の乗りごこちは同様だった。「腕に覚え」の彼らは、乗りにくい、とは意地でも口に出さないが、小福田少佐の目には「一生懸命に乗っている」ふうに見えた。狭い横須賀基地での十四試局戦の離着陸は容易でなかったが、離陸後の上昇力が大きいので山の方（逗子方面）へ向かって上がっても、ぶつかりそうな気配がないのは利点だった。

ラバウルからの意見書

こうしてJ2の実用実験が進むなかで、外戦用のナンバー航空隊では熟練搭乗員が不足しつつあり、東山少尉は新編成の第二六一航空隊に転勤、大石飛曹長も南東方面へ出て、昭和十八年七月中旬には羽切飛曹長も二〇四空分隊士としてラバウルへ向かった。当時、ソロモンの戦闘は押され気味で、新鋭機P－38「ライトニング」、F4U「コルセア」が登場して、零戦は敵の高速一撃離脱戦法に苦しんだ。

羽切飛曹長もラバウル進出後、上空から降ってきてサッと逃げていく敵機を捕捉しかねる事態に、歯がみしたケースが何度もあった。敵は以前のように零戦に格闘戦を挑んでこないのだ。

そんなある日、彼は「J2なら勝てる！」と思いついた。上昇力と速度、降下性能に優れたJ2ならば、逃げる敵を追えるし、こちらからも一撃離脱をかけられる。

筆がたつ飛曹長は、ソロモン戦線におけるJ2の必要性を、三日三晩かけて意見書にまとめ、司令・玉井浅一中佐に提出し、横空の白根大尉に送りたい、と具申した。玉井司令はこれを了承し、飛行隊長・岡嶋清熊《きよくま》大尉らが読んでから、八月初めの輸送機便で横空宛てに送られた。

羽切飛曹長の意見書は、ただちに横空首脳部の賛同を得た。四月に准士官に進級していた豊田飛曹長は、七月末日付で第二五一航空隊付の辞令を受け、まもなく、有田位紀上飛曹、茂木義男一飛曹ら一一名を連れて、ラバウルへ向かうところだった。彼らにJ2を持っていかせれば好都合である。「そのつもりで訓練してくれ」。白根大尉は豊田飛曹長に、ラバウルでのJ2試用を伝えた。

受領当初からの担当搭乗員たちが南東方面へ出てしまったいま、すでに十数回飛んでいた飛曹長は横空におけるJ2の最多経験者だった。このころ、J2は「ガソリンがとぎれる感じ」でエンジンがちょっと息をつく傾向が見られたが、「基地周辺の上空で戦う局戦だから、不調なら降りればいい」と彼は判断していた。

ラバウルには相当の技術力をそなえた南東方面航空廠がある。実戦参加のかたわら、不調、不具合な部分はここで直しつつ、熱帯地用の耐熱テストにかかる、との豊田飛曹長の進言を、航空本部も納得した。十二試艦戦（零戦）、十三試艦爆（二式艦偵、「彗星」艦爆）のように、制式採用前の試作機を戦地へ送ったケースはこれまでにもあった。

しかし、もう時間が残されていなかった。豊田飛曹長をのぞく一一名の二五一空転勤者はJ2にほとんど乗っていないし、人数分の機材がそろわない。戦力不足をなげくラバウルへの進出は急務であり、着任を一ヵ月も二ヵ月も遅らせるのは不可能だった。J2での進出はとりあえず延期の措置がとられ、彼らは八月十日ごろ零戦に乗って内地を離れていった。

ブーゲンビル島ブイン基地に前進して戦っていた羽切飛曹長は九月下旬、敵二機を撃墜後に被弾、負傷して内地へ送還されたが、そのあいだにもJ2ラバウル進出案は、引き続き横空分隊長・白根大尉の担当であたためられていた。十八年十月までに、大尉や一木上飛曹（五月に進級）は鈴鹿格納庫（工場）へJ2の試作機を追加受領に出かけており、上飛曹は大尉から「これを持ってラバウルへ行く」と聞かされていた。

だが、おりから使用可能のメドが立った「雷電」一一型を送る方針が固まったものか、結局J2試作機のラバウル進出は取りやめられた。白根大尉は十一月に新編の「紫電」装備予定部隊・第三四一航空隊の飛行隊長に補任され、一木上飛曹は十月に新編の零戦装備部隊・第二六三航空隊の基幹搭乗員（先任下士官）として横空を離れた。このとき一木上飛曹は、一年後にふたたび「雷電」に搭乗して戦う運命を、知る由もなかった。

第三章　実施部隊へ

主力生産型Ｊ２Ｍ３の完成

エンジンの振動問題がまがりなりにも解決した昭和十八年の秋は、〝「雷電」元年〟の季節だった。計画要求案が内示されてからの四年間が、蝉《せみ》にたとえて地中の幼虫生活だったとすれば、この秋は羽化《うか》をめざして木に登り、羽を広げ始めた時期と言えた。

だが、蝉は成虫としてすごす時間のほうが、幼虫生活よりも格段に短い。「雷電」にとっても残された時間は、すでに二年を切っていた。

十八年秋の三ヵ月間は、「雷電」にさまざまな変化が起こった時期だった。

まず、エンジン振動問題の解決にほぼ目処《めど》がつきかけ、帆足機の事故原因も判明した九月、三菱ではＪ２Ｍ２の量産準備に取りかかった。

ついで翌十月、新型のＪ２が完成する。

「零戦と差がない兵装を強化しなければ、存在価値なし」。邀撃機の打撃力についての穿《うが》った意見が海軍側から出されたのは、J2M1／十四試局戦の完成がまぢかな昭和十七年二月の性能研究会だった。ついでJ2M2／十四試局戦改ができた同年十月、武装強化案を含んで計画された新しい型がこれで、J2M3と呼ばれた。J2M2との相違点は、武装と燃料タンクだ。

昭和十五年四月に提示された十四試局戦の計画要求書では、九九式一号二〇ミリ機銃三型二梃（主翼）と九七式七・七ミリ機銃二梃（胴体）の装備が示されていた。これがJ2M2になると、前章で述べたように二〇ミリ機銃が二号銃に変わる。

二号銃は一号銃にくらべ、銃身が約四五センチ長く、初速が六〇〇メートル／秒から七五〇メートル／秒に増して、弾道特性が向上し、破壊力が強化されたが、反面、重量が三型の場合で一一キロほど重くなり、一分間の発射速度も五三五発から四八〇発に減った。二号銃の量産品は、十八年十月から豊川海軍工廠でき始める。

J2M3では、中型以上の爆撃機にはほとんど効果がないJ2M2の七・七ミリ機銃を廃止して、主翼の九九式二号二〇ミリ機銃の外側に、九九式一号二〇ミリ機銃を増設。M3の二〇ミリ機銃は一号銃、二号銃ともに弾帯《ベルト》給弾式の四型であり、J2M2の二号銃が一〇〇発入りドラム型弾倉式で、二梃合計で二〇〇発しかなかったのに対し、二号銃が各二一〇発、一号銃が各一九〇発と、四梃合計で一気に八〇〇発へと増加した。

弾倉式から弾帯式への変更のうち、機銃自体の重量が一梃あたり四キロ増なのが唯一のマイナス面だった。この弾帯給弾式一号銃と二号銃各二梃が、以後「雷電」の基本武装とされる。

両方とも二号銃にしなかったのは、この銃の生産が追いつかないのと、翼内のスペースに余裕がなかったためだ。後者については、二号銃の本体（銃身以外の部分）が一号銃より一〇センチ長く、弾丸も三センチ長いから、二割以上も体積が多くなる。同系の二〇ミリ機銃なのに弾丸サイズが二種類できたのは、生産面でも戦力面でもマイナス要素である。

翼内装備機銃の増加にともなって、主翼上面の装弾／点検パネルが大型化した。そのぶん主翼の強度を高めて捻《ねじ》れ剛性の低下を防ぎ、四〇〇ノット（七四一キロ／時）の急降下制限速度を維持できるよう、改修が加えられた。パネルの上下面に出ていた卵形のふくらみは、もちろん姿を消した。

エンジンはJ2M2量産機「雷電」一一型と同じ「火星」二三甲型（二三型より減速比が若干小さい）である。

主翼下に付ける爆弾も三番（三〇キロ）から六番（六〇キロ）に変更。同時に搭載方法に改良をほどこした。

燃料タンクの改修ポイントは、耐弾性の向上にあった。J2M2は量産機の途中から翼内タンクにのみ、炭酸ガス注入式の自動消火装置が導入されたのに対し、J2M3では胴体内タンクがスポンジゴムに包まれた、いわゆる外張り式防弾タンクに変わった。このため燃料容量が二〇リットル減ったが、胴体下に付ける落下式増槽を二五〇リットルから、三〇〇リットルの統一型の主用に変えて補った。J2の防弾対策は不充分とはいえ、零戦よりもひとあし早い。

外張り式防弾タンクは、米軍機の内袋式に比べて耐弾能力は劣るけれども、七・七ミリ焼夷弾三発または一二・七ミリ通常弾一発の命中に耐えられる。重爆の火網の突破が戦果につながる邀撃機《ようげきき》への、当然の処置であろう。

J2M3の木型審査は昭和十八年三月六日に終わり、同年夏のあいだに荷重試験を受けた。初めの荷重試験では、荷重が増すと主翼の装弾パネルが浮き、はずれてしまったため、試験を中断。改修後に再開し、全備重量に近い三三五〇キロの状態でも安全率一・八五が記録され、無事に終了した。

試作一号機は十八年十月に入って完成し、同月十二日に初飛行。振動を含め、性能上J2M2と特に異なるところはなく、フラッター制限速度も四〇〇ノット（七四一キロ／時）を保持できた。

機名様式が七月に変わって、J2M2に試製「雷電」と名が付いたため、J2M3は一号機の製作途中から、試製「雷電改」の名称が与えられた。完成から一年後には「雷電」二一型の名で制式採用され、J2各型のうち最も多く作られて「雷電」部隊の主力装備機の座を占める。

ところで、海軍は昭和十八年四月、それまで艦上戦闘機と局地戦闘機、遠距離戦闘機の名で三分していた戦闘機のカテゴリーを、制空用の甲戦（旧称・艦戦）、昼間防空用の乙戦（旧称・局戦）、夜間防空用の丙戦（夜間戦闘機。新機種）に改めた（ほかに乙戦に準じる水上戦

上：J2の34号機を改修した、J2M3のハシリである試製「雷電改」。翼内の20ミリ機銃が4梃に増え、局戦らしさを増した。鈴鹿基地で写したようだ。
下：上と同一機を側面から見る。機首周りと風防周辺の形状などが整って、代表タイプの二一型ができ上がった。下面は明灰色だが主脚カバーだけが暗色(たぶん濃緑)なのは、飛行時に見つけやすくする要注意塗装だろう。

闘機があったが)。

この四月の時点で、甲戦は現用中の零戦と、堀越チームが設計中の十七試艦戦「烈風《れっぷう》」が予定されていた。丙戦は該当機がなく、翌五月にラバウルで斜め銃装備の二式陸偵がボーイングB-17を夜間に撃墜して、「月光」の名で制式機に認定される。

「速度と上昇力に優れ、重武装を備える、重爆邀撃用の陸上(基地)戦闘機」と

後発機である仮称一号局地戦闘機(のちの試製「紫電」)の試作1号機。やはり種々のトラブルが生じたが、「雷電」のお株を奪う存在へと進んでいく。

規定された乙戦、つまり局戦については、試作機ができているもの二種と、設計が始まったもの一種があった。前者が十四試局戦改(「雷電」一一型)および川西の仮称一号局戦(のちの試製「紫電」)で、後者が双発単座の中島十八試乙戦「天雷」である。

試作機止まりで終わる十八試乙戦はさておき、「雷電」と「紫電」は強敵B-17、B-24重爆はもとより、おりから情報が入り始めた超重爆ボーイングB-29への対抗策として、海軍は少なからぬ期待をかけていた。それは次の数字で知れる。

昭和十七年度末(十八年三月)までに作られていたJ2は、M1とM2を合わせて一四機にすぎず、試製「紫電」にいたっては試作一号機だけだった。ところが、十八年十月から十一月にかけて立てられた航空本部の生産計画では、十八年度に「雷電」五四〇機、「紫電」二六〇機、十九年度(十九年四月~二十年三月)に、それぞれ一五七五機と四五〇機を完成させるよう指示されていた。

一方、航空本部の大増産要求にこたえて、三菱が十八年十月に提出した生産計画はさらに大がかりなもので、「雷電」については十八年度二五四機、十九年度三四一二機にのぼった。堀越技師の資料では昭和十九年度に三六〇〇機、十九年末の月産予定は五〇〇機と、規模がいっそう壮大化されている。事実、「雷電」に期待した航空本部は、ようやく疲れが見えてきた零戦に代えて、本機の主力生産化を望んでいた。

しかし航空本部の関心は、一年以上にわたった振動問題によって尻つぼみに薄れ、また計画当初の性能が出たところで、米軍戦闘機に比べてきわだった高性能機ではなくなっていた。これに実施部隊の不評がかさなって、昭和十九年春には「雷電」の生産は大幅に縮小されてしまう。

やや話がそれたが、昭和十八年秋から年末までの「雷電」にとっての最大の変化は、十月と十一月になされた乙戦装備の実施(実戦)部隊の編成である。計画要求書の交付、堀越チームの本格設計作業開始から三年半をへて、海軍初のインターセプターは、ようやくナンバー航空隊に配備されるところまでこぎつけたのだ。

南西方面向けの防空戦闘機部隊

南東方面の戦局を決したガダルカナル島攻防戦の敗北・撤退が昭和十八年二月、空母搭載機をラバウルに上げての「い」号作戦と、それに続く山本五十六連合艦隊司令長官の戦死が四月、ニューギニアのラエ、サラモアからの撤退が九月と、東部ニューギニアからソロモン諸島にいたる南東方面の戦いは、日ましに不利に傾いていた。

また、西部ニューギニアからインド洋までの広大な南西方面は比較的平穏ではあっても、十八年後半に入ると連合軍の攻勢が懸念され始めた。

開戦以来二年近くをへた十八年秋、日本軍はなおも赤道以南でがんばっていたが、そろそろ耐えきれない状態を迎えつつあった。すでに八月なかば、大本営は守勢的色彩が濃い第三段作戦に移行。ソロモン、ニューギニア方面でできるだけ持ちこたえ、その間に反撃用の作戦と戦力を準備する算段を立てた。

九月末、この新戦略を達成しうるギリギリの確保域が、千島列島〜小笠原諸島〜内南洋《うちなんよう》（中部太平洋）中西部〜西部ニューギニア〜小スンダ列島〜ジャワ島〜スマトラ島〜ビルマの圏内と定められた。希望的観測のもとに練り上げられた、絶対国防圏構想である。

絶対国防圏構想での外郭の一部をなす南東方面の、海軍の持久戦用航空基地はラバウルで、陸軍は東部ニューギニアのウエワクとブーツだった。また、この構想に欠かせない戦争継続用物資の石油、ゴム、ボーキサイトなどを産出する、南西方面のボルネオ、スマトラ、ジャワ各島の確保が重要視され、なかでもボルネオのバリクパパン（海軍が防空を担当）やスマトラのパレンバン（陸軍が担当）の石油は、継戦に必須の資源と言えた。

まもなく激しい大規模空襲にさらされるであろうラバウルとバリクパパンへ、まっさきに重爆邀撃用の乙戦を送りこもうとするのは当然だった。

両基地のうち、昭和十八年初秋の時点で敵機の来攻が少なく、難物《なんぶつ》の新鋭機「雷電」をまだしも配備しやすい、バリクパパン方面向けの乙戦航空隊が、第十三航空艦隊（南西方面を担当）・第二十三航空戦隊（ジャワ、ボルネオ、セレベス各島、西部ニューギニアを担当）の配属部隊として、十八年十月一日付で開隊した。初の「雷電」装備部隊、第三八一《さんはちいち》航空隊の誕生である。

動き出した最初の部隊

千葉県館山基地で開隊し、編成を進めた三八一空の飛行機定数（規定上の装備機数）は乙戦二七機で、ほかに補用（スペア）が九機あった。

二七機と九機はそれぞれ、三機を編成の最小単位の一個小隊とする、旧来の方針に基づいた機数である。これが十九年に入ると、特設飛行隊制度（後述）の導入とともに、ドイツ空軍が創始し、米英および日本陸軍も追従した二機・二機の四機の小隊へと変わって、甲戦と乙戦飛行隊の定数は基本的に四八機が採用され、それに満たない場合でも三六機、二四機と、四で割れる数字が提示される。

日華事変いらい歴戦の黒沢丈夫大尉が飛行隊長として初の「雷電」部隊の指揮をとった。

三八一空の司令は訓練部隊・大分航空隊の司令だった近藤勝治大佐。副長と飛行長は欠で、飛行隊長に黒澤丈夫《たけお》大尉が補任された。

J2M2の事故で殉職した帆足大尉と海軍兵学校で同期の黒澤大尉は、十二空分隊士、元山空分隊長として日華事変に参加。三空分隊長に転じて開戦劈頭《へきとう》、台湾・高雄からの零戦による、劇的なフィリピン攻撃で銃撃隊長を務めた。大尉の射撃術には定評があり、高雄での布板的《ふはんてき》射撃訓練でも最高点を得ていたからだ。

その後、ジャワ、セレベスなど南西方面の航空作戦に従事したのち、佐世保航空隊・大村派遣隊長に転勤。佐世保空の本隊は水上機部隊だが、小規模な陸上航空兵力を有しており、これが長崎県大村基地で佐世保空派遣隊と呼ばれていた。この佐世保空派遣隊はのちに、「雷電」装備の防空戦闘機部隊・第三五二《さんごおふた》航空隊に改編される。

転勤先を「『雷電』の乙戦隊らしい」と佐世保空司令・青木泰二郎大佐から聞かされた黒澤大尉は、三八一空の開隊当日の十月一日に館山に到着。まもなく集まった搭乗員は二五名前後で、このうちすぐに「雷電」の操縦訓練にかかれる技倆をもっているのは、一五名ほどだった。「雷電」操訓のため大尉は十五日から、飛行予備学生出身で第二分隊長の尾崎貞雄中尉ら、乙戦搭乗可能の一二名ほどを連れて、横須賀空へおもむいた。

このころ横空基地には、オレンジ色のJ2M1、M2のほか、濃緑色と明灰色に塗り分けたJ2M3と量産型「雷電」一一型のはしりも来ており、さながらJ2品評会の様相を呈していた。初めて見た「雷電」は、大尉の目に「鉄砲玉に羽根を付けた飛行機」と映った。操縦席は零戦にくらべて余裕たっぷりに広く、「中でトランプができるんじゃないか」と思える違和感があった。

黒澤大尉は横空付の隊員から、操縦法を記したガリ版刷りパンフレットを見せてもらい、電気系統の多用、脚やフラップのモーター駆動などを教えられた。さっそく「雷電」一一型の一六号機に乗って、地上滑走で操縦桿やレバー類、計器類への違和感をなくし、ついで脚出しのまま短時間の飛行を試した。

オレンジ色に塗られた十四試局戦が飛行する。垂直尾翼の黒文字「ヨC」は横空で編成の3番目の部隊、すなわち三〇一空を示す“仮ナンバー”で、まもなく「01」にとり替えられる。

横空から「雷電」一一型とJ2M3でなんども飛んでみた大尉の感想では、マイナス面として、当然ながら航続力が小さく、空戦性能は零戦に劣り、地上での視界が効かないほか、空戦フラップをふくむ電気操作の新機軸になれるのに時間がかかる、といった点があげられた。反面、空中操作感覚はまずまずで、飛行中の左右の視界はよく、後方視界は多少悪いものの気がかりなほどではなくて、広い操縦席もなじめば操作にさしつかえのない程度にゆったりしていた。

若い搭乗員では乗りこなすのにいくらか手間どるだろうが、総じて「『雷電』はそう悪くはない」が彼の結論だった。

飛行時の故障としてはフラップが出なくなるケースが少なからずあり、東京湾をはさんで対岸にある広い木更津基地に着陸、第二航空廠の部員に見てもらったりした。

本拠地・館山で零戦を使って錬成していた搭乗員のうち、腕が上がった者を横空に呼び寄せて「雷電」に乗せ、一〇日間訓練したのち館山にもどった。横須賀基地は狭いうえに各種各様の機が集まって混雑しているためである。しかし館山も、零戦にはいいが、離着陸距離の長い「雷電」には、やはり狭い。

ここで「雷電」五~六機と訓練用の零戦一〇機ほどでしばらく錬成を続け、進捗《しんちょく》がはかばかしくないので、黒澤飛行隊長は近藤司令に「豊橋基地を使えるよう、取りはからっていただけませんか」と申し出た。この要望は容れられて、十一月五日ごろに愛知県豊橋基地への移動がかなった。豊橋は陸攻用の基地だから滑走路は充分に長い。

けれども、まだ解決しない難問があった。それは「雷電」の故障の多さと、受領機数の少なさである。飛行隊長が豊橋を選んだ理由の一つは、三菱の名航および名発に近いので、相談と対応に便利だったからだ。

ラバウル進出用の三〇一空

三八一空が豊橋基地に移ったころの昭和十八年十一月五日、二番目の乙戦部隊・第三〇一《さんまるいち》航空隊が横須賀基地で開隊した。幹部は司令の八木勝利中佐以下、飛行隊長・藤田怡与蔵《いよぞう》大尉、飛行科第一分隊長・岩下邦雄中尉、同第二分隊長・香田克己中尉、整備主任兼整備科分隊長・古賀良一大尉という陣容だった。

横須賀鎮守府直属の三〇一空の一般任務は訓練と、敵艦船が迫った場合の捜索および攻撃で、特別任務が乙戦による敵大型機撃墜法の研究・実験、と規定されていた。しかし本当の目的は、南西方面進出をめざした三八一空に対し、南東方面のラバウルに展開して邀撃戦の主軸を担《にな》うところにあった。ブイン基地で二〇四空の羽切松雄飛曹長がまとめた報告書がここに生かされたわけで、一年間ソロモン方面で作戦し状況を知っている八木中佐が司令に補任されたのも、ラバウル進出のためと思われる。

横須賀基地に設けられた三〇一空の待機所に搭乗員がつどう。
無帽で立つ松場秋夫少尉は抜群の技倆で「雷電」を乗りこなす。

十一月十日まで設立準備などに時間をとられた三〇一空の訓練は、十一日午後の零戦の操訓から始まった。翌十二日には八木司令も着任し、搭乗員は十四試局戦を使っての操訓を開始する。

この日、大分空教官から転勤してきた岩下中尉は「横空にオレンジ色の機があり、これをもらった」と言い、数日遅れで厚木空から着任したベテラン・松場秋夫少尉も「オレンジ色の『雷電』が四～五機あった」と回想している。事実、十二月一日現在の三〇一空が保有する乙戦は、十四試局戦（おそらく

「改」のJ2M2）五機（うち可動三機）と「雷電」一一型一機（整備・修理中）とあり、この装備機数は二月中旬まで変わらない。つまり、名航・大江工場から少数ずつ流れ始めた「雷電」一一型は先発の三八一空に優先的にまわされ、三〇一空は開隊以後三ヵ月間、乙戦の訓練の大半をオレンジ色の試作機で進めたのである。

三〇一空が錬成を始めてまもなく、軍令部部員で航空作戦の要《かなめ》をにぎる源田実中佐が追浜基地にやってきて、基幹員を集めて訓辞した。

「君たちはラバウルへ行け。ラバウルでB－24をやっつけてくれ。零戦では火力も弱く、性能もアップアップだ」と発破《はっぱ》をかける。これで、みな行き先をはっきり理解した。

J2による訓練は随時の操訓のほか、対零戦追尾攻撃、後上方《こうじょうほう》攻撃、前上方《ぜんじょうほう》攻撃、無線電話試験、大分基地への移動飛行、編隊飛行と進んでいく。だが、なんといっても機数が少なく、編隊攻撃や高高度空戦、捕獲B－17を使っての対大型機攻撃など、訓練の大半には零戦が用いられた。

三〇一空におけるJ2の評判は、芳《かんば》しいとはとても言えなかった。岩下中尉は乗るのが「雷電」と分かったとき、「いやだな」と感じたと言う。中尉はバランスのとれた零戦を「わが恋人」とまで高く評価し、「零戦で死ぬ」と心に決めていたからだ。

追浜の横須賀基地に来て早々、横空の搭乗員からJ2の機構や特徴を聞き、かんたんな仕様書をもらった彼は、まだ飛行隊長・藤田大尉が着任していないので、先任士官搭乗員として操縦教本を書きまとめ、逐次到着した搭乗員たちにわたした。

岩下中尉自身、早期に十四試局戦に乗って感じた短所は、やはり地上滑走のさいに前が見えない点で、降着するとバンドをはずし、浮き腰で駐機位置へ持っていかねばならなかった。この欠点はのちに人身事故を招いた。他の搭乗員が滑走中に、死角に入っていた小島飛曹長をプロペラで袈裟《けさ》がけになぎ倒し、即死させたのである。

空中機動についても、乗りなれた零戦の操縦感覚がベースなので、翼面荷重が高いJ2を零戦のつもりで急旋回に入れると、失速してしまう。航続力はない、操縦に無理がきかない、などマイナス面ばかりが目についた。そのうえ動力トラブルが少なくないから、三〇一空搭乗員のあいだに「『雷電』はいやだ」という雰囲気《ふんいき》が育っていった。

熟練操縦員にとっても、J2は容易ならない戦闘機だった。分隊士（分隊長の補佐役。准士官以上）・松場少尉は二十六期操縦練習生出身で、日華事変勃発後まもなくの十二年八月に初撃墜（協同）を記録。三〇一空に着任時、実用機搭乗九年という超ベテランで、同じ少尉でも兵学校や予備学生の出身者とは比較にならない、高い技倆の持ち主である。

実戦キャリア充分の松場少尉ですら「零戦より、はるかに難しい」と述べるのが「雷電」で、着陸には慎重を要した。速度と上昇力はさすがに優れていたが、空中操作は総じて重い感じがしたという。

三〇一空には二〇〇名近い整備員がいた。彼らを束ねる整備主任の古賀大尉は、開隊当時はまだ横空付で、「雷電」の基幹整備要員に指名されて、名古屋の三菱航空機へエンジンと機体構造の把握に出向き、十二月に入ってから三〇一空に着任した。大尉は横空付になる以

「雷電」一一型に乗りこんだ三〇一空・整備主任の古賀良一大尉。固定風防の前にある7.7ミリ弾の装弾口とガス抜き孔の位置と処理は零戦と同方式だ。

前に、一式陸攻を装備する七五二空の整備分隊長を務めており、「火星」エンジンに違和感はなかった。

ただし、一式陸攻一一型は燃料噴射装置がない気化器式の「火星」一一型を付けていたので、無気噴油方式は彼にとって初見参だった。「雷電」の「火星」一三型に整備に手間のかかる気化器がないのは助かるが、この燃料噴射機構の調整も難物だった。ほかには、電気モーター駆動式の脚の出し入れのトラブルが多かった。古賀さんは「整備自体は、やりにくい機とは思いません」とも語っている。

ところで、十九年二月十三日まで量産機「雷電」一一型は一機しかなかった三〇一空に、翌十四日にやっと鈴鹿基地から三機が空輸されてきた。開隊以来三ヵ月間、一機の追加もなかったところへ、ようやく新機材が配備されたわけである。さらに十五日には、続いて四機、二十日にも四機が運ばれてきた。あいついで三〇一空に「雷電」が配備された原因は、最初の乙戦部隊である三八一空にあった。

新品一一型が空中分解

昭和十八年十二月、「雷電」一一型は実施部隊での使用が可能、と航空本部は三菱に通達した。しかし、生産のほうはあまりはかばかしくなく、年末までにようやくＪ２Ｍ２の三十数号機までが完成したにすぎず、したがって海軍側の領収はさらに遅れていた。

南西方面艦隊の第二十三航空戦隊では、期待の三八一空が二ヵ月以上待ってもボルネオに進出してこないのに、しびれを切らしていた。「雷電」の定数完備を待っていては、現地到着がいつになるか分からない。そこで三八一空は、十二月下旬にとりあえず零戦一〇機を、第一分隊長・神崎国雄大尉の指揮で、先発隊として豊橋基地から送り出した。これらの機は昭和十九年元旦にバリクパパンに到着。東へ移動した二〇二空の残存隊員を編入し、翌二日からマカッサル海峡を眼下に作戦飛行を開始した。

まだ松飾りが取れない一月五日、訓練中に殉職事故が起きた。この日、三八一空の本隊では渥美半島沖の遠州灘上空で、「雷電」および零戦の編隊飛行と射撃訓練を実施。高原上飛曹らの「雷電」一一型三機が、曳的機の吹き流しを後上方《こうじょうほう》射撃中の午後二時十五分、射撃を終えてゆっくり引き起こしにかかった山内三千人《みちと》二飛曹の乗機が、突然、空中分解したのだ。他の「雷電」と曳的機から、バラバラになって落ちていく機体と落下傘が認められたが、山内二飛曹は死亡していた。

隊の調査では原因は不明だった。二日後に豊橋基地で対策研究会が開かれ、三八一空から近藤司令、飛行隊長・黒澤大尉、整備分隊長・橋本藤八《とうはち》中尉、空技廠から加藤唯雄実験部長、小福田租少佐、山名正夫飛行機部主任ら、三菱から第一設計課長・髙橋巳治郎技師、第二設計課長付・曽根嘉年技師のほか、大田専務、加藤工場長、エンジン部門の小室部長ら、航空本部から松浦陽恵部員といったトップクラスのメンバーが集まった。

搭乗員の山内二飛曹は総飛行時数二二〇時間あまり、うちJ2で一〇回、合計五時間飛んでいる。経験量はいまだ初心者の段階なのだが、事故の状況から見て、彼の操作に直接の原因があるとは思われなかった。

機材については、このJ2M2は前年の十二月二十七日に三八一空に引きわたされた新品の三十号機で、まだ七時間ほどしか飛んでいなかった。ところが、その間に同機に故障、不具合がいくつか起きている。脚駆動用モーターの焼損をはじめ、プロペラピッチ変更用ギヤボックス内のピンおよび滑油冷却器の交換、フラップ作動軸の軸受け部の改修がそれで、この時期になっても「雷電」はなお不良箇所が各部に生じていたと知れる。また、事故の六日前には、反転時に振動をともなった旨が報告されていた。

原因調査の試験飛行で四〇〇ノット急降下時に、エンジン支持架カバー（カウルフラップのすぐ後方の胴体側面外板）がひどく膨《ふく》らんだことがあった。これから類推して、支持架カバーかそれともファウラー・フラップがはずれ飛び、尾翼の重要部にぶつかって致命傷を与えたのでは、とも想像された。

結局、エンジン取り付け用クランク・ボックスの耳金《みみがね》（取り付けボルトをねじ込むための穴をあけた、ふくらんだ部分）に、当日の午前中に実施した編隊飛行訓練のあとでの激しい落下着陸でヒビを生じ、射撃訓練時の機動や振動によって切損した。これがひどい機体の振動をまねいて、空中分解につながったもの、と推定された。

横空整備・橋本壮少尉の後ろのJ2M2（一一型仕様）は事故機と同時期にできた31号機。空技廠飛行実験部の機材で、飛行時に識別容易の目的で下面全体も濃緑塗装だ。

事故機は海没して調べようがなかったけれども、これ以前に豊橋基地で訓練中の「雷電」（J２M２十四号機）が、潤滑油パイプの切損でエンジンが焼き付き、やはり激しい落下着陸で接地していた。同機の耳金に落下の衝撃でヒビが入っていたところから、山内二飛曹機の事故原因も同一と考えられたわけである。

ただちに一一型の量産機を使って強度および振動試験が実施され、既成機のエンジン取り付け部の点検がなされた。事故機が推定速度三〇〇～三二〇ノット（五五六～五九三キロ／時）で空中分解に至ったところから、三八一空では対策が施されるまでのあいだ、飛行速度を二五〇ノット(四六三キロ/時)、荷重倍数を三(つまり三G)に抑えて、高速、急機動は御法度《ごはっと》のひかえ目な訓練を続けるよう決定した。

その後、耳金部の強度を高める処置でこの問題は落着し、以後は同様の事故は起こらなかった。

「雷電」を零戦に切り換える

三八一空の「雷電」一一型の導入は少しずつ進んで、昭和十九年十一月のうちに十数機に増えていたが、可動機数は最高で八機、ふつうは四~五機でしかなかった。横空から来た〝整備の神様〟橋本藤八中尉の腕をもってしても、あちこちに不具合が出て、黒澤飛行隊長は三菱や空技廠部員との話し合いをかさねた。

この間、零戦と「雷電」四~五機ずつを使って、射撃や空対空爆撃(三〇キロの三号爆弾使用を想定)訓練、編隊飛行を進めるかたわら、航続距離の短い乙戦でバリクパパンまで前進するために、燃料消費試験や長崎県大村基地までの移動訓練を実施。しかし肝心の「雷電」の領収ははかどらず、定数を満たせなかった。

一方、南西方面艦隊の第二十三航空戦隊では、それまでジャワ、セレベス、ボルネオに展開していた二〇二空《ふたまるふた》が、中部太平洋方面(内南洋)に移動する予定で、艦隊に残る戦闘機部隊はマレー、スマトラおよびインド洋を担当する第二十八航空戦隊の三三一空だけに減じてしまうため、三八一空の早期進出を望んでいた。そこで三八一空では、年末に送った第一陣に続き、二月五日に零戦五二型機をバリクパパンへ向けて送り出した。

このあたりで三八一空は「雷電」装備でのボルネオ進出をあきらめ、二月十三日には手持ちの一一型を返納することにした。とりあえず可動機四機は再整備のため鈴鹿に運ばれ、このうち三機が翌十四日にあらためて、横須賀で錬成中の三〇一空に運ばれたのは、さきに述べたとおりである。

二月二十日付で二〇二空は南西方面の二十三航戦から中部太平洋方面の二十二航戦に編入され、その残存戦力（零戦と「月光」）が三八一空に加わって、同隊の定数は書類上、乙戦二七機（ほかに補用九機）、甲戦二七機（同九機）、丙戦九機（同三機）に増加した。だが、この時点でもちろん三八一空に乙戦はなく、甲戦（零戦）主力、一部丙戦（「月光」）の構成にせざるを得なかった。

二月二十五日、バリクパパン進出の第三陣として零戦六機がまず大村に前進。翌二十六日、残務整理をすませた黒澤飛行隊長が零戦三機で大村へ向かい、前日の六機と合流ののち、上海～台湾・高雄～フィリピン、セレベス島メナド経由で三月七日にバリクパパンに到着した。近藤司令も九六陸攻で二月二十三日にバリクパパンに進出しており、以後同地に本隊を置いて、セレベス島ケンダリーおよびマカッサル、ジャワ島スラバヤ、アンボン島、カイ諸島ラングール、スンバ島ワインガップに派遣隊を配置し、東西二二〇〇キロ以上、南北九〇〇キロ以上の広域に点々と散らばった。

三月一日付で三八一空は書類上さらに拡張されて、定数が乙戦と甲戦各三六機（ほかに補

18年12月、バリクパパンへ向かう最初の経由地・大分基地で、戦闘第三一一飛行隊長・神崎国雄大尉が部下に出発前の指示を与える。後方は乗機の零戦五二型の列線。

用各一二機）、丙戦一八機（同六機）へと増強された。

ついで、四月一日付で特設飛行隊制度を導入、乙戦隊は戦闘第六〇二《ろくまるふた》飛行隊へと変わって黒澤大尉に飛行隊長の辞令が出され、先任分隊長の神崎大尉が甲戦隊の戦闘第三一一《さんいちいち》飛行隊長に補任された。同様に戦闘第九〇二飛行隊に改編の丙戦隊の長は、水上戦闘機から転じた松村日出男大尉だった。

特設飛行隊制度とは、飛行機隊の消耗が激しくなり、輸送用船舶も減少したため、これまでの航空隊単位の大規模な移動が難しいことから、航空隊司令部と飛行隊（旧・飛行機隊）を切り離し、戦局や状況に合わせて飛行隊を、最も適切な航空隊司令の指揮下に随時編入する方式だ。それまでの飛行隊（旧・飛行機隊）は航空隊内の単なる区分にすぎなかったが、この制度の導入によって特設飛行隊に変えられたのちは、それ自体で独立した組織として存在した。

この制度は昭和十九年三月一日付で定められた。三月以降に新編のナンバー航空隊には当初から採り入れられ、既存のナンバー空にも逐次、導入されていく。乙戦の飛行隊には四〇〇〜七〇〇番台の番号が与えられており、三八一空の戦闘六〇二はこれに該当する。しかし、三月以降に編成されたナンバー航空隊でも、三〇二空、三三二空、三五二空のような内地の局地防空戦闘機部隊は、守備範囲が決まっていて本拠地が移動しないため、原則的に特設飛行隊制度は用いられなかった。

南西方面に幅広く展開した三八一空の乙戦隊・戦闘六〇二飛行隊の装備機は、ルールにはずれた甲戦の零戦である。十九年春のボルネオからバンダ海周辺は、南東方面をほぼ制圧した米軍が中部太平洋と西部ニューギニアに指向したため、比較的平穏で、ときおり小規模な夜間来襲がある程度だった。

戦闘六〇二飛行隊は秋に入って、ようやく本来の装備機である「雷電」を入手し、特設飛行隊でこの機を実戦に用いた唯一の隊として存在する。そして、そのころからバリクパパンの防空戦が本格化するのだ。

三〇一空をめぐる変化

横空基地で錬成中の三〇一空では、「雷電」一一型の機数が少しずつ増して、昭和十九年二月下旬には編隊訓練ができるところまできた。

だが、三〇一空が錬成なったあかつきに進出するはずのラバウルは、十九年二月に入ると、邀撃戦すらままならないほど戦力が低下していた。これに対し、南東方面をほぼ手中にした米軍は、中部太平洋の攻略に取りかかり、二月六日までにマーシャル諸島を完全制圧した。

「日本の真珠湾」と呼ばれたトラック諸島は19年2月17日、第58任務部隊の艦上機群に攻撃された。空母「イントレピッド」搭載の第6攻撃飛行隊の「アベンジャー」攻撃機から見た被爆状況で、左上は夏島、右下が秋島、夏島の上の小島が竹島。

同諸島のメジュロ環礁を整えて泊地にし、マーシャルを襲った米機動部隊・第58任務部隊は、ここに錨を下ろしたのち再出港。連合艦隊の根拠地として名高く、日本軍の南方戦線維持に必須の内南洋《うちなんよう》の要衝・トラック諸島を、二月十七〜十八日に攻撃した。

二日間の空襲で、絶対国防圏構想の中枢基地とみなされていたトラックは壊滅的打撃を受けた。この戦況では、落日のラバウル死守どころではない。連合艦隊司令部は、在ラバウルの第一基地航空部隊（第十一航空艦隊）の内南洋への後退、集中を下令。続いて大本営も実質的に、ラバウルを含む南東方面の放置を決定した。二月下旬、各航空部隊はあいついでラバウルを離れ、トラック基地群へ引き揚げていった。

トラック諸島が敵機動部隊の空襲で手ひどい打撃を受けたときに、三〇一空のラバウル進出計画は水泡に帰したわけである。三〇一空は、それまでの暫定的な横須賀鎮守府所属から、二月二十日付でトラック、マリアナ諸島を守備区域とする二十二航戦（十四航艦に配属）司令官の麾下《きか》に編入された。

米第58任務部隊はトラック諸島を攻撃ののち、洋上給油を受けてマリアナ諸島へ向かい、二月二十三日にテニアン島とサイパン島へ空襲をかけた。内南洋の主要基地をたて続けに襲われた大本営、とりわけ海軍部の受けた衝撃は大きかった。さらに、このまま敵機動部隊が北上して、本土へ来襲する公算も小さくない。そこで大本営海軍部は、本土東方海面に迫った敵艦隊を邀撃する東号《とう》作戦を発動したため、横須賀鎮守府に所属する横空の兵力は連合艦隊の指揮下に入った。

これにともない、二十二航戦に所属の三〇一空も横空司令の指揮下に編入され、二月二十三日以降、試飛行や訓練を続行しつつ警戒待機配備に移行した。警戒待機は、敵来攻の可能性がなくなった三月六日に解除され、三〇一空は交戦の機会を得なかったが、この二週間は「雷電」にとって、初めての実戦態勢への移行だった。

東号作戦待機中の三月四日付で、三〇一空にも特設飛行隊制度が導入され、これまで「雷電」と零戦で訓練していた三〇一空飛行機隊は戦闘第三一六飛行隊の、三〇一空指揮下への編入が決まり、あらたに編成された零戦部隊・戦闘第三一六飛行隊の、三〇一空指揮下への編入が決まり、三〇一空は二個飛行隊編制に変わった。

戦闘三一六の飛行隊長・美濃部正大尉は、水上機部隊である九三八空の飛行隊長として南東方面の激戦に参加し、零戦による夜間銃爆撃戦法を案出。これが受け入れられて、ユニークな夜戦隊が新編されたのだった。美濃部大尉は開隊にあたって、艦戦操縦員ではなく、水上機操縦員を集めた。隊の作戦が夜間および薄暮《はくぼ》、黎明《れいめい》を主体にするため、夜間飛行をこなせる者が必要だったからだ。戦闘三一六の訓練は神奈川県厚木基地を使って、零戦と陸上機転換用の九三式中間練習機により、四月三日から始められた。

主翼の機銃を上向きに

「雷電」一一型では十九年三月初めまで飛行訓練だけだった旧来の三〇一空飛行機隊、すなわち戦闘第六〇一飛行隊も、六日から乙戦による射撃・攻撃訓練に入った。主として取り上げられたのは、前下方および後上方からの擬襲（接敵から射撃、離脱までの機動訓練）である。また四月下旬には、三番（三〇キロ）三号爆弾を付けての実験飛行も試された。

この間に、飛行隊長や分隊長、ベテランの分隊士、先任搭乗員（下士官搭乗員のトップ）といった熟練者は、さらに進んで「雷電」を用いての効果がより高い重爆撃機攻撃法を追求していた。

後上方から追いかけるかたちで迫れば、速度差が少ないから敵銃座に狙われやすい。前方から反航戦で行けば相対速度が九〇〇キロ／時ほどにも達して、敵弾は当たりにくいがこちらの射撃時間も短い。

こうしたことから戦闘六〇一のベテランたちは、対B－24戦闘法として直上方攻撃を案出した。向かってくる敵機の一〇〇〇メートル以上上空から反転、背面姿勢に移って急降下に入り、垂直に近い角度で射撃しつつ下方へ抜ける方法で、背面攻撃とも呼ばれた。

敵の防御火網の死角を高速で突き抜けるとともに、こちらは敵銃座に対して正面を向いているので被弾の可能性が少なく、敵機は平面形を見せていて弾丸を受ける面積が大きい。しかし半面、攻撃開始の位置につくのが難しく、また少し目測を誤れば敵機との衝突もありうる、きわどい攻撃法だった。

ところが「雷電」でこの戦法を試してみると、意外な現象が判明した。垂直に近い背面姿勢で射撃すると、マイナスGがかかって下がり気味の弾道を描き、弾丸は敵機の尾部方向へそれてしまう。そこで降下角を増して垂直からプラスの角度（背面ではなくなる）をとれば、「雷電」の地上滑走で前方が見えないのと同様に、敵機が死角にかくれてしまうのだ。視界のいい零戦には生じない難点である。敵機が見えなければ、命中弾を判定できないし、離脱操作の勘が狂って衝突しかねない。

解決するには、弾道が下がらない対策をとればいい。三〇一空の幹部は、空技廠射撃部の部員と相談して、「雷電」一一型の二〇ミリ機銃を、機軸に対しやや上向きに取り付ける処置を案出した。

テストの結果が良好だったため、分隊長・岩下邦雄大尉（三月に進級）は三菱・大江工場の付属飛行場へ飛び、技師にそのむねを説明して、以後の生産機には機銃を上向きに付けてもらうよう要請。これを了承した三菱は、二〇ミリ機銃に三度三〇分から四度三〇分までの取り付け角（基準は四度）を設け、上向きの射角を得られるように改修した。

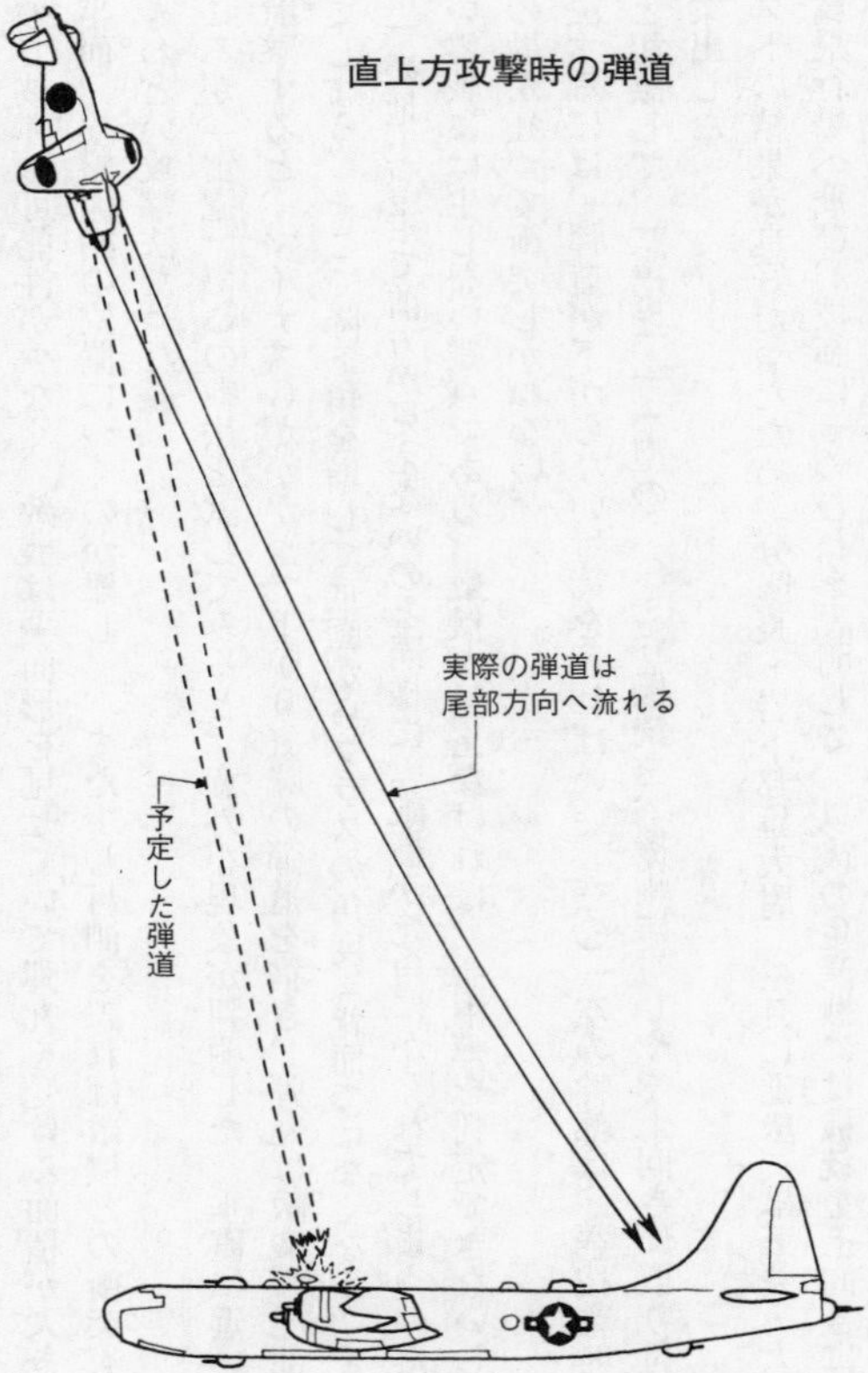
直上方攻撃時の弾道
実際の弾道は
尾部方向へ流れる
予定した弾道

フィリピンで米軍に捕獲され、航空技術情報隊の飛行テストを受ける「雷電」二一型。九九式二号銃が機軸よりも上向きに出るのがはっきり分かる。

したがって「雷電」一一型の初期生産分は、九九式二号銃が主翼前縁からすなおに真っすぐ突き出ているが、それ以後の機はすべて、やや上向きの不自然な出方に変わった。翼内の機銃本体に仰角をつけるのだから、銃口の出口はそのぶん上方へずれる。前縁上部の外板を斜めに貫《つらぬ》いて剥《む》き出しになる銃身は、カマボコ形のフェアリングで覆われた。

このほかに三〇一空機の被弾対策として、前部固定風防内の防弾ガラス設置と燃料タンクへの自動消火装置の付加がほどこされた。また、救命筏《いかだ》を胴体内に取り付けて、外地進出の洋上飛行、島嶼《とうしょ》での邀撃戦における不時着水に備えた。

試飛行で冷や汗

三〇一空の乙戦の機数もじりじりと増えていった。三月一日に「雷電」一一型一三機（うち可動九機）、十四試局戦三機（全機可動）だったのが、四月一日には一一型のみ二一機（うち可動一四機）で試作機はなくなり、さらに五月一日には一一型六〇機（同四〇機）にまで達して、定数の四八機を超えた。この時点で戦闘三一六の零戦五二型も五二機（同四七機）を数えたから、三〇一空は実用機一一二機を持つ大航空隊に成長していた。

「雷電」の領収状況は、予定から一ヵ月ほども遅れてはいたが、四月にハイピッチで運びこみ、定数の四八機をクリアーした。これは三菱の生産が、いくらかなりともペースに乗った状態を示している。事実、昭和十八年八月まで数機にすぎなかった月産数が、九月以降は十数〜二十数機に増大した。

三〇一空の「雷電」一一型に搭乗した三宅淳一二飛曹。九八式射爆照準器は零戦と同じものだ。

「雷電」の空輪で故障や不調を生じ、肝を冷やした搭乗員は何人もいるが、分隊士・松場秋夫少尉のケースはきわどかった。

機材を受領し、持ち帰るまえに、その機が充分なコンディションであるかどうかを見るため、必ず鈴鹿基地の上空で試飛行をやってみる。不調、不具合が出ればすぐに修理させ、直らなければ代機をもらわねばならないからだ。その日も、松場少尉は新品の「雷電」一一型に乗りこむと、手なれた操作で発進、高度五〇〇〇メートルまで上昇した。

ところが全速飛行中にいきなり油圧が下がり出し、機体が激しく振動を始めた。いまにも空中分解するか、と思われるほどのすさまじい振動はまもなく止《や》んだものの、プロペラはナギナタ（空中でのプロペラ停止状態）をなしてしまった。試練達の松場少尉は、振動が収まったために「これは降りられるな」と思い、脚を出す。試飛行の空域は飛行場の上空だから、滑空で持っていけばいい。翼面荷重が大きく沈みの早い「雷電」の滑空着陸は難しいが、少尉の腕なら無理ではない。

だが、脚を出した「雷電」は、機首下げの姿勢でどんどん降下していく。操縦桿をいくら引いても、頭が下がったままだ。このままでは地表に激突する。瞬間、彼は以前に聞いていた、鈴鹿での帆足大尉の事故を思い出した。脚を納めると機首下げになった帆足機および柴山機の事故とは、状況がまったく反対だが、柴山操縦士は直感で、もとの状態（脚出し）にもどして姿勢を回復させている。

松場少尉は無意識のうちに操縦桿を左手に持ちかえ、右下のレバーをつかんで手動での脚上げ操作を実行した。すでに高度はいくらも残っていない。地上では整備員たちが「もう落ちる！」と目をつぶった。すぐ下に格納庫の屋根が迫ってきた。しかし脚上げが功を奏して、揚力を増した「雷電」はぎりぎりで機首が起き、少尉はどうにか機を胴体着陸で飛行場に滑りこませた。

故障の原因は、すぐに判明した。滑油の主送油パイプの締《し》め金《がね》が締め忘れられており、飛行中にパイプがはずれてオイルがたちまち抜け、エンジンが焼き付いて振動を生じ、プロペラが止まったのだ。一月の三八一空での山内二飛曹の殉職事故のさい、参考にされたJ2M2十四号機の故障とほぼ同一の状況で、今回の場合は整備ミスによる完全な人災である。松場少尉ほどの技倆の持ち主でなかったら、まず殉職につながったに違いない。激烈な振動のために、少尉は内出血直前のダメージを受け、二〜三日のあいだ飛行作業を離れねばならなかった。彼は胴体着陸ののち三菱側に、滑空で脚出しすると機首が下がる特性を報告、気体の空力的バランスを考慮するよう要請した。三菱側では、なんらかの処置をとったと思われ、以後は脚出し時の機首下げ傾向は起こらなかった。

乙戦隊の初出動、迫る

昭和十九年四月二十二日、ニューギニア北岸中部のホランジアに米軍が上陸、三十日には敵機動部隊がトラックにふたたび空襲をかけ、また敵潜水艦の動きも活発化したことから、日本軍はちかぢか敵の一大攻勢があるものと判断した。

ここで受け止めて戦局を好転させたい大本営は、五月三日「あ」号作戦計画を決定。西カロリン諸島周辺を決戦場と読んで、第一機動艦隊・第三艦隊の空母戦力と、第一航空艦隊の基地航空兵力の集中使用により、難敵・米機動部隊を撃破するのが狙いだった。

この計画の一端として、三〇一空が所属する第二十二航空戦隊は五月五日付で、それまでの第十四航空艦隊から第一航空艦隊に編入された。これは、一月から四月にかけての敵機動部隊による中部太平洋方面への攻撃ですり減った、十四航艦の残存戦力を、決戦用基地航空兵力として編成されていた一航艦の配属部隊に加え、一元的に効率よく運用するためだ。

訓練期間は充分とは言えなかったが、五月中旬には「雷電」の戦闘六〇一、零戦の戦闘三一六ともに編隊飛行まで実施し、下旬に入っていちおう作戦可能状態の域に達した。この時点で三〇一空の進出予定基地は、戦闘六〇一がトラック諸島の楓島《かえでじま》、戦闘三一六がマリアナ諸島サイパン島を指定されていたようである。

戦闘三一六飛行隊長・美濃部大尉は「敵はかならず六月の月明時に来る。その二週間前（五月二十日ごろ）に現地へ行って待ちたい」との意向を、司令・八木中佐に話していた。だがトラックへ出る「雷電」隊にとって、敵艦上戦闘機と戦うのは不得手である。そこで八木司令は、美濃部大尉の零戦隊を「雷電」の支援戦闘機隊に使うよう対策を講じた。大尉が目的としていたのは夜間銃爆撃なので、「話が違います。われわれの隊はサイパンへ出て、敵機動部隊を叩くのが任務です」と訴えた。

話は平行線をたどる。司令が「空戦できないのなら戦闘機隊ではない」と言えば、大尉は「戦闘機隊の任務は空戦だけではありません」と反論した。この決着はまもなくついた。美濃部大尉は五月二十四日付で、三月に編成された防空戦闘機部隊・第三〇二航空隊への転勤辞令を受け取ったのだ。あと一歩のところで構想の実現を断たれた彼が、零戦と「彗星」艦爆を駆使して沖縄へ夜間襲撃をかけるのは、さらに一年近くも時をへたのちであった。

本来、三〇一空の中部太平洋進出は五月上旬と予定されていたが、既述のように「雷電」の受領の遅れから大幅に遅延していた。このため、五月二十七日付で連合艦隊司令部から、

硫黄島に進出した三〇一空・戦闘第三一六飛行隊の零戦五二型。F6F－5の襲撃を受ける2日前の19年6月13日のようすだ。右遠方は南端の摺鉢山。

進出予定地の変更を命じられた。この日に米軍が上陸した西部ニューギニアのビアク島を確保すべく、豪北方面（西部ニューギニアおよびバンダ海周辺）へ向かえ、というのである。ビアク方面の作戦は「あ」号作戦の支作戦的要素を有していた。

この指令に基づいて三〇一空は五月二十九日、午前中に横須賀から戦闘六〇一の「雷電」一一型四機、午後には厚木から戦闘三一六の零戦五二型二〇機が、千葉県館山基地に前進した。中継基地の硫黄島に少しでも近づくためで、航続距離が短い「雷電」に合わせた処置だった。このとき「雷電」はまったくトラブルが出ず、全機が無事に広からぬ館山基地に着陸できた。

豪北方面への進出（ニューギニア西端のソロンか）は、硫黄島～サイパン～トラック経由の予定だった。まず六月二日、戦闘三一六分隊長・鳥本重二大尉の率いる一八機が、硫黄島経由でサイパンへ向けて館山を発進。ついで、陸攻に乗った八木司令の直率する零戦一九機が、十一日に硫黄島へ向かった。

この六月十一日、西カロリン諸島か西部ニューギニアに来攻するとの日本側の予測を裏切って、米第58任務部隊の空母群はマリアナ諸島へ向けて搭載機の集団を放った。グラマンF6F－3戦闘機を主力とする二二五機が、サイパン、テニアン、グアム各島に殺到し、テニアンにいた戦闘三一六の第一陣を含む日本機の過半数を、圧倒して撃墜し、あるいは地上銃爆撃で破壊し去った。

十三日、米任務部隊の大型艦はサイパンおよびテニアンへの砲撃を始めた。敵の目標はマリアナと判明し、連合艦隊司令部はもはやはるか遠方のビアク作戦どころではなくなった。

ついで十五日の朝、米海兵隊がサイパン島に上陸を開始。午後には硫黄島に来襲したF6F群を、後任飛行隊長・従二《じゅうに》重雄大尉以下の一八機が迎え撃ったが、従二大尉ら一五機が未帰還または自爆の大損害を受けて、戦闘三一六飛行隊は大波に押し流されるように、抵抗むなしくほぼ壊滅した。

直前で零戦に変更

一方、館山基地に残っていた戦闘六〇一飛行隊は、硫黄島へ前進するための天候待ち、風待ちを続けていた。

「雷電」の航続力では、ストレートに一一〇〇キロかなたの硫黄島に到達するのがギリギリで、向かい風なら飛びきれないし、天候不良時の迂回《うかい》はとても無理だ。梅雨前線が張り出しているため、晴天と順風を得られず、八丈島あたりまで出てはもどる飛行をくり返し、着陸失敗で事故破損機も出た。

そこへ、六月十五日のサイパン敵上陸による「あ」号作戦決戦の発動で、急遽《きゅうきょ》、サイパンへ進出せよ、との命令が一航艦司令部から出された。「雷電」の航続力の小ささに加えて、現地での整備困難が予想され、さらにF6Fと戦闘する可能性が大なので、機材を零戦に取りかえるよう指示を受けた戦闘六〇一は、ただちに横須賀基地に帰還する。このさいの零戦への機種変更は、まず至当と言えるだろう。

だが、時間のゆとりは皆無だ。群馬県太田の中島飛行機へ出向いて零戦五二型を受領し、六月二十一日に分隊長・香田克己大尉（五月一日に進級）が指揮する九機が、まず硫黄島へ向かった。この先発隊は、二十四日のF6Fとの二回にわたる硫黄島上空の空戦で、森田隆義二飛曹と三田巌飛曹長が各二機の撃墜を奉じたけれども、香田大尉は一機を落としたのち未帰還と記録され、ほかに三機が帰らなかった。

翌二十五日、飛行隊長・藤田怡与蔵大尉の指揮で主力の零戦三一機が館山から離陸し、硫黄島に進出した。これらの各機は七月三日と四日に敵機と交戦。両日合計でF6F六機撃墜（うち不確実一機）の松場少尉の抜群の戦果を筆頭に、森田二飛曹と東福雄飛長が艦爆を各二機、三田飛曹長がF6F二機を落とし、分隊長・岩下大尉も一機撃墜を報告。だが、その後に受けた砲撃で残存機をすべて壊されてしまった。

搭乗員は零式輸送機で館山に帰還し、七月十日付で三〇一空は解隊にいたった。硫黄島に残留した古賀良一大尉以下の整備隊は、飛行機を持たない乙航空隊（基地管理部隊）の南方諸島空に編入された。

「雷電」にとって三〇一空は、実戦の面ではなんの貢献もさせられなかった組織とはいえ、取り扱い面、運用面である程度の慣熟を操縦員と地上員にもたらした。海軍航空が初めて装備した異色機材の実験舞台として、それなりの存在価値はあった、と見なしてもいいのではなかろうか。

武運つたなし

「あ」号作戦発動のさいに「雷電」で硫黄島へ向かおうとしていた、もう一つの部隊があった。三〇一空・戦闘六〇一が〝間借り〟していた横須賀基地の主人《あるじ》、横須賀空がそれだ。

呉空岩国分遣隊（呉空戦闘機隊。後述）の分隊長だった三森《みつもり》一正大尉が、横空戦闘機隊分隊長に着任した十九年五月下旬、一年半前に白根中尉や羽切飛曹長が始めた「雷電」の実用実験が、三～四名の搭乗員によってまだ続けられていた。飛行隊長・中島正少佐のもと、第一分隊長の塚本祐造大尉と第二分隊長の山口定夫大尉は零戦が主体の研究を続行中で、新たに第三分隊長に補任された三森大尉に「雷電」関係の仕事がまわってきた。

横空戦闘機隊の意志は、実戦用の「雷電」隊を編成することにあった。「あ」号作戦あるいは東号作戦の発動時に、数少ない本土方面のナンバー航空隊の戦力を補強するためである。

横空は零戦が主体の戦闘機隊（「月光」などの夜戦分隊も含む）のほかに、艦攻、艦爆、陸攻、偵察機、水上機、飛行艇といった機種ごとの分隊に分かれていて、いずれもが実戦参加が可能な水準にあった。戦闘機隊における定数四八機の「雷電」分隊の新設予定は、横空の応戦能力をさらに高めようとする動きだった。

三森大尉はさっそく「雷電」の操訓を開始。零戦にくらべ「乗用車から大型トラックに乗り換えた感じ」を受け、「雷電」が一撃離脱を旨とする、零戦とは対照的な戦闘機であると知った。また、零戦に慣熟していたのが裏目に出、射撃の勝手が違って弾丸を標的に当てにくかったという。

意外なことに大尉は、「雷電」が対重爆用の機材とは誰からも聞かされなかった。局地戦闘機とは「限定地域内で敵戦闘機を邀撃するのが任務」と思い、「局地防空における対戦闘機戦」を念頭に訓練を進めた。

それからまもなくの六月十五日の朝、「あ」号作戦決戦が発動され、同時に米機動部隊がマリアナ方面からさらに本土へ迫る可能性ありとして、大本営は同日夕刻に東号作戦を発動した。これを受けて、横須賀鎮守府所属の横空は、その攻撃用戦力を連合艦隊の指揮下に臨時編入。第二十七航空戦隊（四個航空隊）とともに八幡《はちまん》空襲部隊を編成して、すみやかに硫黄島へ進出する作戦が決まった。「雷電」から零戦に切り換えた三〇一空・戦闘六〇一飛行隊も、硫黄島では八幡空襲部隊の指揮下に入っている。

横空戦闘機隊では、主力の零戦と少数機の「月光」を硫黄島へ出すのはすぐに決まったが、「雷電」はそうはいかなかった。

三森大尉は中尉当時の昭和十七年十一月から四ヵ月間、二五二空付でソロモンの航空戦に参加し、零戦二一型の運動性をもって、一撃離脱戦法の米戦闘機と戦った。こんど硫黄島に進出すれば、空母から発進したグラマンＦ６Ｆ戦闘機と対戦するのは明らかだ。Ｆ６Ｆは速度よりも運動性を重視した艦戦だから、速度と上昇力がとりえの「雷電」で迎え撃つとなると、ソロモン航空戦当時の日米の戦法が逆転するわけだ。

もともと対重爆用の「雷電」を、対戦闘機戦に使えなくはない、と大尉は考えていた。運動性の欠除を上昇力と良好な降下特性で補って、ズーム・アンド・ダイブの一撃離脱に徹すればいい。この戦法は、二撃目をかけるまでに高度を稼いでおく必要があるから、時間がかかりすぎるのが難点だが、搭乗員たちが慣熟すればＦ６Ｆとやれるところまで行く、という判断だった。アメリカとドイツが主軸の一つに据《す》えた戦闘法であり、彼の柔軟な慧眼《けいがん》は高く評価できよう。

横空戦闘機隊の三森一正大尉は「雷電」の本質を理解し、対F6F用の戦闘法を案出した。

しかし、飛行機が定数の四八機どころか一〇機もなかった。八幡空襲部隊編成の命令を機に無理に「雷電」と搭乗要員を集めたところで、にわか仕立てでは敵戦闘機に勝てるはずがない。「雷電」の作戦参加は、あっさり見送られた。

横空戦闘機隊は硫黄島派遣隊の昼間邀撃戦力をすべて零戦五二型とし、天候の回復を待って六月二十二日にまず山口大尉らの二七機が進出。ふたたび天候が悪化して、塚本大尉、三森大尉らの零戦二四機は、三日遅れで硫黄島に着いた。

零戦隊の戦闘状況は、三〇一空・戦闘六〇一とほぼ同様で、強力なF6F集団に立ち向かって山口大尉をはじめ搭乗員の四割以上を失った。最後の空戦は七月四日の早朝。全機が発進しきらないうちにF6F群が降ってきて、三森大尉も被弾、負傷し、北硫黄島付近に不時着水した。

こうして、二番目の乙戦部隊・三〇一空で武運に見放された「雷電」は、横空でも実戦に加わる機会を得なかった。だがこの場合は、零戦への変更は適切な処置だったと言うべきだろう。もし少数機でも「雷電」を集めて硫黄島に出ていれば、三森大尉の想定のとおり「イチコロ」に終わって、その門出《かどで》は悲惨な姿を呈したに違いない。

しかし、海軍がついに阻《はば》めなかった米軍のサイパン上陸は、「雷電」の活動の始まりに深く関連していたのだ。

第四章　高まる期待

防空専任航空隊の誕生

昭和十九年（一九四四年）一月末から二月にかけて、マーシャル、トラック、マリアナ諸島へと、中部太平洋を暴れまわった米機動部隊の活動によって、前年九月に定めた絶対国防圏構想はもろくも崩れ、内地への来襲すら懸念されるありさまだった。

陸海軍が大正十年（一九二一年）と十二年に結んだ防空任務分担協定で、本土上空の防衛はずっと陸軍の担当とされてきた。昭和十九年春の時点で、関東・東北の東部軍管区を第十飛行師団、関西・中部・四国の中部軍管区を第十八飛行団、九州・中国の西部軍管区を第十九飛行団が受けもっていた。

海軍と同様に、防衛は二の次とする陸軍の本土防空戦力は少なく、最も充実していた第十飛行師団にしても、装備機数はこのとき一〇〇機に満たなかった。

このように、日本本土のほぼ全域は陸軍の管轄下に置かれていたが、もちろん海軍の専有区域もあった。それは横須賀、呉、佐世保、舞鶴の各鎮守府（海軍区の警備や防衛、出動準備関係を担当し、所属部隊を監督する）の所在地および軍港と管轄下の要港、航空部隊の基地などである。

軍港をふくむ鎮守府所在地は海軍にとって、とりわけ重要な区域だった。しかし、十九年初頭までは本土への本格空襲の可能性は低く、内戦部隊の一部である練習航空隊と、外地から戦力回復や機種改変に帰った外戦用航空隊が、訓練のかたわら防空を担当しているにすぎなかった。こうした消極的対処は、攻撃第一主義を主因とし、外戦部隊をそろえるだけで手いっぱいの国力の浅さが加わっての産物だった。

昭和十七年八月にガダルカナル島で火の手が上がった南東方面の攻防戦は、しだいに激化して、海軍はつぎつぎに航空兵力を投入。ついに先手を取れないままソロモン諸島の大半を奪われて、十八年が終わった。

彼我の戦力差は、もはや持久戦もおぼつかない状態にまで広がりつつあったのに、軍令部にはまだ敗北の意識は薄かった。ソロモンですり減った母艦航空隊を再建し、編成途上の基地航空戦力・第一航空艦隊を加えて、米機動部隊に一大洋上決戦を挑む。この決着がつくまでは本土防空などにかまっていられないし、また敵機群が内地に来襲するのはそのあとの事態、というのが、十九年初頭までの海軍中枢の考えだったと思われる。

とはいえ、米陸軍が実用化を進めているであろう超重爆撃機ボーイングB－29が、やがて本土を襲う事態も考えておく必要がある。陸軍の防空態勢をながめているだけでは、いささか心もとない。重要施設を守るために、台所は苦しくとも、自前《じまえ》の防空専任戦闘機部隊を作る準備ぐらいはしておくべき、との判断が生まれるのは自然のなりゆきだ。

それでは、部隊の基地をどこに置けばいいのか。

四つの鎮守府のうち、日本海に面した舞鶴鎮守府は、敵の攻撃を受ける可能性が比較的少ない。呉と佐世保には、強力とは言えないが、いちおう呉空および佐世保空の戦闘機隊（零戦）が置かれている。

これに対して、敵が第一の目標と見なすであろう東京に、距離的に近い横須賀周辺には、零戦の錬成部隊・厚木航空隊を二月二十日付で改編した第二〇三《ふたまるさん》航空隊が配置されていたが、まもなく北海道方面へ出ていく予定が決まっているから、本格的な邀撃《ようげき》が可能な常駐の戦闘機隊は存在しなかった。

横須賀空の戦闘機隊には腕のいい搭乗員、地上員がいても、新鋭機の実用実験が本務であり、人数も少ないから兼務は無理だ。したがって、横須賀近辺への防空戦闘機隊を置くのが、最適と考えられた。

防空戦闘機部隊新編の案は、すでに十九年一月に海軍部内で検討されていたようである。二〇三空の飛行長・西畑喜一郎少佐は、二月一日付で二〇三空の前身である厚木空飛行長に補任されたが、まだ大井空飛行長だった一月に、人事局から「防空戦闘機隊が新しく編成される。やがて、そこの飛行長に務めてもらう。厚木空にいるあいだに、局地防空の研究をしてほしい」との内命を受けていたからだ。

斜め銃を発案し効果に傾倒した小園安名中佐（大佐当時）。

昭和十七年から十八年にかけて、ソロモン方面の戦いに水上機隊の飛行長で参加した西畑少佐は、それ以前に空技廠飛行実験部の部員を務めつつ水上戦闘機の性能テストを担当。この当時から「将来の戦闘機は高速第一。一撃必墜」を主張しており、防空戦闘機部隊の飛行長には適任の人物だった。

少佐は厚木空に着任後、防空用に必須の乙戦「雷電」と丙戦「月光」のデータ収集を進め、二〇三空に改編ののちは、零戦隊を北海道へ送る手配や東号作戦への対応に追われていた。三月に入ってまもなく、横須賀鎮守府にいた小園安名《こぞのやすな》中佐から「早く来い」との連絡を受けた。新編の防空戦闘機部隊への転勤命令が、三月一日付で出されていたのだ。

この新編部隊こそ、のちに帝都防空戦闘機隊として名をはせる第三〇二《さんまるふた》航空隊だった。十九年三月一日に横空基地で開隊した三〇二空は、海軍が初めて編成した本土防空用の専任航空隊で、ラバウルで「月光」の二五一空をひきいて夜戦の威力を実証した小園中佐が、司令兼副長に補された。

野人肌で歯に衣《きぬ》着せない小園中佐は、旧弊な海軍中枢の刷新を画策し、一方で自身の発案による斜め銃（後述）を全戦闘機に装備すべき、と考えていた。軍令部や航空本部のエリートたちは、迷惑な存在だが実績充分の中佐の処遇に困り、すぐには必要のない防空部隊を東

三〇二空が三〇一空から受領した十四試局戦改または試製「雷電」。長いカウリング下面の滑油冷却器カバーはなく、20ミリ機銃も装備していない。手前に一部が見えるのは量産機「雷電」一一型だ。19年7月、厚木基地で。

京周辺に作って、指揮を取らせてお茶をにごすつもりだったようだ。これが三〇二空新編の主因とすら考えられなくはない。

三〇二空の装備定数は書類上、昼間用の乙戦隊が「雷電」四八機、夜間用の丙戦隊が「月光」二四機。すなわち、昼間と夜間の両防空戦闘機で編成される規定だった。ほかに、二式艦偵（「彗星」の偵察機型）と陸軍の百式司令部偵察機を使う陸上偵察機隊を編入したが、実体は偵察機搭乗員の養成が目的の錬成組織であり、三〇二空に〝間借り〟したにすぎず、戦力には含まれていなかった。

専用の基地、施設はすぐには用意されず、開隊直後は横空の指揮所の一つを借りて仮本部に使い、乙戦隊は追浜基地、丙戦隊と陸偵隊は千葉県木更津基地で訓練を始めた。

乙戦隊の装備機「雷電」は、三菱での生

産がはかどらないうえ、乙戦部隊としては先輩の外戦用部隊三〇一空に、優先的に引きわたさねばならない状況から、定数の確保は容易ではなかった。

ようやく開隊から二週間後の三月十四日、昼戦隊の初めての装備機として、同じ横空基地にいた三〇一空からオレンジ色の十四試局戦改三機を譲り受けた。すでに「雷電」一一型が二〇機近くに増えていた三〇一空が、使い古しの機材を放出したわけである。

最強の「雷電」部隊への第一歩

三月中の三〇二空・乙戦隊には、この十四試局戦改三機しかなく、四月に入って鈴鹿から「雷電」一一型を横空基地に搬入し始めた。だがこのころの月産数は、ようやく二〇機台に乗ったところ。それまでの三八一空、三〇一空にしても、製造不良ゆえの領収不能、事故による損耗が付きものだ。まして、できたばかりで訓練だけの三〇二空では、急速な充足は望めず、補助機材として零戦の導入を進めた。

この零戦を丙戦隊のいる広い木更津基地へ持っていき、「雷電」の操訓を終えた日華事変以来の手練《てだれ》の赤松貞明少尉、先任下士官・馬場武彦上飛曹、次席（のち先任下士官）の中村佳雄《よしお》上飛曹らが、若年搭乗員の教育に当たった。

横須賀基地では、超ベテラン・磯崎千利少尉、鹿田二男飛曹長、杉滝巧《たくみ》一飛曹といったラバウル帰り、厚木空で零戦の錬成を終えた宮崎富哉中尉、由井達雄少尉らが、オレンジ色と濃緑色のJ2M2で操訓とそれに続く編隊、追躡《ついじょう》攻撃、優位・劣位戦などの飛行作業に、連日はげんでいた。

　赤松少尉から「『雷電』は人が言うほど悪い飛行機じゃない」と聞かされた宮崎中尉だった。とはいえ、乗りなれた零戦にくらべて着速が五〇キロ／時以上も高く、せまくて地形の悪い横空での離着陸に困難を感じた。

厚木移動前の4月、横須賀基地で「雷電」一一型を背景に写した三〇二空・乙戦隊の基幹搭乗員たち。座るのは左から山川光保飛長、森末記飛長、鹿田二男飛曹長、宮崎富哉中尉、磯崎千利少尉、杉滝巧一飛曹、坂正飛長。立つのは鹿野至一飛曹、由井達雄少尉、西森菊生上飛曹。5名がラバウル帰りだ。

　木型審査いらい、十四試局戦／「雷電」の幅の広い操縦席は、搭乗員たちに違和感をもたれ、好評とは言いがたかった。九六艦戦、零戦の小ぢんまりしたコックピットに身体がなじんでいたからだ。この点で、「座席の広さが気に入った」と述べる磯崎少尉は異色である。「雷電」から零戦に乗りかえると窮屈《きゅうくつ》に感じたほどで、赤松少尉も同じ意見だった。

　磯崎少尉は零戦と格闘戦をやってみて、速度と上昇力を利用した上下運動（縦の空戦）なら優るが、水平面（横の空戦）ではだいぶ劣ると判断した。横須賀に来て初めて「雷電」を見たとき「こんな、翼が短くてズングリした飛行機に乗れるんかな」と思った杉滝一飛曹も、ややたって「旋回性能は悪いけれども上昇力は抜群。しかし〔対戦闘機の〕空戦には零戦の方がいい」と感じている。

磯崎少尉は二五一空、二〇四空、二〇一空で、杉滝一飛曹は「翔鶴」戦闘機隊で、激烈なソロモン航空戦を戦ってきた。F4F、F4U、F6Fとの骨身をけずる鍔《つば》ぜりあいで、自身の技倆と、ひよわな零戦の運動性だけを頼りに生きぬいた彼らが、旋回性を重視するのはなんの不思議もない。開隊からしばらくのあいだ、三〇二空は主敵を機動部隊の艦上機と見ていたから、なおさらだろう。「対大型機なら、降下速度が大きい『雷電』が有利。降下中の安定感もよかった」との磯崎少尉の言葉を付け加えておかねばなるまい。

二五三空付でソロモン航空戦に加わった山川光保飛長は、二月の空襲で壊滅したトラック諸島の竹島を経由して、防暑服のまま三月上旬の寒い木更津基地に帰還、すぐに三〇二空に転勤した。落下傘降下の傷が治りきらず足をひきずり、マラリアとアミーバ赤痢《せきり》が残る山川飛長は、横空に到着した翌日に、もうガリ版刷りの操縦教本をわたされ、十四試局戦改の操訓を命じられた。

丙飛予科練十一期出身の山川飛長は、このとき六〇〇時間は飛んでおり、昭和十九年の時点では中堅以上と言える技倆をもっていた。搭乗した彼は、地上滑走時に前が見えず、着速が高く、零戦なみの操作をしようとすればすぐ失速におちいる、マイナスの諸特性に驚いた。操縦桿に付いたボタンで操作する空戦フラップをふくめ、「慣れるまでひと苦労する」と回想する。反面、旋回半径は大きいが、舵は零戦よりも利きがよく、横転のすばやさが抜群なのに驚いた。

零戦とはまったく異質の機材なので、ちょっと油断すればたちまち事故につながる。三月中に早くも十四試局戦改が一機中破し、四月には大破二機、中破一機を出した。操縦ミスによる事故は離着陸時に多く、機材面のトラブルでは油圧系統の故障によるエンジン焼き付きがめだった。こうした傾向は以後も続き、「週に一度は海軍葬」と言われるほど搭乗員の殉職が珍しくなかった。

これは厚木基地で6月の状況。手前に座る整備の元林稔和少尉の後ろに、不時着破損し使える部品を取りはずした「雷電」一一型が置いてある。

三〇二空の整備隊を統率する整備主任・吉野実大尉は、開戦前に横空で九七式飛行艇の「金星」エンジンを、開戦後は十九空で零式観測機の「瑞星」エンジンを扱って、三菱エンジンの機構と特徴を熟知していた。三〇二空に着任するまで、整備員教育担当の相模野《さがみの》空で分隊長を務めつつ、空技廠へ出かけて「雷電」のエンジンと機体を勉強し、「『火星』二三型はいいエンジン」との結論を得た。「雷電」の動力系統の故障多発は「機体の構造とマッチしていなかったため」との大尉の証言は、興味ぶかい。

三月末に二〇三空の残存機が北海道の千歳基

地へ出ていくと、そのあとがまに三〇一空・戦闘三一六飛行隊の零戦隊が入った厚木基地は、まもなく戦闘三一六のトラック進出が決まったため、三〇二空用にあてられた。ここは横須賀はもとより、東京にも近くて、防空任務上の地理的条件はいい。

移動の準備に取りかかり、五月一日からまず昼戦隊（零戦がまじったため、乙戦隊ではなくなった）が厚木へ向かい、ついで木更津から丙戦隊、陸偵隊が移動して、六月上旬に展開を完了。このころの三〇二空の飛行科は、機種ごとの分隊を全部合わせて一個飛行隊を形成しており、飛行隊長には水上機出身の山田九七郎大尉が補任された。

米機動部隊が五月二十日に南鳥島に、二十三日にウェーク島に来襲したため、二十日以降、三〇二空の「雷電」の一部と三〇一空・戦闘六〇一の三〇機が、呉空と佐世保空から来た零戦隊を加えて、厚木基地で即時待機（スクランブル態勢）に移行。一ヵ月後、戦闘六〇一が零戦に機種改変して硫黄島へ出たので、三〇二空はこの時点で「雷電」を装備した唯一の実施部隊になった。また、戦闘六〇一の「雷電」の多くを三〇二空が譲り受けたため、七月一日の装備機数はいきなり四八機（うち可動三三機）へと増加した。

三〇二空は戦闘機部隊といっても、司令を除いて飛行長と飛行隊長は水上機操縦員、零戦にまわった森岡寛《ゆたか》大尉は艦爆操縦員、夜戦隊は水上機、艦爆、艦攻、陸攻の出身者で占められ、本来の戦闘機搭乗員が主力を構成しているのは「雷電」隊だけだった。つまり、純粋の戦闘機乗りの方が少ない、変わった戦闘機部隊なのである。

厚木に集まる隊員たち

厚木基地の「雷電」の機数は少しずつ増えても、搭乗員の数が充分ではなかった。とくに士官搭乗員と腕のいい下士官搭乗員が不足していた。七月に入って、これらの不足人員が逐次集まってきた。

まず分隊長要員として、乙飛一期、つまり予科練最古参の伊藤進中尉が着任。昭和八年いらい水上機の実施部隊で飛んでいる超ベテランで、十八年から霞空で陸上練習機の教官を務め、「雷電」隊の宮崎大尉（五月に進級）も教え子の一人だった。「雷電」を初めて見た伊藤中尉は「いやな格好の飛行機だな」と感じたが、潤滑油系統の故障が頻発《ひんぱつ》していたこの機材を、エンジンの調子にさからわず巧みに乗りこなし、見事な着陸ぶりを披露《ひろう》した。

分隊士要員で着任したのは、実用機練習教程を終えたばかりの海兵七十一期出身者と、十三期飛行予備学生の前期組出身者である。

海兵七十一期の寺村純郎《すみお》中尉、市村吾郎中尉、上野博之中尉ら六名は、造成後の土がむき出しの、夏の陽光に照らされた厚木基地に着任。飛行隊長・山田大尉から「雷電」搭乗を申しわたされた寺村中尉は、半年間なじんできた軽快な零戦に、いまさらながら強い郷愁と愛着を感じた。そして、飛行学生のときに耳にしていた「雷電」の視界の

「雷電」分隊長要員の伊藤進中尉は水上機から転科した冷静さをそなえる腕ききだった。

悪さ、運動性の低劣さを思い、不安をぬぐえなかった、と回想する。おそらく、「雷電」搭乗を命じられた操縦員の大半が、この感想を等しく抱いたに違いない。

講習を受けて「雷電」に搭乗した市村中尉は、赤松少尉から「失速するから、着陸速度だけは落としなさんなよ」とやかましく注意を受けた。指示された九〇ノット（一七〇キロ／時弱）で着陸に入ると、零戦二一型の六〇ノット（一一〇キロ／時弱）になれた目には、非常な速さに感じられた。市村中尉らは「雷電」で、老練な磯崎少尉と水平面での格闘戦訓練を実施し、旋回時に空戦フラップを使ったため、失速直前の感じをつかみとれた。

十三期飛行予備学生は、採用が一〇〇名を超えなかった十二期までとは異なり、十八年の搭乗員大量養成計画にもとづいて、一気に五〇〇〇名が採用された。このうち約三〇パーセントが前期組に選ばれ、教育期間を三ヵ月短縮し、六月から七月にかけて実施部隊に着任した。七月に三〇二空に着任したのは岸本操《みさお》少尉ら数名で、まず零戦五二型での訓練を続行し、秋に入って「雷電」に乗る。

なお、十三期予学の後期組は九月以降に着任するが、藤原守夫少尉ら多くは零夜戦分隊（昼戦隊から分かれてできた零戦の夜戦隊）にまわり、「雷電」隊員を命じられた者も、栗坂伸三少尉や四之宮豊少尉などほとんどが補助機材の零戦に乗っただけで、結局は零夜戦分隊に転入する。十三期予学出身者には難しい「雷電」を使わせない、との配慮が上層部にあったようだ。

即戦力になる丙飛予科練出身の下士官搭乗員・八木隆次《りゅうじ》飛曹、西元久男上飛曹らは、二〇二空で「あ」号作戦に参加ののち、フィリピン経由で内地に帰還。小田急の電車に乗って、厚木基地に最寄《もよ》りの大和《やまと》駅に近づくと、キーンと金属音が聞こえてきた。「雷電」の強制冷却ファンが回転して出す、独特の飛行音である。

「あれは何だ?」「『雷電』ていうのができてるらしい。あれに乗るんだろう」

指揮所には、八木上飛曹が飛行練習生のときにしぼられた赤松少尉がいた。「分隊士!」と声をかけると、少尉は「なんだ、お前どこにいた?」。八木上飛曹がブーゲンビル島ブイン基地での邀撃戦からマリアナまでの戦いをざっと話すと、「そりゃご苦労さん」と一週間の休暇をもらってくれた。赤松少尉は荒っぽくて口が悪いが、このあたりが部下に慕われる所以《ゆえん》である。

零戦の操縦席に座る八木隆次上飛曹はソロモンとマリアナで戦った実戦派。

郷里での休暇を終えた八木上飛曹らが厚木にもどってくると、赤松少尉は「雷電」の教本をわたし「これ読んどけ。明日から上がってもらうよ」とこともなげに言う。ソロモン帰りの腕を信頼しての言葉だろう。上飛曹の列機三機もすでに決まっていた。

八木上飛曹は、先任の馬場上飛曹や中村上飛曹に要注意事項を聞いて発進。上昇角度と上昇率は零戦とは段違いで、主翼後縁の下に水平線が出てくるほどの急上昇だ。特殊飛行では操舵に敏感に反応し、「さすがにいいな」との感を抱いた。

注意を受けていた筒温計、油圧計に気をつけ、降下時に筒温を下がらせないようカウルフラップを閉じるなどの操作を怠らなければ、優秀に思える飛行機で、一週間ほど乗って「だいじょうぶ」と判断した。彼は伊藤中尉と同じくエンジン故障を一度も経験せず、大した苦労もなく「雷電」を愛機に仕立て上げていった。

小園司令の斜め銃好み

初夏にかかるころから「雷電」の新型J2M3、つまり二〇ミリ機銃四梃の二一型が導入され始めたが、もう一つ、三〇二空独自の射撃兵装が採用された。ラバウルで夜間戦闘機「月光」に取り付けて戦果をあげた斜め銃を、発案者の小園司令が単座の昼間戦闘機へも装備するよう望んだのだ。

斜め銃とは、側方から見て機軸に対し前方へ三〇度上向きに取り付けた、変則装備の固定機銃だ。大型機への夜間攻撃では敵の意表をついて、平行して飛びつつ、敵機の後下方あるいは後上方から何連射も撃ちこめるため、かなりの威力を発揮した。しかし、小型の単座戦闘機にとっては、そのぶん機体重量が増して運動性を損なううえ、機敏な単発機が相手だと照準が非常に難しいから、ほとんど使いものにならない。一撃離脱を旨とする「雷電」、軽快さが身上の零戦に応用して、小型機を追うには無理がある。

飛行長・西畑少佐は小園中佐に問いなおす。

「司令、『雷電』には斜め銃は要《い》らんでしょう」

「あんた知らんだろうが、斜め銃はいいよ」

これを必勝兵器と過信する中佐は、ガンとして譲らない。しかし西畑飛行長は斜め装備機銃の威力を、とっくに知っていた。ソロモン戦線で零式水偵の胴体下に二式三〇ミリ機銃を一梃ななめに取り付け、夜間に物資輸送する敵小型艦艇を襲う案を出し、実用に移したのは彼だった。

「雷電」一一型の胴体左舷から20ミリ機銃の銃身が出ている。横に立つ搭乗員は、たぶんこの兵装を喜ばないラバウル帰りの小林勝治上飛曹。

結局、小園司令は自説を曲げず、「雷電」と零戦に斜め銃を付ける処置が決まった。ともに胴体左側から翼端方向へ三〇度、上向きに一〇度の傾きで九九式二号銃を装着。「雷電」の場合は、空技廠飛行機部の高橋楠正《くすまさ》技術大尉らが相談のうえ、改修用の図面をまとめて三〇二空にわたすと、あとは自隊の工作力で取り付けてしまった。

重いうえに弾道を把握できず、

伝説にいろどられた超実力派、赤松貞明少尉。
日本一の「雷電」乗りの評価は間違いなかった。

照準困難な斜め銃に「雷電」隊の搭乗員はいっせいに反対した。伊藤中尉は小園中佐に無意味な理由を説いたが、「旋回戦に入れば、『雷電』は旋回半径が大きいから、内側をまわる敵戦闘機に当てられる」と理屈を言う。司令は頑固だが、私利私欲はまったくなく尽忠一筋の人、とみな知っているから、不承ぶしょうながら斜め銃機に搭乗した。

「旋回戦で回りこみ不足のときに役立つ場合もあるかも知れないが、どこまで使えるだろうか。ない方がいい」が杉滝上飛曹（五月に進級）の感想だった。

斜め銃機は六〜七機作ったとも、さらに多かったとも言われる。まず赤松少尉が試飛行に上がり、その後、順次搭乗した。だが弾丸を積むと重くなりすぎ、のちには全機取り外してしまった。赤松少尉がこの斜め銃機で戦果をあげたとも言われるが、定かでない。

三〇二空「雷電」隊の訓練や戦法は赤松少尉が率先して案出し、実行に移した。伊藤中尉は水上機からの転科にもかかわらず、難しい「雷電」の分隊長要員の辞令を受けていて優れた技倆を知れるが、超ベテランの彼にして「私も歯が立たないほどうまい」と少尉を高く評価する。

伊藤さんは「空戦で最後にものを言うのは腕力だ」と語る。赤松少尉の腕力は人並はずれて強く、巴戦に入り三回まわったら中尉も後方につかれてしまった。このころに予備学生出身者でただ一人三〇二空の「雷電」を乗りこなせた、早大柔道部の主将で四段の猛者《もさ》・由井中尉（七月に進級）ですら、飛行作業の合間に相撲をとると、ときには赤松少尉にねじ伏せられたほどだ。半面、少尉は身も軽く、後ろ向きでトンボを切る運動神経をもっていた。

彼は「雷電」でも対戦闘機戦闘が可能と判断したためか、四機編隊の訓練を徹底する案を出し、編隊から離れる者は以後、自分の列機に進んで付けようとはしなかった。山川二飛曹がよく列機に選ばれたのは、とことんまでついていったためなのだ。

着任二ヵ月後に上野中尉が殉職するなど、油圧の低下によるエンジン焼き付き事故の多発から、赤松少尉は滑空での着陸法も教示。のちに、エンジンの焼き付いた「雷電」がときおり滑空着陸に成功したのは、彼のアドバイスの成果だった。

超重爆が動き始めた

この昭和十九年七月、ナンバー航空隊のうち唯一の「雷電」装備部隊として存在した三〇二空に、五個航空隊から搭乗員が講習を受けにやってきた。「雷電」の操縦法を教わり、自隊での操訓用に何機かをもらって帰るのが目的であり、新たな「雷電」隊誕生の前ぶれだった。「雷電」隊新編の理由は、米軍の活発な攻勢と、超重爆B－29が作戦行動に移行した状況にあった。

一九四二年（昭和十七年）九月に原型機が初飛行した、画期的な四発重爆機ボーイングB－29「スーパーフォートレス」は、当初のひんぱんなトラブルを乗りこえて、第20航空軍の第20爆撃機兵団・第58爆撃航空団に引きわたされ、一九四四年（昭和十九年）三月下旬から米本土カンザス基地を発進。大西洋、北アフリカをへて、二万一〇〇〇キロにも及ぶ空輸ののちに、四月上旬以降インドのカルカッタ周辺の根拠基地に到着し始めた。目的は、もちろん日本本土空襲である。

四月下旬にはヒマラヤ山脈を越えて、四川省成都付近の前進飛行場に進出し、ウォーミングアップをかねて、六月五日にタイのバンコクへの初出撃（インド経由）を実施。一〇日後の十五日夕刻に成都を離陸したB－29六二機は、翌十六日未明、福岡県の日本製鉄八幡製鉄所を目標に襲来した。すべてのB－29部隊を傘下に入れる戦略爆撃組織、第20航空軍の日本空襲が始まったのだ。

同じ六月十五日の午前四時三十分、圧倒的な航空支援のもと、米海兵隊はマリアナ諸島サイパン島への上陸を開始した。

成都から二トンの爆弾を積んで出撃すると、いかに大航続力を誇るB－29でも、二五〇〇キロ先の九州北半分が行動半径の限界だ。それに、九州に達するまでに、日本軍の占領する中国大陸の上空を通らなければならないし、なによりもヒマラヤの大山脈を越えての成都への物資集積は、おびただしい労力と少なからぬ犠牲をともなう。

こうした危険とロスを解決するのが、マリアナ諸島の奪取なのだ。サイパン島から東京まで二二八〇キロ。本州、四国、九州のほぼ全域が爆撃圏内に入り、日本の主要工業都市のどこにでも空襲をかけられる。日本沿岸までの飛行コースで、障害である日本軍の航空基地は硫黄島だけ。ヒマラヤ越え空輸の苦労もない。

成都からの第20爆撃機兵団が北九州、満州、台湾、東南アジアへジャブを加えているうちにマリアナの飛行場を整備して、ストレート・パンチをくり出そう、というのが米第20航空軍の戦策だった。

マリアナ防衛と、攻略支援に出てきた米機動部隊を撃滅すべく、日本海軍は「あ」号作戦決戦を発動。第一機動艦隊の空母九隻と基地航空部隊・第一航空艦隊は、米第58任務部隊の空母一五隻に立ち向かった。しかし、準備不足の一航艦が有する航空隊は六月中旬のうちにマリアナで壊滅し、第一機動艦隊も史上最大の空母決戦である六月十九日〜二十日のマリアナ沖海戦に、なすところなく敗れ去った。

日本海軍がかねて望んだ洋上航空決戦に勝っての戦局挽回は、この戦いで夢と消え去って、サイパン島も七月七日に陥落。同日の夜、成都からのB－29十数機が佐世保、長崎方面に来襲した。

海軍も、本土防空は陸軍の担当、と傍観している状況ではなくなった。防空戦闘機隊の充実を急がねばならない。戦闘機は零戦一本槍であらゆる航空戦に対処してきたが、ここに至って乙戦「雷電」と丙戦「月光」の存在が、にわかにクローズアップされてきたのだ。

そして、大して期待を寄せられなかった防空専任の三〇二空に、海軍首脳部の目が向けられ始めた。

新たな乙戦部隊の芽生え

七月に入って早々、三〇二空に「雷電」と「月光」の講習を受けにきたのは、呉空・岩国分遣隊、佐世保空・大村分遣隊、神ノ池《こうのいけ》空、台湾の台南空と高雄空の合計五隊からの選抜搭乗員だった。

佐世保空は大正九年に開隊、呉空は佐世保空から分かれて昭和六年に編成された、ともに歴史の古い航空隊で、本来は水上機部隊だった。その後に両航空隊とも、付近に小規模な飛行場を併設して陸上機を置いたが、狭くて使いづらく、充分な活用はできなかった。そこで、呉空では九六艦戦隊を十六年秋に山口県岩国基地に移して、岩国分遣隊を設置。ついで佐世保空も十八年なかばに零戦隊を長崎県大村基地に展開させ、大村分遣隊と呼称した。

両分遣隊は別名、呉空戦闘機隊、佐世保空戦闘機隊と呼ばれ、零戦による空戦教育のほかに、呉と佐世保の鎮守府管区の防空も任務に加えた準実施部隊だった。横須賀鎮守府管区を守る三〇二空に準じた存在であり、両戦闘機隊への乙戦と丙戦の配備は順当と言えた。

台湾からの「雷電」受領部隊のうち台南空は、戦争の初期に零戦で活躍した初代の台南空とはまったく別の、昭和十八年四月に開隊した二代目で、零戦や九九艦爆による艦上機の実用機教育を受けもつ訓練部隊である。同じく二代目の高雄空も、陸攻隊として高名な初代とは異なり、十七年十月に赤トンボの練習航空隊として開隊、十九年六月に零戦の実用機教育を加えた訓練部隊だった。

台湾は成都からのB－29の行動半径内にふくまれ、大陸南部からならB－24でも攻撃をかけられる。純然たる日本本土であり、マリアナに続いて米軍の攻撃目標になる公算が高いフィリピンを守るために、欠かせない後方基地の役を担うはずの台湾だが、防空戦力は貧弱で、海軍の実戦用戦闘機部隊は置かれていない。新たに送りこむナンバー空も払底しているところから、「雷電」「月光」を台南空と高雄空に装備させ、教官、教員を乗せて急場をしのぐ算段を立てた次第である。

呉空・岩国分遣隊すなわち呉空戦闘機隊の待機所風景。手前で若い搭乗員が訓練の講評を聴いている。

残る練習航空隊・神ノ池空への「雷電」配備の主目的は、関東防空ではなく、教官、教員の操訓にあったようだ。彼らが乙戦部隊へ転勤してもすぐ戦列に入れるよう、慣熟飛行をさせておこうとの狙いである。だが神ノ池空では、数名の試乗にとどまった。

まず飛行隊長の日高盛康大尉が搭乗する。簡易説明書のデータを頭に入れて、あとは自己流で発進した。上昇力が大きいのは納得できても、零戦のように乗って楽しい飛行機とは思えず、大尉は二回飛んで、あとは若手の慣熟に使わせた。

合わせて五隻の空母に四年間勤務し続け、高難度の母艦着艦をマスターしきった日高大尉には「雷電」を短時間でこなせても、多くの者には対処が容易なはずはない。八月四日、中村保輔中尉が操縦のおり、第四旋回にかかるところで失速、墜落し、中尉は殉職した。飛行学生を終えて半年の技倆では、零戦の感覚に引きずられ、高速着陸を御しきれなかったのではないか。

神ノ池空が受領の「雷電」二一型と石塚茂上飛曹。19年秋の撮影で、上飛曹は12月15日に第九金剛隊員として特攻戦死する。

以後はもはや誰も異色機に乗ろうとしなかった。残りの三機とも格納庫でホコリをかぶり、ときおり飛行学生が面白半分に電動のフラップを動かしただけだったという。

怪物に乗る

呉空戦闘機隊から厚木へ受講に来たのは、第一分隊長・森井宏大尉と第二分隊の先任下士官・松本佐市《さいち》上飛曹の二名だった。二五二空付でソロモンと中部太平洋の航空戦を切り抜けてきた松本上飛曹は、ラバウルへ出る前の昭和十七年十月、木更津にいたときに、空技廠飛行実験部の周防元成大尉が持ってきたオレンジ色の十四試局戦を見る機会があった。

それから二年近くたって、あらためて「雷電」をながめた松本上飛曹は、森井大尉と「こりゃ、クマンバチみたいだ」と言い合った。要目を習った二人は、すぐに慣熟飛行に移行。二度ほど飛んで二一型を三〇二空から受け取り、岩国基地へ持ち帰る準備が整った。まず森井大尉が離陸し、ついで松本上飛曹が発進したが、松本機は高度二〇〇～三〇〇メートルでエンジンが止まった。

上飛曹は無意識のうちに操縦桿を前へ倒し、機首を下げたために失速には陥らず、そのまま胴体着陸に移る。「雷電」としては長距離飛行の部類なので増加タンクを付けていたが、燃えずに外れ飛んだ、さらに下が土だったため火花による発火をまぬがれ、松林の中に突っこんで照準器で頭を打っただけですんだ。

エンジン停止の原因は、零戦搭乗時のくせが出て、上飛曹が翼内タンクを使って離陸したためと思われた。「雷電」の翼内タンク二個は各九〇リットルしか入らず、離陸は三九〇リットル入りの胴体内タンクを使い、ついで増槽に切り換える指示が出されていた。したがって整備員は、翼内タンクにわずかしか燃料を入れていなかったのだ。

松本上飛曹の傷は軽く、翌日には代機をもらって再度の帰途についた。出発前に森井大尉は「岩国に帰ったら、この飛行機を恐ろしいと言うなよ。俺とお前と二人だけで乗るはめになるからな」と注意した。離陸後の上昇中に地平線が見えなくなり、精神的に圧迫されるのが難点、が松若（戦後に改姓）さんの「雷電」搭乗感だったが、「抜群にすなおな零戦二一型とどうしても比較されるために、嫌われがちになるんです」と回想する。

帰隊してから二人は隊員たちの前で飛んで見せ、飛行経験の古い者から操訓にかからせた。森井大尉はまもなく二〇一空・戦闘三〇六飛行隊長の辞令を受けて転勤し、九月にフィリピンの空に散っていく。

試乗の順番が、零戦の搭乗経験が半年に満たない蘆立《あしだて》榮一一飛曹にもまわってきた。彼が「雷電」を初めて見たのは五月下旬、米機動部隊の来攻に備えるため零戦で厚木基地に進出したときだ。特異なスタイルと離陸後の急上昇に「怪物」のイメージを抱いた蘆立一飛曹は、三〇二空の同期生・西條徹一飛曹の「いや、どうってことないよ」の言葉に、「同じ〔甲飛〕十期でも違うもんだな」と感心したほどだった。

「すごい上昇力だ!」が、岩国での一回目の飛行時に蘆立一飛曹を驚かせた印象である。現在のジェット旅客機のような上昇ぶり、空しか見えない機首上げ姿勢にたまげて速度計に目をやると、教本の数字どおりだ。二回目からは宙返りなど特殊飛行に移り、ひととおり特性を把握した一飛曹は「若い搭乗員をこれで教育するならいいが、〔零戦になれた〕古い人はいやがるだろう」との感想をもった。穏便な表現ではあっても、「雷電」の悲運の要素の一つを見事にとらえている。

彼はのちに、愛知県明治基地の二一〇空で「紫電」に搭乗する。零戦との比較から、やはり「扱いにくい」「恐ろしい」と言われた二〇〇〇馬力級の乙戦「紫電」も、「雷電」を経験ずみの蘆立一飛曹には、なんら違和感を与えなかった。

「『雷電』にくらべれば楽。恐ろしさはまったく感じず、どうといって手こずりません」「紫電」をも平凡な機に見せてしまう「雷電」の、出世をはばんだ最大の原因は、零戦の存在であったとすら言えるのかも知れない。

佐世保空・大村分遣隊は隊長の神崎国雄大尉と先任下士の名原安信上飛曹が講習を受け、「雷電」二機を受け取ってもどった。神崎大尉は前述のように、三八一空の分隊長時代にJ2の操縦を経験していたから、とりたてての圧迫感はなかったはずだ。

台湾に残った「雷電」二機

台南空からは青木義博中尉、高橋茂上飛曹、児玉一飛曹が「月光」講習員六名とともに、厚木基地にやってきた。呉空と佐世保空の受講者が三〇二空で「雷電」をもらったのに対し、青木中尉ら三名は講習と操訓を終えてから鈴鹿基地におもむき、ここで機材を受領した。

鈴鹿で試飛行時に青木中尉の乗機は右脚が出ず、片脚着陸によって壊れたため、代機をもらって増槽を受け取りに横空へ向かった。着陸時、児玉一飛曹機がグラウンド・ループ（尾輪式機に特有の、滑走時に機首振りから生じる地上旋回）におちいって中破。二機に減った「雷電」一一型と「月光」三機は横空を離陸し、鈴鹿、鹿児島、沖縄経由で帰途についたが、沖縄で高橋上飛曹機の脚が出ず胴体着陸で破損した。このため、台南基地に到着した「雷電」は青木機だけに減ってしまった。

当時、田口俊一大尉が飛行隊長の台南空には、実戦経験者が四～五名しかおらず、装備機

19年7月、台南基地へ向かう青木義博中尉の増槽付き「雷電」二一型。同航の「月光」から写した。

も中古の零戦二一型、三二型、二二型が主体を占めていた。青木中尉が持ってきた「雷電」に乗った、台南空で数少ない実戦派の一人、ラバウルで戦果をかさねた谷水竹雄上飛曹は「順次『雷電』にきりかえる予定」のように聞かされた。しかし、その後の追加機は来ず、ただ一機の「雷電」はほとんど青木中尉の専用機的に見なされた。

フィリピン決戦の前哨戦である十月中旬の台湾沖航空戦で、青木中尉や谷水上飛曹ら台南空の教官、教員は善戦するが、使用機はみな零戦だった。唯一の例外は九月ごろ、大陸から偵察にくるP-38に、「雷電」で訓練中の青木中尉が挑んだケースだろう。

このときP-38は、旋回面に対し機を直角に立てる垂直旋回で「雷電」の後方についた。青木機は急な操作のため横転降下におちいったけれども、逆にこれが幸いして難をのがれ離脱、帰投できた。この会敵が「雷電」を用いた初空戦だったと思われる。こうした飛行経験を買われ、彼は年末に内地へ転勤して「雷電」隊を率いるのだ。

高雄空では、「雷電」の講習に分隊長・斎藤順《じゅん》大尉と先任教員・堀光雄上飛曹の二名、「月光」の講習にも教員二名を派遣した。飛行隊長・村田芳雄大尉から『月光』の講習に行かんか?」と勧められた次席教員の吉田年宏上飛曹は、「フクロウ(夜戦)には変わりたくはありません。行かせて下さるなら『雷電』を希望します」と答えた。結局、吉田上飛曹の願いはかなって、「雷電」講習員に加えられた。

高雄空の講習員たちは輸送機に便乗して厚木基地に到着。性能や操縦特性を教えられ、翌日から操縦訓練に取りかかった。

降着時に機首を起こすと、前方視界は左右のわずかな空間だけだから、ヤマ勘で持っていくしかなく、いやな気持ちを味わわされる。着速が少し過大だと滑走路端をオーバーしかねず、かといって過小なら路端の手前で失速し畑に突っこんでしまう。航続力の乏しさゆえに、常に燃料残量に気を遣わねばならないのも不満だ。斎藤大尉は「いやな飛行機だな」と実感した。それでも、三舵の効きのよさ、ファウラー・フラップが有効なのは長所、と是認の判定もできている。

操訓ののち、鈴鹿基地に隣接の三菱の格納庫で「雷電」三機を受領する。途中の天候不良を切り抜け、厚木に空輸して機銃、射爆照準器などの艤装を施した。一〇日前後の講習・慣熟を終えて七月下旬、三名は無事に「雷電」を高雄基地に持ち帰った。

零戦で訓練中の十三期予備学生を送り出す時期が迫って多忙ななかで、斎藤大尉から高雄空の中堅クラス以上の教員四〜五名に、九二オクタン燃料使用、水・メタノール噴射、強制冷却ファンなどの特徴や、着陸前の誘導コースでの飛行時にはカウルフラップを全開にする(脚出し時の失速を防ぐために、エンジン出力の割合を零戦の場合よりも高めるから)、などの注意事項をふくむ受講内容が伝えられた。

　三機の「雷電」のうち一機は、陸攻隊との空戦訓練に上がったあと、着陸時に脚を出し忘れての胴体着陸で壊れた。もう一機も零戦との空戦訓練のさいに使用不能にいたった。

　後者は、「雷電」に斎藤大尉が搭乗し、吉田上飛曹の乗る零戦二一型と手合わせしたときのアクシデントである。三〇〇〇メートルの高度を取った「雷電」が、零戦に高度差五〇〇メートルのハンディをつけていた。高度差を利用して降下、一撃離脱が「雷電」の攻撃パターンなのに対し、吉田上飛曹は巴戦《ともえせん》に引きこもうとする。

　機動空戦が縦から横に移って七～八回旋回し、訓練は終了。「零戦と格闘戦をやって、『雷電』が勝てるわけはない」と上飛曹が思ったとおりの結果だ。

　基地へ向かう途中で斎藤大尉は、すさまじい振動と噴出する黒煙に襲われた。エンジンが焼き付いて止まったのが、すぐに分かった。「雷電」から流れる煙は、吉田上飛曹にもはっきり見てとれた。

　高度三〇〇〇メートル。飛行場は眼下にある。これだけの高度なら、翼面荷重が高く速度と沈みが大きな機でも滑空で持っていけると思って、大尉はとりたててあわてなかった。油圧が効かず、脚はもう出ない。脚出し状態だと抵抗増から失速を招きやすいので、入ったま

「雷電」操縦を難題に感じず、乗りこなした吉田年宏上飛曹。

まのほうがむしろ好都合だ。落ち着いた操作で滑空を続け、火花を発する滑走路を避けて、飛行場北西部の草地へすべりこむ。胴体着陸は成功した。

原因調査のため分解されたエンジンから、木綿の屑が出てきたのを、斎藤大尉は知らされた。これが潤滑油を止めたためのエンストだったのか。この機は高雄の第六十一航空廠へ運ばれたが、ふたたび飛ぶことはなく、彼と「雷電」の縁もまた途絶えた。

ただ一機残った「雷電」は、まさに虎の子である。事故による損失を防ぐべく、飛行長・五十嵐周正少佐と飛行隊長・村田大尉は「雷電」を任す搭乗員に、キャリアが長い吉田上飛曹を指名した。高雄空の下士官教員で実戦をよく知る少数者のうちの一人であり、冷静な判断力を備えていたからだ。上飛曹が「空行くダルマさん」とアダ名を付けた「雷電」は以後、彼の専用機とみなされ、八月末に台中基地に移動（二航艦の戦力である三四一空・戦闘四〇一飛行隊の「紫電」が高雄基地に進出してくるため）ののちも搭乗し続けた。

フィリピン決戦を前にした九月、日本軍の後方基地に使われる台湾の上空に、成都からのF－13（B－29の偵察機型）がときおり姿を見せ始めた。情報通達システムの不備な台湾では、あらかじめ来襲を察知しての上空待機など望めるはずがない。来襲の通報が入るつど、吉田上飛曹は「雷電」を駆って邀撃に向かったものの、五〇〇〇～六〇〇〇メートルの高度に達したころには、敵機は偵察を終えて大陸へ向けてUターン。ついに一度も交戦する機会を得られなかった。

十月中旬、台湾を米艦上機群とB－29が襲ったとき、吉田上飛曹は内地へ零戦の受領に出向いていて不在だった。〝専任〟搭乗員に代わって「雷電」で出撃する者はおらず、地上で爆撃にさらされて増槽が吹きとんだ。

フィリピン決戦は敗色濃く、台湾での飛行訓練が危険で不可能に変わりつつあった十二月一日、高雄空は解隊にいたった。教官、教員は他隊への転勤が決まり、吉田上飛曹には鹿児島県笠ノ原基地の二〇三空・戦闘三〇八飛行隊への辞令が出た。

高雄空が持っていた零戦と零式練戦は大分空と大村空へ、「雷電」は大村の三五二空へ引きわたす方針が決まり、十二月二十六日に上飛曹が「雷電」で十三期予学卒業者の零戦、零練戦編隊を先導して台中を発進。本来なら沖縄の小禄《おろく》飛行場を中継し、大村へ向かうはずのところを、予学搭乗員の依頼で台湾東岸の花蓮港にある陸軍飛行場に立ち寄った。

翌二十七日、少しでも長く滑走できるよう、「雷電」を花蓮港の飛行場端の草地まで引き下げたのち発進。翼内タンクで離陸し、高度五〇〇メートルに昇ってから燃料コックを増槽に切り替えたとたん、エンジンが停止した。吉田上飛曹はすぐにコックを元の翼内タンクにもどし、燃圧を高めて送油を促進する燃料ポンプのスイッチを入れるとともに、手動ポンプを付け加える。高度が一〇〇メートルを切ったところで爆発音とともにエンジンが再始動。民家の屋根が眼下に迫るあたりで、降下姿勢から水平飛行状態に回復した。

花蓮港飛行場にもどって判明した故障の原因は、意外なところにあった。B-29の高雄空襲のさいに壊れたオリジナルの二五〇リットル小型増槽の代用に、零戦の三〇〇リットル増槽を付けていたため、地面との間隙が狭くなっていた。滑走路外のデコボコ地帯からスタートしたとき、地面の突出部に下面が当たった増槽は飛散。付いていない増槽に燃料コックを切り替えたため、送油が止まってエンストに陥ったのだった。

離陸前に地面との間隙をなぜチェックしなかったのか、また滑走路内からでも離陸は可能であったはず、と悔やみつつ上飛曹は「雷電」を台中に持ち帰った。増槽を付け直せば大村への空輸は可能だったが、中止命令が出て、彼はあらためて輸送機で転勤の途についた。台中に置かれたこの「雷電」のその後は明らかでない。

「操縦は別に難しくない。速度も運動性も勝るF6Fとは喧嘩《けんか》できない、対爆撃機用の飛行機だが、それなりに気に入っていた」が、合計六〇～七〇時間乗った吉田上飛曹の「雷電」評である。

マリアナ陥落と防空態勢の強化

厚木基地に「雷電」「月光」の受講者が集まっていた昭和十九年七月七日、サイパン島が陥落した。孤島の防衛に欠かせない空母搭載の艦隊航空隊は、「あ」号作戦のマリアナ沖海戦に敗れて壊滅状態と化し、マリアナ諸島での反撃は、現地部隊と基地航空兵力の小規模攻撃に限定され、同諸島は放棄されたも同然だった。まもなくグアム島とテニアン島が玉砕するのも、確実と思われた。

サイパンの喪失に続いて、テニアン、グアムが敵手にわたれば、各島はB－29の基地に用いられ、太平洋からの本土大都市への空襲が始まるのは明白である。そこで本土防空を担当する陸軍は七月十七日、防空戦闘機隊の組織強化をはかった。これまで東部軍管区だけに飛行師団が置かれ、中部と西部軍管区は一ランク下の飛行団にとどまっていたが、この日、両軍管区の飛行団は飛行師団に拡充されたのだ。

陸軍の防空強化処置にこたえて七月二十一日、大本営海軍部は三〇二空と、呉空および佐世保空の両分遣隊を、作戦時にかぎり陸軍の防衛総司令官（陸軍全防空部隊のトップ）の指揮下に入れるよう決定。これら三個戦闘機隊は空襲のさい、それぞれの鎮守府管区を防空するとともに、三〇二空は東部軍管区の陸軍第十飛行師団、呉空と佐世保空の分遣隊は西部軍管区の第十二飛行師団と協力し、師団司令部からの指示を受けて、鎮守府および軍港、基地一帯の上空以外の防衛にも当たる方針が決まった。

これによって文面上は、画期的な陸海軍の協同邀撃態勢が成立したかに思われるが、長年の両者のセクショナリズムが簡単になくなるはずがない。海軍防空戦闘機隊の陸軍指揮下編入は、あくまで名目上の建前に終始し、せいぜい陸軍側から敵のコースや来襲時刻などの情報を受け、待機空域を指示（命令ではない）される程度だった。昭和二十年の春以降はそれすら見られなくなり、敗戦の日まで内地防空の陸海軍戦闘機部隊は、それぞれ旧来どおりの別行動をとるのである。

米軍のマリアナ奪取は強力に進められ、グアム島には七月二十一日、テニアン島には七月二十三日に上陸を開始（陥落は八月十日と八月一日）、状況はいちだんと切迫した。そこで、さらに防空態勢を整えるべく、呉空および佐世保空の分遣隊を八月一日付で本隊から切り離して独立させ、ナンバー航空隊すなわち実施部隊に昇格させた。呉空岩国分遣隊は第三三二航空隊、佐世保空大村分遣隊は第三五二航空隊に改編され、既存の三〇二空を含め、横須賀、呉、佐世保の各鎮守府に対する専用の防空航空隊ができあがった。

三三二空と三五二空の装備機種と定数は乙戦四八機、丙戦一二機だった。しかし開隊直後の三三二空は、呉空分遣隊の装備機を受けついだため、零戦が四五機（うち可動二八機）と大半を占め、「雷電」と「月光」は二機ずつ（全機可動）あっただけ。同様に三五二空も、開隊直後の可動機は零戦が主体で三〇機弱、「月光」三〜四機で、「雷電」の使用可能機は一機もなかった。

防空戦闘機隊に乙戦がなくては話にならない。両航空隊は「雷電」の受け入れと搭乗員の確保を、早急に進める必要があった。

三三二空の「雷電」訓練

三三二空の幹部は司令・柴田武雄大佐、飛行長・山下政雄少佐、飛行隊長・倉兼義男少佐という戦闘機乗り出身のメンバーだった。昼戦隊の士官搭乗員は、海兵出身の中島孝平中尉、竹田進中尉、斉藤義夫中尉が先任で、予備学生出身の君山彦守中尉を加えて四名のところへ、飛行学生を卒業したての相沢善三郎少尉、林藤《ふじ》太少尉、向井寿三郎少尉、松木亮司少尉ら八名が開隊当日に着任した。

准士官では艦爆から転科の桑原清美飛曹長、先任下士・松本佐市上飛曹をはじめ、蘆立《あしだて》榮

縦の空戦機動を説明する老練・桑原清美少尉。聞く側は左から石原進飛曹長、渡辺英胤(ひでたね)、松本佐市、越智明志各上飛曹。いずれも腕に覚えの面々で、報道写真用に集まった。

一一飛曹、出原《いずはら》寛一二飛曹、青木滋上飛、矢村幸夫上飛ら下士官兵搭乗員の多くは、岩国分遣隊以来の隊員だ。ここに水上機からの転科で硫黄島邀撃戦に加わった川上福寿飛曹長、「あ」号作戦のマリアナ航空戦を戦ってきた石原進飛曹長や、林常作上飛曹、斉藤栄五郎上飛曹、原重蔵《しげぞう》飛長らが加わって充実した。

開戦後まもなく第三航空隊に着任してから、長らく南西方面で戦い、協同を含め一〇機以上の撃墜戦果をあげてきた林上飛曹は、岩国に来た当初「俺は乗らないから、いいですよ」と言っていた「雷電」への搭乗を結局は指名された。余裕のある操縦席と優秀な上昇力を知ったのち彼は評点を上げ、「いい飛行機ができたな」と感じている。

中島中尉らも試乗したが、飛行隊長・倉兼少佐は少尉や若い下士官兵を乗せようとせず、自身もなぜか零戦にすら乗らなかった。開隊後ややたって着任した飛行長・山下少佐は、森井大尉（このとき転勤して不在）と松本上飛曹が運んできた「雷電」二機を、倉兼飛行隊長が活用していないのをいぶかった。同じ少佐でも山下飛行長が兵学校が三期上で、少佐進級も一年早く、実質的に上級者である。彼が飛行隊長に理由を問いただすと、倉兼少佐はこう答えた。

「『雷電』は翼面荷重が高くて、着陸が難しいのです。〔海兵〕七十二期は〔練習機と零戦で〕二〇〇時間ぐらいしか乗っていませんので、無理かと思います」

日華事変からソロモンの戦いまで長い空戦経験を有し、戦功をかさねてきた山下飛行長は、この消極策にカチンときた。

「翼面荷重が高いと言っても、ちょっと本〔操縦教本〕を持ってこい。大したことないぞ。お前、乗ったのか?」

「いや、古い連中だけです」

「乗りもせずにだめと言っていて、若い連中にどうやって教えるんだ。俺が乗る!」

地上での指揮を本務とする飛行長が、新装備機の試乗を買って出るのは異例と言える。山下少佐はその日のうちに地上滑走を試し、翌日には飛び上がって、一回目は八〇〇メートル弱、二回目は六〇〇メートル以内の滑走で、ピタリと「雷電」を停止させた。風に向かって降り、強いブレーキで止める母艦着艦を実演して見せたのである。

三三二空飛行長・山下政雄少佐はつねに事態に即応の精神で搭乗員たちをひきつけた。

少佐は以後、「雷電」の扱い方、とくに着陸時の特性を、若い士官搭乗員を中心に教えこんだ。

彼の教示を受けて乗りこなせるきっかけを得た相沢中尉(九月に進級)は「山下少佐は天才。射撃も抜群」と感服する。

零戦のように複座の練習機型がない「雷電」の飛行特性は、ぶっつけ本番で身体で覚えるしかない。飛練を卒業してまだ一〜二ヵ月、零戦に数十時間しか乗っていない若い兵搭乗員たちも、すぐに乙戦の操縦桿をにぎった。

八月に満十八歳を迎える矢村上飛は、いまで言えば高校三年生。「雷電」があまりにデカいので「こんなもの、飛び上がるのか?」と案じつつ、操縦教本を一読。林上飛曹から着速などのポイントだけ聞いて、離着陸訓練を始めた。

海に面した岩国基地は実用機にとっては狭い飛行場で、滑走路も短く、「雷電」での着陸は難しい。進入高度を零戦よりも高めにとって、かなり沖のほうでスロットルを絞ると機体がグッと沈む。そこでエンジン出力を上げ、ふたたび絞る、のくり返しで、高度を下げつつ飛行場に接近し、着陸姿勢に持っていった。

当初は目測の勘をつかめず、何度も着陸をやり直した矢村上飛だったが、やがてエンジン出力をうまく加減しながら、主車輪と尾輪を同時に接地させる三点着陸ができるまでに腕を上げた。接地後はすぐに腰を浮かし、中腰の姿勢でブレーキを踏みつつ駐機場へ滑走させていく。座ったままでは前方が見えないからだ。空中機動をふくめ、操作手順は自分で編み出していかねばならなかった。

着陸の前に、飛行場の上空を四角にめぐる場周旋回にかかる。エンジン出力にまだ余裕がある第一と第二旋回は零戦と同じ九〇度の旋回でいいが、馬力を絞りこんでいくから、第三とファイナルの第四旋回は九〇度では失速の恐れがある。そこで川本正行上飛は、旋回角度を一二〇度ぐらいにし、ゆるいカーブを描きつつ着陸姿勢に入れていった。

三三二空で訓練飛行に使われた「雷電」一一型。19年10月の撮影。20ミリ二号機銃の銃身が仰角ゼロで出ているのを知れる。

飛行中も一定速度を保持していないと、失速はもちろん、予想外の機動におちいりかねない。川本上飛が訓練中に早く左旋回しようと大きく舵（方向舵と補助翼）を使うと、「雷電」は逆に右へまわって降下し始めた。あわてて昇降舵を上げたが上昇せず、ようやく高度一〇〇〇メートルあたりで機首が上がりだし、冷や汗をぬぐったという。

「『雷電』に乗って地上に降りると、ああ今日も生きた、という感じを味わう。零戦が楽すぎた。うまい人たちが零戦のつもりでやって、失速するケースもあった」。川本さんのこの回想は短いが、「雷電」と零戦を巧みに対比させている。

油断のならない飛行特性が機材の不調とあいまって、事故はしばしば起きた。田淵明盛上飛が八月二十六日の慣熟飛行で、目を引く特殊機動《スタント》をこなすうちにエンジンが焼き付いた。白煙を引きながらも規定どおりの場周旋回に移り、ついにエンジンがもたず海岸べりに墜落、殉職した。

一週間後、同じ状態におちいった青木上飛は、飛行場上空をまわらず、思いきっていきなり横から胴体着陸で滑りこんだ。山下飛行長は「あれでいい。もう少し旋回したら、田淵と同じ事故だった」と上飛の決断を肯定している。

以上四名の上飛はいずれも、特乙一期の卒業者だ。特乙とは、乙飛予科練の志望者のうち十六歳六ヵ月以上の年長者を、予科練と飛練を合わせて一年強で卒業させる、急速養成コースで、一期生と二期生の大半が十九年六月末までに実施部隊に編入され、下級搭乗員として意外なほどの善戦を示す。この特乙一期と、一ヵ月ほど早く着任した甲飛十一期の若年搭乗員が「雷電」に搭乗したことについて、先任下士官だった松本さんは「よく乗ってくれたと思います」と回想する。

ところが、上には上があるものだ。十月初めに岩国に来た山下儀一《のりかず》飛長は乙飛十八期の出身で、二年近い正規の予科練教程を終えているので階級は上だが、飛練卒業は特乙一期の早期卒業者よりも七ヵ月おそい。各種予科練出身のなかで、乙飛十八期は実施部隊でまともに戦った最後のクラスである。山下飛長は同期生のうちでも最も若く、着任したとき十七歳を迎えたばかり。

十一月に二飛曹に進級した彼は、まもなく「雷電」の慣熟飛行を始める。翌二十年二月ごろからB－29邀撃の搭乗割に入り、多くは零戦に乗ったが、「雷電」でも出撃に加わった。

三三二空付で飛んだ同期六名のうち実戦配置は彼だけで、「雷電」乗りとしては最年少の記録保持者と言えるだろう。

もちろん、海兵出身の士官搭乗員も意気は高かった。林藤太中尉（九月に進級）は十月に零戦五二型での着陸時、第一旋回に入ったところで、エンジンの減速器から先がプロペラとともに飛散。前部風防にオイルがべったり付いて視界のきかない機を、第四旋回まで持っていって、「脚まで出して降りてきた」と松本上飛曹を感服させている。

当初、二機だけの「雷電」も、斉藤上飛曹らが厚木基地へ取りにいって徐々に増えてきた。三三二空は三〇二空や三五二空と異なり、「雷電」と零戦を画然と二隊に分けはせず、「雷電」に乗れる搭乗員も零戦を愛用した。

19年9月、岩国のエプロンに三三二空の装備機種がならぶ。手前左から零戦二二型、「雷電」二一型、後方が「月光」一一型。

「雷電」整備にいどむ

海軍が士官搭乗員の大量増員をもくろんで採用した五千余名の十三期飛行専修予備学生に対応する、整備士官要員が第七期飛行機整備予備学生だ。十三期飛行予学とは同格のあいだがらで、昭和十八年九月下旬、一〇〇〇名近い整備予備学生は、横須賀空に隣接する、整備教育専門の追浜《おっぱま》航空隊の隊門をくぐった。

彼らに予定された任務を考えれば、全員が大学あるいは高専の理科系出身者なのは当然のことである。機械、電気、化学、土木、冶金《やきん》、造船など各種各様の学科を専攻した若者たちの集団《コレス》だった。

一〇〇〇名は第十一〜第十八の八個分隊に分かれ、一個分隊が一二〇名前後。どの分隊も種々の学科の出身者が混在していたが、十八分隊だけは全員が機械科だった。飛行機整備に最もつながりが深いのは機械科だから、十八分隊は整備士官要員中の精鋭集団と見ても間違いではなかろう。

そのなかの一人、林英男予備学生は、大学時代と一八〇度異なる環境、訓練に明け暮れる日々を、欠かさず日記に記録した。真摯《しんし》で語彙《ごい》豊か、しかも歯切れのいい簡潔な文章は、整備予学の日常をあざやかに描き出す。そして、さまざまな出来ごとの順序と時期を正確に記録するタイムカプセルの役目を果たすのだ。

以下、林予備学生の日記の内容を軸に、七期整備予学と「雷電」の接点を追ってみる。

十一月中旬までは座学と、陸戦、棒倒し、短艇操作などの基礎教程。この五〇日間で娑婆《しゃば》気《け》を抜いて、心身を海軍の空気にならす。

十一月十五日から、本番とも言える専修教務期に入った。実機を相手の整備訓練が始まるわけで、その第一ページは、飛行不能の実習用九六式陸上攻撃機を前に、教員が一般的な説

追浜空で第七期整備予備学生たちが零戦二一型の実習作業中。難物「雷電」にくらべるとメカの面でも扱いやすい機材だった。

明を語り聞かせた。

伝染病のジフテリア患者が発生したため、このあと九日間は十八分隊の全員が隔離生活。二十五日になってやっと機体整備訓練に加わり、九六陸攻の脚の分解組み立て、タイヤのチューブ交換を習う。しかし、教材の陸攻は一二五名に対し二機しかなく、過半の者は代表者が扱うのを見学するしかなかった。

十二月四日の整備実習は、ひどい寒さのなかで進められた。〔九六の主翼の取外し。寒風吹き荒《すさ》ぶ中に、ギヤ（注・整備道具のこと）を奮《ふる》ふ整備員の苦労ぞこれ。結局ボルト折損し翼は外れず〕と林予備学生の日記にある。（以下〔　〕内は日記文）

九六陸攻との格闘を終え、零戦の整備実習に移ったのは十二月十日。二週間後の日記には〔機整（注・機体整備の略）は今日より、愈々《いよいよ》零戦の各部分解実習に入る。朝温習時、不時に零戦整備の筆記試験行はる。面喰《めんくら》ふ〕とある。

明けて昭和十九年、一月十四日から「金星」四

○型エンジンの整備実習にかかる。九六陸攻→零戦→「金星」四○型とこなせば、整備現場のリーダーとしての基本的技倆を身に付けたと言っていいだろう。

二月二十一日には、工場実習の予定が二期先輩の教官・松田政之中尉から伝えられた。民間の航空機工場で約一ヵ月の実地訓練にたずさわる試みは、六期までの整備予備学生にはなかった教育だ。十八分隊の大半が「雷電」または一式陸攻、すなわち「火星」エンジン装備機と聞かされた。

「雷電」との最初の接触があったのは二月二十五日だ。〔本日の補科は、分隊士の取計《とりはから》ひに依《よ》り、雷電（三菱局戦）の分解作業を教員が行ふのを見学した〕

翌二十六日の夕方、大本営発表でマーシャル諸島ルオット、クエゼリン両島の全滅を聞いた林予備学生は、ノートに憤りを叩きつける。〔あ、壮烈なる哉《かな》六千五百の勇士、今南海の孤島に玉砕せり。国民の血潮はたぎりにたぎる。断乎《だんこ》撃たざるべからず。（たった今でも、日本刀をひっ提《さ》げて第一線へ飛出したい。そして思ひ切りあの不倶戴天の「狂犬」どもを切って斬って剪《き》りまくってやりたい）こんな衝動に駆られるのは吾れ独りか…否、全国民の声だ、之《これ》が一億の声だ〕

二日後の二月二十八日に「金星」の教育が終了し、二十九日（注・昭和十九年は閏年《うるうどし》）から応用整備として「火星」エンジンに移行する。三月六日には〔今月も朝から晩まで発整（注・発動機整備の略）で日が暮れる。朝、温習時や体操の時間を利用して、脚が出ずに胴体着陸をやった一式陸攻と、雷電とを教材に貰《もら》ひ受けて来た〕

十八分隊の専修機材が確定し、三月十六日に発表された。一二五名の内訳は、「雷電」六〇名、「紫電」三三名、一式陸攻一七名、それに部品の修理工作担当の修補一六名。「雷電」と「紫電」はどちらも、機体、エンジンともに難物の評判が高い機だ。「紫電」はほかに十四分隊から専修者が出ているが、「雷電」専修は十八分隊の独占だった。さすがに機械科出身者専門の分隊と言ってよかろう。

「紫電」専修者の個人名が発表されたのは三月三十一日だ。このころには「金星」のメカニズムにも充分になじんで、当初二〜三日はかかった分解が一日でできるまでに腕が上がっていた。林予備学生は「紫電」ではなく、翌四月一日に発表の「雷電」専修者のなかに含まれていた。

四月十五日、「雷電」の実習が始まる。〔午前中、先《ま》づ迫田教官より雷電の沿革及び性能一般に就《つ》いての講義あり。午後より愈々発動機と機体に分れて教務に就いた。我々一部は機体よりやる事になり、割り当てられたＪ２Ｍ２と取組む〕

四月二十六日。〔今朝も総員起床と同時に直ちに「雷電」の整備作業に就く。食事も交代で取り、休憩もネグって大奮闘、やうやく午後を以て発動器の搭載も終り、試運転を待つばかりとなる〕

試運転は五月一日、二日と好調に進んだ。五月中旬にはエンジン組み立て、二十日にＶＤＭプロペラの実習が加わった。同じ日、着陸前の第三旋回で失速した機が山に落ち、二十二日には二機が飛行場でぶつかって大破炎上。「雷電」のトラブルの多さを目《ま》のあたりにした。

こうして、ひととおり「雷電」について学び終えた林予備学生らは、汽車で名古屋へ向かい、五月二十七日から工場実習に取りかかる。

まず三菱・名古屋航空機製作所略称・名航の港整備工場。〔今迄の隊の生活と違って、朝七時から夕方五時迄ほとんど休憩もなく、昼休み精々《せいぜい》二十分足らず、その他は全く飛行機に齧《かじ》りついてゐるのは、仲々努力を要する事である。実に苦しい事でもある〕と五月三十日にしたためた。彼らの仕事は、名航で完成した「雷電」を、試飛行可能の状態にまで整備する作業だ。

翌三十一日は待望の少尉任官の日。襟章《えりしょう》に加わった桜マークの重みを噛みしめつつ、担当機の整備を続行。二日か三日で完了するはずが、故障箇所があいついで、林少尉はついに担当の三十八号機の試飛行を見られないまま、六月一日に鈴鹿（白子）整備工場へ。港整備工場で整備ののち試飛行をすませた「雷電」に、部隊引き渡し前の最終整備をするところだ。

翌二日、港整備工場で扱った三十八号機が飛来。自分たちの整備した機の飛行を喜ぶとともに、鈴鹿工場での同機の最終整備を請けおった。

鈴鹿の作業は一〇日間で終わり、六月十二日からは名古屋市南部の名航で、工員にまじって「雷電」の生産を手伝う。林少尉らの仕事はエンジン装着だが、生産規模の小ささに落胆を隠せなかった。

市北部の名古屋発動機工場の見学をはさんで、二十一日まで名航で働き、最後の実習工場である住友金属の神崎工場（尼崎）へ移動。プロペラと調速器の実習を三日間やって、ほぼ一ヵ月に及んだ会社実習を六月二十四日に終了した。

実習後、林少尉は改めて「雷電」整備の難しさを感じた。エンジンそのものよりも、機体やプロペラを完調に維持するのが困難なのだ。容易な零戦の整備とは比較にならないほど難しかった。

三菱・鈴鹿工場の敷地内に置かれた「雷電」二一型の新造機。
横空や一〇〇一空から派遣された操縦員が試飛行を担当した。

七月八日、追浜空で任地の発表があった。「戦地勤務を熱望していたが、「今から呼び上げる者は内戦部隊」と最初に言った彼（注・学生長）の一語がいやに気にかかる。（どうぞ読み上げられない様に）（あゝどうか戦地勤務であれ！）。次々と氏名は読み上げられる。が自分の氏名は聞かれない。（この分ぢゃどうやら……）と思った瞬間「林ッ」。あゝ万事休す。霹靂《へきれき》のこの一語……瞬間眼前暗澹《あんたん》として意気全く消沈す。あゝ遂にわれ戦地に飛べず」

林少尉の赴任部隊は茨城県の神ノ池航空隊。七月十五日に退隊し、翌日に着任した。神ノ池空には「雷電」四～五機があったが、彼はまず零戦の整備分隊士として勤務する。

人格と技倆に隊員が心服した飛行隊長・神崎国雄大尉。大村基地での待機の折に写す。

三五二空、戦闘行動を開始

三つの防空戦闘機部隊のうち、すでにB－29との交戦の渦中にあり、急速な充実が必要とされたのが、大村基地の第三五二航空隊「草薙《くさなぎ》」部隊である。

司令・寺崎隆治大佐、副長・野村勝中佐、飛行長・小松良民少佐はいずれも、本来の基地の主《ぬし》である練習航空隊の大村空との兼務だった。昼戦隊と夜戦隊を統轄する飛行隊長には、初の「雷電」装備部隊だった三八一空で先任分隊長、ついで戦闘第三一一飛行隊長を務めた神崎国雄大尉、昼戦隊分隊長には、三三二空の前身・呉空岩国分遣隊の分隊長から転勤した杉崎直《なおし》大尉が補任された。

その下には大村分遣隊以来の植松眞衛《まもる》中尉、坂本幹彦中尉がおり、開隊直前に十三期予備学生の福山清隆少尉、細谷大七少尉らが、開隊当日に海兵七十二期の岡本俊章少尉、沢田浩一少尉、中西健造少尉ら七名が、実用機の錬成教程を終えて着任。水上機から転科のベテラン・川崎進少尉も同日に着任し、准士官には佐伯義道飛曹長、西村南海男《なみお》飛曹長といった熟練者がいた。

下士官の人選も悪くない。先任下士の熟練者・名原安信上飛曹や、艦隊航空隊での戦闘経

実戦で腕前をねり上げた三五二空のベテランたち。左の河野茂上飛曹は甲戦隊、中央の一木利之上飛曹（11月に飛曹長）と右の名原安信上飛曹（同）は乙戦隊に加わった。

験が豊富な河野茂上飛曹などのメンバーに、横空でJ2M1の実用実験に参加した一木利之上飛曹や、二番目の「雷電」部隊である三〇一空から転勤した三宅淳一一飛曹が加わった。一木上飛曹は中部太平洋で戦ったのちに、三宅一飛曹は三〇一空での殉職者の遺骨を運んで硫黄島へ出なかったために、それぞれ「『雷電』に乗っているから」という理由で三五二空に編入されたのだった。「雷電」経験者を集められるかが、防空戦闘機部隊にとって戦力アップの第一条件と見なされていた。

開隊から一ヵ月後の昭和十九年九月一日の保有機数は「雷電」一七機（うち可動四機）に対し、零戦四三機（同二五機）、「月光」四機（同三機）という状況で、やはり多数を占めるのは零戦だった。このため飛行隊長・神崎大尉は主力の甲戦隊（零戦隊）を直率《じきそつ》し、乙戦隊（「雷電」隊）は分隊長・杉崎大尉が指揮をとった。三五二空は、「雷電」分隊と零夜戦分隊に二分した三〇二空ほどではないが、甲戦隊と乙戦隊の搭乗員をかなり判然と分けており、「雷電」要員はしだいに零戦から離れていく。ただし、経験の深い搭乗員がみな乙戦隊にまわったわけではなく、なんどか試乗した河野上飛曹は「こんな不細工《ぶさいく》なのに乗れるか。俺は零戦の方がいい」と甲戦隊に残り、在隊中に零戦を駆って協同、不確実を含めB-29六機を撃墜する。ベテランの佐伯飛曹長も「雷電」をきらって、零戦に乗り続けた。

杉崎分隊長は乙戦搭乗員を人選し、すぐにも乗れる一木上飛曹と三宅一飛曹、厚木基地で受講した名原上飛曹のほかに、先任分隊士・植松中尉、西村飛曹長、葛原《くずはら》豊信上飛曹、岩坪正美上飛曹らが要員に指名された。兵搭乗員からも沢田幸夫飛長、平野光男飛長、それに特乙一期では一〇名ほどのうち「お前、顔が丸いから『雷電』向きだ」と分隊長の指名を受けた栗栖《くりす》幸雄上飛ら三名が選ばれた。

彼らのうち搭乗未経験者は、初の「雷電」二機を運んできた神崎大尉と名原上飛曹から黒板で講義を受け、地上滑走を何回かやって飛行に移った。栗栖上飛は前方視界の不良、着速の速さに加えて、急上昇しないと風圧で主脚が入りにくく、油圧計や筒温計から目を離せない、などの特異点を体験しつつ、しだいに乗りこなしていった。

しかし、動力系統の不調や故障は少なからず生じた。まず神崎大尉がエンジン故障で不時着。栗栖飛長機も進級当日の十月一日にスロットルレバーが効かなくなって、大村湾の箕島《みしま》（現・長崎空港）の付近に不時着水し、深傷《ふかで》を負いながらも沈みゆく機からかろうじて脱出できた。

この間に、三五二空の対B-29邀撃出動が始まっていた。八月十一日の未明、成都からの敵二四機が長崎、小倉、八幡方面に侵入、投弾し、大村基地から「月光」二機が発進したが、会敵の機会なく帰投した。これが陸軍に二ヵ月遅れた、内地における海軍防空戦闘機隊の初出撃である。

ついで八月二十日の午後二時すぎ以降、大陸の支那派遣軍（陸軍）からB－29の飛行情報が入電。済州島の陸軍レーダーに続いて、五島列島の宇久島や大瀬崎の海軍レーダーから目標捕捉が伝えられ、午後四時三十分には空襲警報が発令された。

しかし、三五二空からこの邀撃に発進したのは、神崎大尉以下の零戦延べ三三機と丙戦分隊長・井出伊武《これたけ》中尉指揮の「月光」四機だけで、「雷電」はゼロだった。八月を通じて「雷電」の可動機は一機もなかったのだ。

北九州に侵入したB－29は六七機。敵主力は八幡製鉄所を爆撃し、陸軍第十二飛行師団と交戦した。残る一部と戦った三五二空は甲戦隊が撃墜一機、撃破一機、丙戦隊が撃墜二機、撃墜ほぼ確実一機、小破二機を報じ、最終的に合計で撃墜三機、不確実撃墜二機、中破二機と記録訂正された。丙戦隊の戦果はすべて、三〇二空から派遣された遠藤幸男《さちお》中尉機によるもので、当初の彼の報告の撃破五機が司令部で改訂された数字である。

三五二空の「雷電」がB－29に弾丸を浴びせるまでには、まだ二ヵ月を待たねばならなかった。

「雷電」ふたたび浮上す

〝万能選手〟零戦の防空任務を、肩がわりするはずの「雷電」への航空本部の関心は、エンジン振動問題が長引いたために、しだいに薄らいでいった。さらに、三〇一空と三八一空の配備機で表面化した視界不良、故障の多発が、搭乗員たちの不評を買った点も、関心の後退に大きく影響した。

難問が出てくる以前に、海軍および軍需省が予定した、昭和十九年度（十九年四月～二十年三月）の合計生産数は実に三六〇〇機。年度末にあたる二十年三月の「雷電」の計画月産数は、本拠地の名古屋航空機製作所で二八五機、新設の三菱・鈴鹿工場で一五〇機、高座《こうざ》海軍工廠で一〇〇機、合わせて五三五機という大きな規模だった。

高座工廠は三〇二空の厚木基地に隣接して作られた、横須賀鎮守府に所属する航空本部系の海軍直属工場で、十九年四月に空技廠相模野出張所を拡大した組織である。ここに日本建鉄社が協力して、「雷電」を作る決定がなされていた。

だが、十九年三月までの不調や不評によって、「雷電」の生産規模は大幅に縮小された。この月に航空本部は、零戦と「雷電」、試作一号機が完成直前の十七試艦戦「烈風」、それに試作一号機の領収を目前にした川西の仮称一号局戦改（N1K2-J。のちの「紫電」二一型、すなわち「紫電改」）の性能比較を実施し、甲戦は「烈風」（A7M1。「誉」エンジン装備）の戦力化まで零戦の生産を続行、乙戦は「雷電」の量産を月産三〇機へと大幅にしぼって、川西の一号局戦改を増産する、との結論が出された。

横空から軍需省へ提出され、「雷電」の生産縮小に強い影響を与えた比較意見書は、次のような内容だ。

照明を消した高座工廠の擬装工場内で作られる「雷電」二一型の、胴体中央部分と主翼。敗戦後に米軍が撮影した。

最大速度：高度六〇〇〇メートルにおいて「雷電」二一型の三三〇ノット（六一一キロ／時）に対し、一号局戦改は三三五ノット（六三〇キロ／時）。
上昇力：「雷電」二一型の高度六〇〇〇メートルまで五分五〇秒に対し、一号局戦改は六分。

対戦闘機戦：「雷電」二一型は零戦に勝ち目なし。一号局戦改に対しても同様と思われる。ロッキードP‐38、ベルP‐39に対する格闘戦はやや有利だが、グラマンF6Fには相当の苦戦になろう。一号局戦改は速力と上昇力を利用すれば、零戦と五分五分か、それに近い程度に戦える。
対重爆戦：「雷電」二一型は火力、速力、上昇力、防弾のいずれも零戦に勝るが、航続力、視界、整備性（零戦の六割）の点では劣る。したがって零戦との併用が望ましい。一号局戦改は火力、防弾は零戦よりずっと優秀だが、整備性はやや劣る。

横空側はこれに加えて、一号局戦改は視界と操縦性にも優れるから着艦も可能で、「烈風」以上の性能を有する、と追記している。そして「雷電」を、零戦の後継機的な視点から評価する姿勢は変わらない。高橋巳治郎技師らには横空の意見書は納得し難かったが、いま再読してみると、「雷電」、一号局戦改ともに最大速度が過大（計測状況は不明）なほかは、個々の優劣評価はほぼ正確と思える。

早い話が、一号局戦改の最大速度が「雷電」二一型よりも速く、川西独自の自動空戦フラップにより良好な運動性を得られて対戦闘機戦にも有利な点に、航空本部は目を奪われたのだった。このまま方針が固まれば、「雷電」はごく少数の量産機を残して葬り去られるかに見えた。

しかし「雷電」を助ける、いくつかの要素が存在した。その最大のものは二一型の高度六〇〇〇メートルまで五分五〇秒（三菱測定値。海軍測定値は六分一四秒）という優れた上昇力である。これを、零戦五二型の七分一秒、昭和十九年十月に制式採用にいたる乙戦「紫電」一一型の七分五〇秒、二十年一月に制式採用の「紫電」二一型（「紫電改」）の七分二二秒と比べれば、容易に納得できる。上昇力こそは、いっときも早く敵の来襲高度へ駆け昇らねばならない乙戦にとって、欠くべからざる武器なのだ。

もう一つは、昭和十七年末に早くも一号機が完成し、難問続出の「雷電」のピンチヒッターを務めると思われた乙戦・試製「紫電」に、故障や不具合が続出して、制式採用が前述のように十九年十月へと遅れた不手ぎわだ。それに「紫電」は「雷電」にくらべていくらか御しやすいとはいえ、当然ながら零戦と比較されて、故障の多発や操縦性の点で搭乗員から不評が少なからず出た。

そのうえ、「紫電」の空戦性能は「雷電」よりも良好なため、制式採用以前の十九年夏から実施部隊に配備され始めると、零戦の性能不足をカバーする準甲戦的な存在とみなされ、乙戦の看板がなかば忘れられてしまった。この点は、遅れて登場した乙戦「紫電改」も同様である。新鋭甲戦の座につくはずの「烈風」が、航空本部側のエンジン選定ミスが主因で予定性能を出せず、実用化が大幅に遅れたため、その間隙を埋めるべく、やはり準甲戦として使われる方向へ進む。

結局、昭和十九年後半の時点で、純粋な乙戦は「雷電」しかなく、機数は絞ったけれども量産続行の措置がとられたのだ。五月の三九機、六月の四四機、七月の三四機をピークに、以後は月産二〇機以下のペースが続く。

ただし、本来なら「雷電」の生産拡大と「烈

谷田部基地エプロンの「紫電」一一甲型(手前)、「雷電」二一型(左端)、零戦五二型(中央遠方)をおさめた巧みな構図だ。ここでは零戦のほかは高難度のため有効に用いられなかった。

風」の量産開始によって、十九年十月には三菱側での生産にピリオドを打つはずだった零戦五二型を、主工場の名航で作り続けねばならず、「雷電」の生産は十九年夏以降、鈴鹿工場と高座工廠に移された。

ターボ過給機付きの三二型

本格量産型の「雷電」二一型を送り出したのちも、三菱では第二設計課の高橋技師の采配《さいはい》のもと、向上をめざしてJ2の改修を続けていた。以下、各改修型を三菱で着手した順、すなわち略記号の順に述べていく。したがって二一型、三一型など、変更を示す二桁数字の順とは違ってくる。

この識別数字は、二一型を例にとれば、十の位の「二」は機体が最初の量産型（一一型）に一度手を加えられたもの、一の位の「一」はエンジンが最初の量産型と同じであることを意味する。

やがて本土へ来攻するであろうB－29の推定性能が、陸軍の調査班によって昭和十八年末におぼろげながらもまとまり、ターボ過給機（排気タービン過給機）を使っての常用高度は一万メートルと推算された。空気の薄い高度一万メートルで、自在に動ける戦闘機は日本軍にはなく、邀撃不能におちいる恐れさえあった。これを解決する最も確実な手段としては、こちらもターボ過給機を装備すればいい。

航空本部は十九年一月、三菱にターボ過給機装備の「雷電」の試作を内示した。三八一空と三〇一空に一一型の少数が配備されただけ、二一型はまだ実用実験中のころである。「雷電」が選ばれたのは、太い胴体に装備品を組みこみやすく思われたからだった。

試案をまとめた三菱側は同年二月八日、空技廠の研究会でこれを説明。航空本部は応急改造を空技廠に、本格改造を三菱に担当させるよう決定し、三菱には試作二機の五月完成を要求した。

三菱では髙橋技師が、第二設計課の田中正太郎技師らをスタッフに配し、対B－29用兵器の実現を念頭に、張りきって改造設計作業に当たった。

まずターボ過給機（三菱製）の収容部を設けるため、二一型の機首を二〇〇ミリ延長し、エンジンの後方にあった滑油タンクと機首下面の滑油冷却器を、カウリングの前縁部に移した。効率を増すための中間冷却器は、スペースに余裕がなく非常に付けづらかったが、エンジン担当側から「取り付けないと、エンジンの性能低下と不調を招く」と注文されて、防火壁の前への設置を決めた。

また、少しでも余分に空気を取りこみ冷却効果を高めるため、カウリング正面の開口部を広げ、強制冷却ファンの直径を七五センチから八五センチに大きくした。エンジン取り付け部の防振対策も強化されている。タービン用の空気吸入口は機首左舷に付いた。

固定兵装は、後下方にもぐってB－29を落とせるよう、風防の後ろに九九式二号二〇ミリ機銃二梃（弾数各一五〇発。仰角三〇度）の斜め銃装備を予定した。翼内銃は堀越技師の記録では四梃装備だが、航空本部のデータでは重量軽減のため二梃に減っている。

これらの改修によって、全備重量が二一型より五〇〇キロも増して四トン近くに達するため、急激な引き起こし時の負荷倍数を、七から六に低下させた。降着装置も重量増加に耐えるよう、補強が施された。

このターボ過給機装備機は、J2M3（二一型）に続く型なのでJ2M4の記号が与えられ、機体の変化と、エンジンは同じ「火星」二三甲型でも排気タービンが付いたことから、「雷電」三二型と称された。

一方、空技廠ではターボ過給機の機体への装備を飛行機部の河東《かわひがし》桓技術中尉（五月に大尉）が、過給機とエンジン関係を発動機部第二課の宮城幸正技術大尉が担当し、まず一一型の改造にかかった。

かねてから空技廠では、九六陸攻などを使って排気タービン駆動の研究を進め、技術的な自信を持てる水準に達していた。空技廠改造型「雷電」用のターボ過給機が、三菱、日立、石川島のいずれの製品であったのかは判然としないけれども、宮城さんの回想では、耐熱ブレードに入手難状態のニッケルを充分に使えたから、過給機そのものはそこそこの性能を発揮できたようだ。中間冷却器は三菱改造型とは異なって、防火壁の後ろの胴体燃料タンクを小さくし、あいたスペースに収容した。

J2M4の試作一号機の完成は十九年八月四日。堀越技師から引き継いで陣頭に立ってきた高橋技師はこの日を契機に、ロケット戦闘機J8M（のちの「秋水」）の設計主務者の辞令が出され、新たなチームを率いるべく異動した。J2は第三設計課へ移されて、同課の櫛《くし》部《べ》四郎技師がリーダーを担当する。櫛部技師はJ2の設計スタート時のスタッフだった。
空技廠型ターボ「雷電」は実験色が濃い応急完成機なので、機首の延長をはじめ、大がかりな機体の改造はない。胴体前部の右側にタービンが出て、左側に空気吸入口があるのは三菱と同じだが、外板などの処理が及ばず排気移送管がむき出しの外観で、飛行機部の技術大尉（五月に進級）だった高橋楠正さんは「どちらかと言えば三菱のほうがスマートにできており、性能もよかった」と語る。両方の改造機に求められた役目を考えれば、予想どおりの順当な工作結果なのだ。

上：三菱の「雷電」三二型。試作のベースに二一型を用いたので正確には「二二」型と呼ぶべきか。側面の排気タービンも三菱製。下：三一型をターボ「雷電」に仕立てた航空技術廠製。タービン取り付け部まわりとカウルフラップの工作処理がいかにも荒っぽい。

空技廠型は十九年の夏に入って完成。やや遅れて三菱の三二型が、八月四日に一号機の完成審査を受けた。初飛行も同じ順序で、三三型は九月二十四日に進空した。その後、空技廠は後述の三一型改造の排気タービン機も製作し、三菱もさらに一機（ベースに用いた機の型は不明。二一型か）を完成した。

これらの機は、まず空技廠飛行実験部にわたされ、ついで三〇二空で試用されるけれども、結局は実用の域に達しなかった。ほかに、大村の第二十一航空廠でもターボ過給機装備機が作られた。二十一空廠型については、空技廠型と三一型の飛行状況と合わせて、次章でふれておきたい。

身を削った三三型と三一型

日本の排気タービン・システムの技術と経験は、アメリカに一〇年は遅れており、実用の域に達し得るかどうか分からない。そこで続いて着手されたのが、既存の技術を使って性能向上をめざす「雷電」三三型、J2M5である。

三三型で採用された処方箋《しょほうせん》は、エンジンの換装。

これまでの「火星」二三甲型エンジンの二速全開高度は、初期の三菱側カタログ値五五〇〇メートルが、再測定で四六〇〇メートル付近、空技廠側の測定では四一〇〇メートルでしかなかった。その改善手段が、一段二速過給機の扇車の大型化、吸入空気の通路拡大などで全開高度を六八〇〇メートルアップさせた、高高度性能向上型の「火星」二六甲型を装備する策だった。

同時に計画されたのが、指弾の的にされていた視界の改善で、風防の高さを五〇ミリ、幅を八〇ミリ増やし、前部固定風防からカウリング後縁まで胴体上部の両側面のふくらみをそぎ落とす〝痩身手術《そうしん》〟を決めた。また、風防の大型化で増加した空気抵抗を少しでも減らそうと、滑油冷却器の上半部をカウリング内に押しこみ、そのぶんだけ冷却器用空気取り入れ口のカバーが小型化された。大型化した風防は手で直接に開けにくいので、操縦席内のハンドルを回して開閉する方式を採用。

この三三型は、ターボ過給機装備の三二型と、十の位が同じ「三」なので、三二型も量産化した場合に同様の視界改善を予定していたと思われる。

三三型の試作機は一一型の四十二号機と四十八号機を改造して作られ、昭和十九年五月に完成、同月二十日に初飛行した。当初、滑油温度の過度な上昇や振動の発生、過給機の故障が見られ、離陸特性の劣化、上昇性能の不良もあって、一時中止の意見が海軍側から出されたほどだった。

名古屋発動機製作所に属する発動機研究所の泉技師、浅生技師らは不具合の改善に努力を傾注し、みごとに結実する。九月二十八日に横空審査部（空技廠飛行実験部を改編）の小福田少佐による試験飛行で、六五八五メートルの高度において最大速度三三一・八ノット（六一四・五キロ／時）、高度八〇〇〇メートルまで九分四五秒の高性能を発揮。材質低下、乱造傾向の普遍化によって大半の飛行機が性能低下をきたしているなかで、大いに注目を浴び、ターボ過給機装備の三二型に代わる存在と目された。

エンジンを「火星」二六甲型に換えた三三型は「雷電」各型中で最良の飛行性能を発揮した。カウリング下面の空気吸入口とカバーが小さいのが識別点。

ここにB－29の爆撃が襲いかかった。機体、エンジンともに生産が停滞して、ようやく先行生産一号機（一一型七十五号機を改修）が二十年一月二十七日に領収された。四月十日にはターボ過給機付きの三二型の中止と、三三型への全面的移行を、生産を管理する軍需省（十八年十一月に設置）が発令している。

しかし、新型エンジン「火星」二六甲型は、すぐには数がそろわない。ともかく不評の視界だけでも向上させようと、三三型と同様の大型風防を装着、前部胴体上方の左右を削りこんで、エンジンは「雷電」二一型と同じ「火星」二三甲型、滑油冷却器の空気取り入れ口カバーの形状もそのままにしたのが「雷電」三一型、J2M6である。十九年六月に二一型から改造の第一号機が完成、三菱・鈴鹿工場で数十機が作られて、年末以降「雷電」装備の各部隊（少なくとも四個航空隊）に配備された。

このほかに「雷電」二一型に、三三型と同じ「火星」二六甲型を装備した「雷電」二三型、J2M7があり、また「雷電」一一型と三二型を除く各型には、翼内機銃をすべて長銃身・高初速の二号銃にそろえたタイプが生まれて、「雷電」二一甲型（J2M3a）のように、基本呼称に「甲」または「a」が付された。火力強化と同時に、主脚と主桁の補強がほどこされている。完成審査は二十年二月二十五日。「雷電」二三型を含め、これらの各型は試作止まりか、ごく少数機が作られただけだ。

こうした改造による型式の変化とは別に、二一型の生産ラインの途中から、前部固定風防内に七センチ厚の台形の防弾用樹脂ガラスが装着される。敵重爆の銃塔からの集中火網に、まがりなりにも対抗するためだ。防弾ガラスはその後「雷電」各型の標準装備品に採用され、また既存の一一型、二一型にも取り付けられる。ただし、枠や支持架が視界をさまたげ、機体重量も当然増えるため、部隊で取り外すケースが少なくなかった。

風防を大型化し胴体前方の上側面をけずった三一型。三三二空・昼戦隊の矢原正義飛長がそばに立つ。

また、アルミ不足から胴体後半部と水平および垂直安定板の木製化がはかられ、のちに荷重試験まで進んだそうだが、実機の完成には至らずに終わる。

「雷電」の総生産機数は三菱で四七六機、高座工廠の五〇～六〇機（八八機？）を加えても、一時はライバル的に見なされた「紫電」

（一〇〇七機）の半分あまり、五三〇機ほどにすぎない。そのうち一五五機（全機三菱）が一一型、三三〇機強（三菱の約二八〇機と高座工廠の全機）が二一型である。しかし、「雷電」に対する海軍の期待は、昭和十九年夏からしだいに高まっていく。内地の防空専任の三個航空隊に配備された乙戦が「雷電」だけだった事実が、それを物語っているのだ。

第五章　B－29との対決

九州上空へ初出撃

昭和十九年八月二十日、B－29との空戦を終えて大村基地の指揮所に集まった第三五二航空隊の搭乗員たちは、「B－17より大きかった」「ここにも機銃があった」と黒板に絵を描き、工作科員に超重爆の模型を作らせた。

この日はすでに述べたように、敵の主力が八幡製作所へ向かい、一部が佐世保方面に来襲。これを追撃するかたちで交戦が展開されたため、三五二空の零戦隊は効果的な攻撃をかけられなかった。

交戦したベテランたちは、B－29の射撃兵装（一二・七ミリ機関銃一〇梃と二〇ミリ機関砲一門。のちにはほとんどの機から使いづらい二〇ミリ砲を除去した）の強力さを知って、これまで訓練してきた前上方攻撃では返り討ちになると判断。敵機と一〇〇〇メートルの高度差をとり、背面姿勢から降下に入って敵編隊の中央を突っきる、直上方攻撃の採用を決めた。

以後、この攻撃法の錬成に励みつつ、鈴鹿工場から「雷電」二一型を空輸して装備機数を増していった。整備員も取り扱いになれ始め、十月中旬には一〇機前後の可動機を確保できる日々が続いて、分隊長・杉崎直大尉の乙戦隊（隊員たちは「雷電」隊と呼んだ）は、ようやく邀撃《ようげき》戦力のかたちをなしてきた。

八月二十日に九州北部に来襲した、四川省成都に展開する第20航空軍・第20爆撃機兵団のB－29群は、その後の鉾先《ほこさき》を南満州の鞍山《あんざん》、ついで台湾に向けた。鞍山爆撃は戦略物資の鉄を生み出す昭和製鋼所をつぶすため、台湾空襲はフィリピン上陸作戦を前に、日本軍にとって後方基地に使う飛行場と航空機の修理・補給廠の破壊が目的だった。

台湾への戦術爆撃は立て続けに三回かけられ、十月十七日に終わった。第20爆撃機兵団は戦略爆撃任務に復帰し、九州北部に目標をもどした。

フィリピン戦支援の台湾空襲は別にして、これまで製鉄所への投弾を主体に戦力基盤への爆撃任務を続けてきた、インドおよび成都の第20爆撃機兵団は、十月中旬のワシントンからの命令で主目標を、爆撃降下がより早く出る航空機工場に変更した。十月二十五日、二ヵ月ぶりの九州爆撃に成都飛行場群から出撃したB－29は七八機。

支那派遣軍は十月二十五日の午前六時十分から一時間にわたって、上空を続々と東進する敵機を観測し、福岡市の西部軍司令部と山口県小月《おづき》の第十二飛行師団司令部に通報した。西部軍司令部に入った無電は、ただちに佐世保鎮守府と大村基地に伝えられた。

午前八時四十二分に済州島の陸軍レーダーが接近する敵機群を捕らえ、ついで八時五十五分、五島列島・福江島の大瀬崎にある海軍レーダーが、西北西約一七〇キロに不明目標を捕捉。佐世保鎮守府は午前九時三十分に空襲警報を発令した。

同時に三五二空は、大村上空に「雷電」八機と零戦二五機、長崎上空に零戦一六機、佐世保および長崎の西方九〇キロに「月光」六機の展開を命じ、各機はすぐさま発進にうつる。空襲警報発令から一〇分後、五島列島南西の女島《めじま》（男女群島）見張所は北東方向五〇キロに、佐世保方面へ向かう大型機編隊を目撃。高度は七〇〇〇メートルと判断された。

初戦果は撃破二機

三五二空の空中での総指揮官は、主力の甲戦隊を率いる神崎国雄大尉。乙戦隊は杉崎大尉、丙戦隊は井出伊武中尉が指揮しての総力出撃である。乙戦隊の「雷電」二一型一個小隊八機は四機ずつの二個区隊に分かれ、小隊長兼務の杉崎大尉と西村南海男上飛曹が区隊長だった。

本土上空における「雷電」の交戦は九州北西

インド北東部のシブサガール中継飛行場を発した第444爆撃航空群のB－29が、成都近郊の前進飛行場に着陸にかかった。数日後の10月25日にねらう目標は、大村の第二十一航空廠。

大村基地を出動する三五二空の「雷電」。左の垂直尾翼の赤い横線は小隊長機を示す。1個小隊は1 ～ 2個区隊だ。

部、高度八〇〇〇メートルで始まった。敵の来襲高度が高く、日本機中トップクラスの上昇力をもってしても、B－29の捕捉は容易ではなかった。また、この高度では爆弾投下後の敵機の速度は「雷電」の全速と変わらず、乙戦による初めての邀撃だったため射弾を浴びせにくかった。

ただ一機、有効弾を与えたのは、杉崎小隊の二番機の名原安信上飛曹。長機を掩護《えんご》するため、二番機にはベテラン搭乗員を置く場合が多い。彼もその例にもれない腕ききで、一機に火を、もう一機に白煙を吐かせた。この二機撃破が「雷電」にとって、以後一〇ヵ月にわたる対B－29本土防空戦の初戦果だった。

他機の行動はふるわず、杉崎大尉は戦果なく五島列島の飛行場に降りて燃料を補給。三〇一空で「雷電」を経験していた三宅淳一一飛曹の乗機は、エンジンが不調で大村基地の南東十数キロの諫早《いさはや》に不時着し、機体は大破したが一飛曹は無事だった。他の五機は顕著な行動を示すには至らなかった。

手なれた零戦を駆った甲戦隊は、機数が多かったためもあって、一応の戦果を報告できた。

沢田浩一中尉は、この日の戦闘で三五二空唯一の撃墜を記録したうえ、撃破一機を加え、神崎飛行隊長、川崎進少尉、佐伯義道飛曹長が率いる三個小隊も火や煙を噴かせる撃破を果たした。丙戦隊では井出中尉機が体当たり覚悟でB－29に発火させ、相討ちでエンジンに被弾、済州島に不時着している。

交戦の結果、三五二空が記録した合計戦果は確実撃墜一機、火を吐かせたもの五機（おおむね撃墜と判断）、黒煙を吐かせたもの七機（ほかに大村空の零戦が一機に黒煙。不時着の公算大と判断）に対し、被害は不時着が三機だけと軽かった。しかし、全体に三五二空が邀撃なれしていない感は否めず、またB－29の手ごわさが浮きぼりにされた。

機器材の難点について。

空戦が高度八〇〇〇メートルの高空域だったため、乙戦をふくむ各隊とも機銃の凍結（二七機）、エンジンのベイパーロック（五機。燃料移送管内に気泡を生じて燃料供給が止まる）が頻発《ひんぱつ》した。B－29の高速飛行により「雷電」ですら占位、捕捉が難しく、また二〇ミリ機銃の一撃を加えたぐらいでは撃墜できない。戦闘ののちに三五二空では「B－29編隊（単機飛行より速度が落ちる）の速度は二七〇ノット（五〇〇キロ／時）。零戦五二型では戦闘行動が困難」と中央へ報告している。この時点で、B－29と交戦した内地の海軍航空隊はまだ三五二空しかなく、貴重な戦訓と言えた。

第20爆撃機兵団・第58爆撃航空団の出撃機七八機のうち、五九機は主目標の大村・第二十一海軍航空廠に投弾、動員学徒ら二八五名を死亡させ、施設にもかなりの被害を与えた。二

「雷電」21型とB－29の比較

	「雷電」	B－29
全幅	10.80m	43.05m
全長	9.695m	30.17m
全高	3.945m	8.46m
自重	2490kg	32370kg
乗員	1名	11名
エンジン	離昇出力1800馬力×1	離昇出力2200馬力×4
最大速度	611km/時/高度6000m	581km/時/高度7620m
武装	20mm 機銃×4(計800発)	12.7mm 機関銃×10(計11500発) 20mm 機関砲×1(100発)

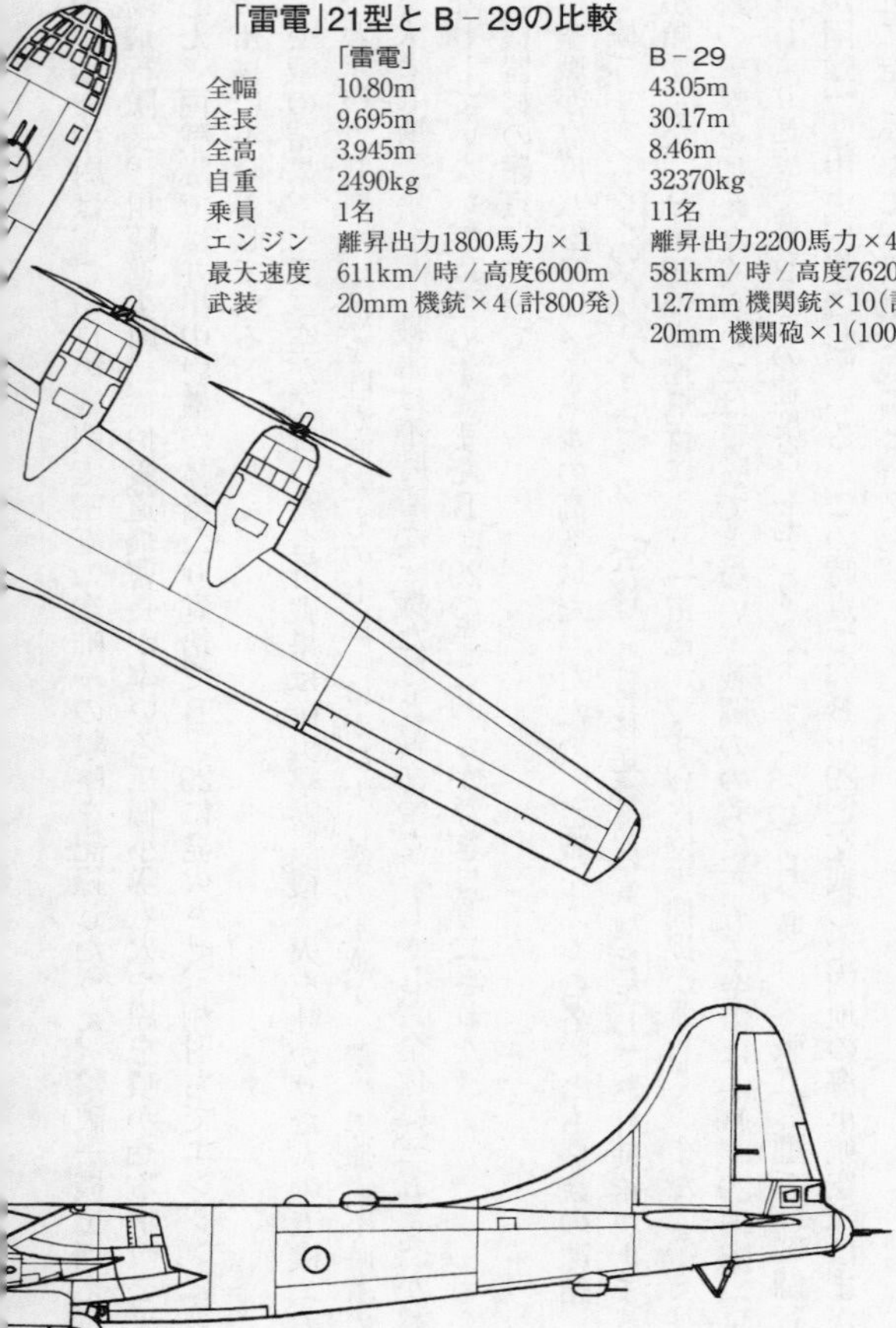

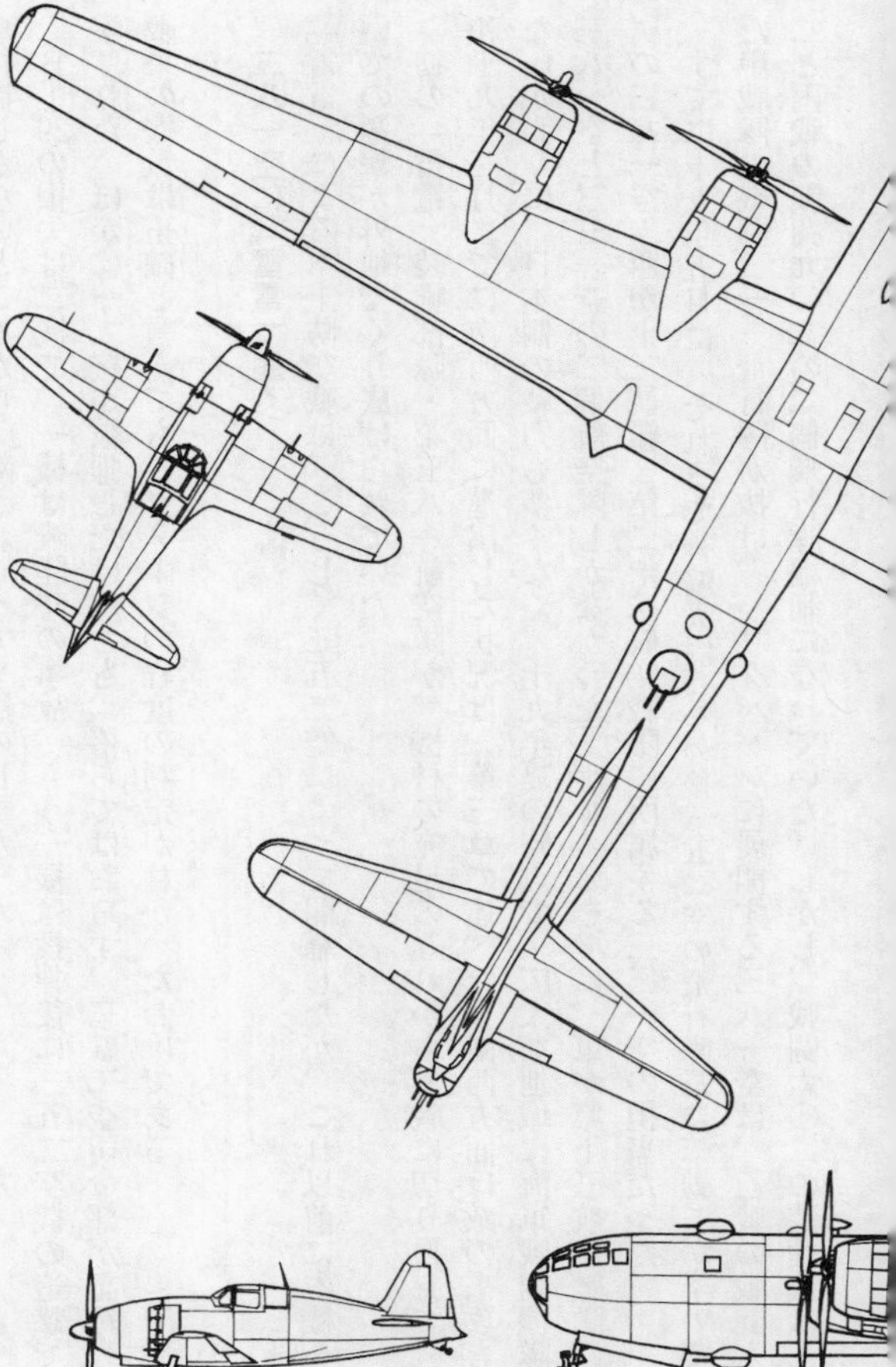

十一空廠はこのとき、零式観測機の量産と新鋭艦攻「流星」の生産準備、零戦をはじめとする海軍機の整備と修理を担当しており、ほかに九州北部の大規模航空機工場は福岡県の九州飛行機しかないところから、敵がねらって当然の目標だった。

B－29の損失は二機で、一機は離陸時の事故、もう一機は投弾後に三五二空機の追撃で撃墜された。ほかに一二機が被弾したけれども、落ちてはおらず、三五二空司令部が記録した戦果の機数は正確と言えても、ダメージの程度の判定が甘かったわけである。

三八一空に「雷電」届く

「雷電」による本土防空戦は、こうして三五二空によって開幕したが、これ以前に本機を用いての邀撃が外地でくり広げられていた。

初の「雷電」装備部隊・第三八一航空隊が、機材の充足の遅れから零戦に切り換えて、昭和十九年三月までに南西方面に進出した状況は、第三章で述べた。南西方面は敵の来攻も少ないかわりに、日本側の戦力も多くなく、十九年夏の時点で、広大な地域に海軍戦闘機隊は三八一空と三三一空の二個航空隊しかなかった。ボルネオを境に、東が第十三航空艦隊に直属の三八一空、西が十三航艦・第二十八航空戦隊に所属する三三一空の担当だった。

すでに十九年五月に、それまで神崎大尉（その後三五二空の飛行隊長に転勤）が率いていた甲戦隊の戦闘三一一飛行隊が抜け、バリクパパンに展開する三八一空は、乙戦の戦闘六〇二と丙戦の戦闘九〇二の二個飛行隊編制になっていた。しかし、戦闘六〇二の装備機は乙戦

ジャワ島スラバヤの南西方面航空廠・第三支廠の一角。右遠方に「雷電」(三一型か三三型らしい)が見える。座る人物は水偵隊の高橋飛曹長。

ではなく、規定に合わない甲戦の零戦だけだったのは既述のとおりだ。

ようやく八月、三八一空用の「雷電」二一型が船便でマニラに到着との知らせが入り、分隊長・林啓次郎大尉らが受領におもむいた。遅ればせながらの「雷電」の輸送は、ニューギニアから西進する米陸軍航空軍が、近い将来に日本海軍の一大石油供給地であるボルネオ島バリクパパンに、本格的空襲をかけるに違いない、との読みに基づいた措置だったのだろう。マニラで組み立てを終えた「雷電」は、無事バリクパパンに到着した。その機数はどれほどだったのか。

戦闘六〇二飛行隊長で少佐（五月に進級）だった黒澤丈夫さんの回想は、「『雷電』は四機来ました。その後、追加機がマニラに届いたとの話は聞いているが、レイテ戦の始まるころ（十月中旬）で取りに行けなかった」というもの。ところが、戦闘六〇二で「雷電」に深く関わる中尉の服部敬七郎さんは「林大尉たちが持ってきたのは十数機。そのあとの補充はありません」と言う。「雷電」到着と前後して着任した田村一少尉の「われわれ十三期（予備学生）は乗らないが、零戦より多いぐらい『雷電』がならんでいました」との記憶が、服部中尉の説明を裏づける。

戦時日誌には十九年九月一日の時点で、セレベス島ケンダリーに九機（うち可動七機）の存在が記されている。戦闘六〇二の「雷電」はケンダリーでは作戦していないので、おそらくマニラ～ミンダナオ島ダバオ～セレベス島メナド～ケンダリー～バリクパパンの空輸コースの途中だったと思われる。機数が若干少ないのは、フィリピンかメナドで故障の残留機が出たためだろうか。

三月上旬のバリクパパン進出以来「雷電」に乗っていなかった黒澤少佐が、四〇分間の操訓を久しぶりにこなしたのが九月八日。これらの事がらから考えて、戦闘六〇二にわたされた「雷電」二一型は一二～一六機、バリクパパンへの進出は九月の第一週に始まった、と推測できよう。

ほぼ一個分隊の機数がある「雷電」の長を決めねばならない。戦闘六〇二の分隊長は尾崎貞雄大尉（先任）と林大尉の二人だが、あちこちの基地に散らばる合計四〇～五〇機の零戦の管理で手いっぱい。次席の先任分隊士クラスは、当初からのバリクパパン進出組で予学十期出身の木下一周中尉、飛行学生を終えて七月上旬に着任した海兵七十一期の永仮《ながかり》良行中尉と海機五十二期の服部敬七郎中尉の、出身の異なる三名がいた。

乙戦隊指揮官のお鉢は、服部中尉にまわってきた。機関学校時代に「勝敗を決めるのは飛行機だ」と考えて、まったく異質な分野の飛行学生の募集に応じた中尉は、飛行経験は長くはなくとも、思いきりのよさと冷静な判断力を合わせもつ、生来の指揮官タイプだった。隊員の方はベテランの分隊士・岩本若松飛曹長を筆頭に、篠田英悟上飛曹、久多見《くたみ》政行上飛曹、成瀬一丸二飛曹らが黒澤少佐から指名された。

バリクパパンの飛行場は旧来のマンガルと設営（造成）中のスピンガン（第二飛行場。スピンガルとも呼んだ）の二ヵ所があり、「雷電」はスピンガンの完成を待ってマンガルから移動した。

その性格に、理論重視の機関学校での修業が加わったものか、「機材の好みは言わない。ある飛行機でやる」という、日本人操縦員としては珍しい観念を、服部中尉は持っていた。度胸を決めて離陸すればあとは回数、と割りきって操訓を開始。エンジンの力で吊り上げる高翼面荷重の機だから、エンスト時の事故の大きさが懸念されたものの、訓練は一機の損失もなく進んだ。

以後も失ったのは、北にあるタラカンへの十月の移動時に岩本飛曹長機がジャングルに落ちて行方不明になったのと、邀撃戦で篠田上飛曹が不時着したときの二機ぐらいという。消耗あいつぐ南東方面にくらべれば、格段に交戦が少ない三八一空は、人員・機材の損失もあまりなく、またバリクパパンの燃料廠が管理する、豊富で良質な航空用ガソリンが使い放題の恵まれた環境のもとで、訓練は自在にできたため、搭乗員の練度は高かった。この点は、十三航艦のもう一つの戦闘機部隊・三三一空（後述）も同じである。

また、もともとが「雷電」装備の防空部隊として編成された三八一空は、対重爆攻撃法の研究と慣熟にいそしみ、四月には、背面攻撃と呼んだ直上方攻撃や空対空の三号爆弾攻撃の機動訓練を始めていた。遅れてやってきた乙戦を受け入れるベースは、充分に用意されてい

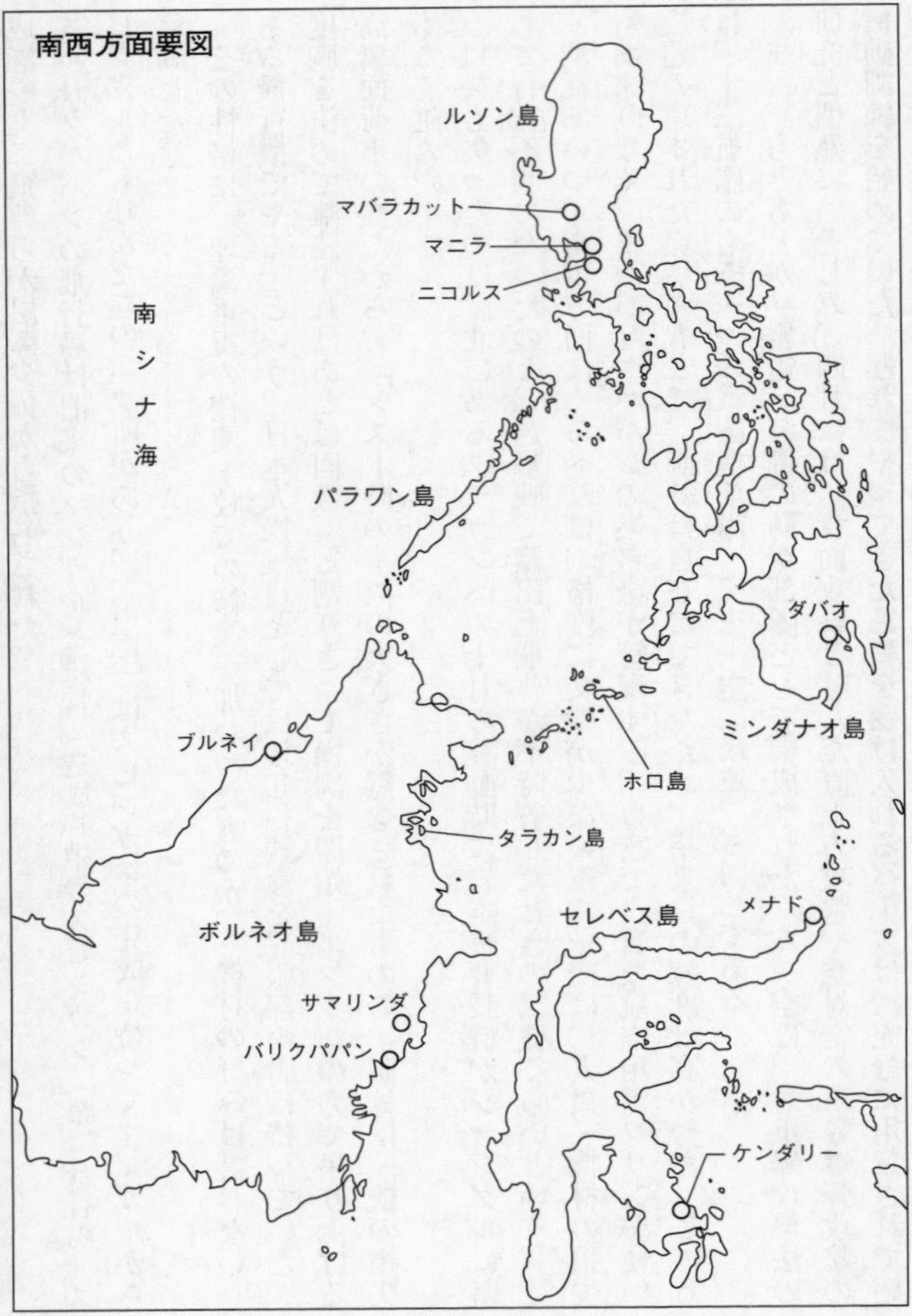
南西方面要図
ルソン島
マバラカット
マニラ
ニコルス
南シナ海
パラワン島
ダバオ
ミンダナオ島
ブルネイ
ホロ島
タラカン島
メナド
セレベス島
ボルネオ島
サマリンダ
バリクパパン
ケンダリー

たと言えよう。

バリクパパン邀撃戦

B－24、B－25爆撃機、P－38戦闘機がときおり来襲していた程度の三八一空の守備範囲が、騒がしくなったのは昭和十九年の九月に入ってからだ。

米陸軍はフィリピン攻略を前に、B－24の基地を得ようと、九月なかばのモロタイ島上陸を企画。まず周辺の日本軍航空基地の制圧に出た。二日、三日、五日と米第13航空軍の戦爆連合がセレベス島東北端のメナドに来襲。上平《かみひら》啓州飛曹長が率いる戦闘六〇二の零戦分遣隊は、三号爆弾と銃撃でB－24編隊に毎回かなりの戦果を報じた。バリクパパンに「雷電」が着いたのはこのころだ。

しばらく間《ま》をおいた九月末、米第13航空軍は第5航空軍の応援を得て、バリクパパンへの本格的な空襲を開始した。石油の生産と輸送をはばんで、日本の継戦能力を締め上げようとする戦略爆撃である。

連続大空襲の第一回は九月三十日。三個航空群からのB－24七二機は、西部ニューギニアのイリアン湾内にあるヌムフォル島を未明のうちに発進し、西へ二〇〇〇キロかなたのバリクパパンをめざした。B－24にとっては、ヨーロッパ戦線もふくめ、最長距離の昼間編隊爆撃行だった。

バリクパパンには三八一空のほかに、九月中旬から下旬にかけて、マレー半島西岸のペナンから移動してきた三三一空の零戦隊がいた。三十日の朝八時すぎ、西進する敵機群を捕捉とのレーダー情報が入った。両零戦隊がマンガル飛行場からつぎつぎに発進していき、最後に「雷電」がスピンガンを離陸する。

零戦隊は前方へ出て推進邀撃の態勢をとり、一〇機ほどの「雷電」隊は八〇キロ北のサマリンダの手前で待ち受けた。地上から敵の針路と距離が無線電話により相次いで送られてくるから、あわてる必要はない。

バリクパパンから四〇〇キロの空域で、最前方にいた三八一空・戦闘九〇二飛行隊の「月光」二機がB－24に触接。以後、零戦隊があいついで三号爆弾を投下し、直上方攻撃をかける。最後衛の「雷電」隊は、敵影を認めるや増槽を切り離し、服部中尉機を先頭に高位から突進した。

敵は四〇〇〇メートル前後と、「雷電」にとっていちばん機動しやすい高度を飛んでくる。掩護機ゼロの重爆だけの集団が相手だから、まず直上方、ついで正面攻撃や後上方攻撃を加え、空戦を有利に進められた。

三八一空と三三一空を合わせて延べ七八機が出撃。B－24撃墜七機（うち不確実二機）、撃破一〇機の戦果を報告し、損害は自爆、すなわち被撃墜が一機、大破（使用不能）が三機、被弾が六機で、採算が充分にとれた戦いだった。このうち「雷電」は少なくとも一機を落とし、損失機はなかった。

米軍の記録はどんな内容だろうか。

三八一空・戦闘六〇二飛行隊の服部敬七郎中尉は「雷電」隊を率いて果敢に戦った。筑波空で飛行学生当時、零戦二一型と。

先陣を切った第13航空軍・第5爆撃航空群のB－24二三機は、激しい「対空弾幕」に見舞われ一五機が被弾。手負いの重爆が日本戦闘機にたかられて、三機が墜落した。「対空弾幕」は明らかに三号爆弾の誤認である。三号爆弾は空中で炸裂して多数の黄燐入り弾子を撒布する、一種の空対空爆弾だ。二番手の第307爆撃航空群は損失をまぬがれたが、しんがりの第5航空軍・第90爆撃航空群も一機を失った。

バリクパパンの精油施設の上空は雲に覆われていたけれども、投下爆弾効果は得られたものと判断された。しかし、実際には有効な爆弾はほとんどなかったから、B－24四機損失は米軍にとって痛い出費だったわけだ。

B－24の指揮官たちは帰還後、日本の防空戦闘機隊の技倆が高く、冷静で効果的な攻撃を加えてきたと報告した。豊富な燃料を使っての猛訓練が、敵にも評価されたのである。そして三八一空と三三一空の辣腕《らつわん》は、十月三日の第二回空襲にも発揮された。

第13航空軍の二個航空群がバリクパパンに近づいて、あと五分で投弾というときに、約四〇機の戦闘機が降ってきた。攻撃は執拗《しつよう》で、一時間にもわたってくり返され、七機のB－24が撃墜された。うち一機は戦闘六〇二の内山敬三郎中尉機（零戦）の垂直降下の体当たりによるもので、中尉はジャングルに落ち戦死した。

この戦いでも「雷電」隊はバリクパパンに最も近い空域で待ち、戦果を確保できた。直上方攻撃は前回の経験から、水平姿勢で飛んでいて主翼の機銃の内側にB－24が入ったときに反転すると、ちょうどいいタイミングで射撃を始められる、と分かっていた。「雷電」を背面降下に入れ、高度差一〇〇〇メートル強の逆落《さかお》としのあいだに、一梃あたり三〇～五〇発の二〇ミリ弾を撃ち流し、敵機と十文字に交差するかたちで下方へ抜けるのである。

戦爆連合で来襲

二回の爆撃行で合計一一機を失い、バリクパパンの防御の固さを知った米陸軍航空軍は、B－24だけでの進攻を断念、次の出撃には三つの対策を付け加えることにした。

一つは前々夜からのB－24少数機による日本軍搭乗員の休息を妨《さまた》げる夜間侵入、二つ目はレーダー攪乱用のアルミ箔《はく》の撒布、そして三つ目は言うまでもなく戦闘機隊の同行だ。一つ目と二つ目の対策はさほどの効果をもたらさなかったようだが、三つ目は特効薬に値した。

十月十日、バリクパパンに来襲したB－24は一〇七機。これに、占領してまもないモロタイ島からの第5航空軍のP－38「ライトニング」一一機とP－47「サンダーボルト」一六機がついていた。P－38は重爆隊の直掩、P－47は前路掃討の任務である。

三八一空でも「そろそろ戦闘機が来るかも知れない」との話は出ていたものの、レーダーでは戦爆連合かどうかは分からない。これまでの二回の戦いと同様に、三三二空とともに零戦隊は推進邀撃、「雷電」隊はバリクパパン付近上空に待機する配置がとられた。

零戦隊の最前衛が予定空域に達したころに、いきなり上空からP－47が降ってきて、空戦が始まった。奇襲されての劣位戦という最悪のパターンで、反撃しがたい零戦はたちまち苦戦におちいった。

この点、精油所直衛の「雷電」隊はまだ恵まれていた。敵戦闘機の随伴を確認する時間があったからだ。「三回目はくっついてきやがった!」。B－24群の上空にチカチカ光る敵影を認めた服部中尉は、P－47、P－38との交戦を避けつつ、篠田上飛曹、久多見上飛曹ら列機とともにB－24を襲い、煙を吐かせて撃破を記録した。

米戦闘機隊は前半をP－47、後半をP－38が戦って、前者は一二機、後者は六機の確実撃墜を報告した。第5航空軍はニューギニアで日本陸軍機と戦ってきたため、零戦を一式戦「隼」、「月光」を二式複戦「屠龍」などと誤認しているが、撃墜合計一八機の正しい内訳は零戦一五機、「月光」三機で、三八一空と三三一空の零戦の損失が一二～一三機にものぼっている(「月光」は不明)から、かなり正確な数字と知れる。

この空戦で、三八一空開隊時からのメンバーであり、横空で早々に「雷電」の操訓を受けた分隊長・尾崎貞雄大尉も、零戦で上がったまま帰らなかった。「大尉は活発な人で、かつ部下への気配りをおろそかにしない人格者でした」と服部さんは回想する。尾崎大尉は予学

10月14日、ボルネオ島バリクパパンの精油所を空襲する第13航空軍のB－24。P－47とP－38が随伴して三八一空機の邀撃をはばんだ。巨大な黒煙が被爆の精油所からわき上がる。

出身でも現役編入をすませており、本来なら戦闘六〇二の飛行隊長に補されていいキャリアをもっていたが、黒澤少佐が十月下旬までこの職にあったため、先任分隊長のままだった。

三八一空と三三一空は、出撃機数では敵戦闘機に勝っていたのが有利な点で、スタートは不利な態勢ながらB－24四機とP－47一機を撃墜（米側記録の実数）した。しかし、精油所への投弾は妨げきれず、黒煙が天高く立ち昇った。

四回目の十月十四日の空襲には、随伴する戦闘機の数はいっそう増え、第13および第5航空軍B－24の九八機は二機を失っただけで精油所に大きな被害を与えた。護衛のP－47とP－38は実に三五機もの日本機撃墜を記録しているが、これはいかにもオーバーな戦果で、二〜三倍ほどにも膨らんでいよう。

十四日の米戦闘機隊の撃墜リストには、十日の場合と同様に零戦を「オスカー」（一式戦「隼」の連合軍側呼称）と書いたケースが多い。さらに「トージョー」と「トニー」がいくつか混じっている。

「トージョー」は二式戦「鍾馗」、「トニー」は三式戦「飛燕」を指す。二式戦はずんぐりした胴体に小さな翼を付け、三式戦は風防の後方に胴体につながるレイザーバック式で、機首を絞りこんだ液冷機だ。

バリクパパンには多数の日本陸軍戦闘機がいる、と信じこんでいる第5、第13航空軍の戦闘機パイロットたちが、初めて「雷電」を見て帰還し、日本機識別図と照合して二式戦あるいは三式戦と判断する可能性は充分にある。彼らもP－47を四機、P－38を一機失ったほどの混戦では、相手の機影をじっくり覚えこむような暇はないからだ。

四日のちの十月十八日に実施された五回目の空襲では、要地上空を雲が厚く覆っていて、邀撃戦には至らなかった。これでバリクパパンへの大規模攻撃は終わり、三八一空と三三一空は米陸軍航空軍に通算B－24二二機、戦闘機九機を失わせた（どちらも途中の不時着大破などを含む）かわりに、零戦隊の戦力も半分に減りこんだ。戦果の一〜二割をあげたと推定できる「雷電」隊は、被弾機こそ毎回出たけれども、搭乗員にも機材にも喪失はなかったといわれる。

フィリピン進出とその後

昭和十九年九月下旬に本格化したフィリピン航空決戦に、海軍も陸軍も持てる戦力の過半を投入していった。三八一空もこの例にもれず、十月十九日から下旬にかけて黒澤少佐以下、戦闘六〇二飛行隊の零戦は全力でルソン島中部のマバラカット基地に進出した。バリクパパンへの五回目の空襲のすぐあとである。

残ったのは、分隊長に補任されたばかりの服部敬七郎中尉が指揮する「雷電」隊だけだ。零戦がいないので、各種の任務を代行せねばならず、邀撃や基地の上空哨戒は言うに及ばず、ホロ島（ボルネオとフィリピンのあいだ）から引き揚げてくる陸軍船団の上空直衛まで請けおった。「雷電」を保有（一時的なケースを含む）した全一三個航空隊のうち、乙戦の任務とはかけ離れた船団直衛に使ったのは三八一空だけだ。

まもなく「雷電」隊にもフィリピン進出の命令が出た。服部分隊長以下、出動可能全力の一二～一三機がブルネイ～パラワン島経由でマニラ近郊のニコルス基地に着いたのは、彼が「さかんに特攻機が出ていた」と語る状況から、十月二十七日～十一月一日のあいだと思われる。先発の黒澤少佐らの零戦隊はマバラカットで乗機を特攻隊用に召し上げられてしまい、鈴鹿へ新機受領におもむいていたが、特攻用にはおよそ不向きなうえ、特攻隊員が操縦できない「雷電」は、欲しがられなかった。

「雷電」隊の任務は、ニコルス基地と首都マニラの防空にあった。しかし十一月は日米両軍ともレイテ島、ミンドロ島など中部フィリピンを中心に航空戦を展開しており、マニラ周辺へは艦上機の空襲があるだけなので、「雷電」に出撃の機会はなかった。モロタイ島のB-24はマニラまで飛んでこられなかったのだ。

邀撃待機のまま一ヵ月ニコルスにいた「雷電」隊に、防空用航空兵力が皆無の二十八航戦司令部（三八一空は十月一日付で十三航艦司令部直属から二十八航戦に編入）から呼びもどしの声がかかった。バリクパパンに帰着したのは、服部分隊長が大尉に進級してまもない十二月三～四日ごろである。

マニラ南東のニコルス基地にフラップを出した「雷電」二一型の破損機が放置されていた。三八一空がらみの機材に間違いないだろう。左奥に二五二空の零戦が見える。

皮肉にもB－24少数機が、レイテ島からマニラ上空に初めて現われたのが十二月三日。パラオからのB－24群が二十日から、マニラ北西のクラーク基地群に昼間空襲をかけ始めた。「雷電」隊の進出は三週間ほど早すぎたのだが、もしも会敵時期だったなら、第5航空軍・第V戦闘機兵団のP－47、P－38に苦汁を飲まされたに違いない。

四～五日たって内地から飛行長に昇格の黒澤少佐が、またしばらくして後任飛行隊長・林啓次郎大尉らが新しい零戦を持ってマンガルに帰ってきたが、出発時にくらべ、転勤などで戦力は半減していた。服部大尉以下の「雷電」搭乗員は、零戦を併用しつつ上空哨戒や邀撃を続けた。バリクパパンへの空襲は散発的で、九月末から十月中旬にかけてのような大規模空襲は見られず、ときどき少数機が飛来する程度だった。

「雷電」のフィリピン進出とすれ違いで着任した、整備隊ナンバー・ツーの中尉だった松田政之さんは、「バリクパパンにいた機の大半は零戦だった」と回想する。「雷電」の過半は、ニコルスに残置されたもののようだ。

残ったのは二機

精油所が手ひどくやられたとはいえ、三八一空が使える燃料はまだ豊富にある。昭和二十年の元旦を迎えての正月飛行は、可動全力で実施した。着陸後、B－24一機が偵察に飛来。ただちに零戦と「雷電」合計十数機が再発進し、袋叩きに撃墜してしまった。

二月のある夕方、B－24が単機で接近中との情報が入った。スピンガン飛行場の機材はすでに列線を払って掩体壕に入れ、「雷電」二機だけがエプロンに残っていた。いつも率先出撃の服部大尉は久多見上飛曹を列機に選んで離陸、タイミングよく捕捉でき、協同攻撃によって激しく火を吐かせた。攻撃のようすは地上から望見され、夜設（夜間着陸用の灯火）がいるほどの暗さのなかを着陸した大尉に、司令・中島第三大佐《だいぞう》が「うまいこと火をつけたね」とねぎらいの声をかけた。薄暮の空をバックにB－24は真っ赤に光り、とても基地へは帰れないと知れる状態だった。

二十年四月、連合艦隊司令部から南西方面の戦闘機隊の内地帰還命令が出された。フィリピンが敵手にわたったから、南西方面の資源を内地へ運ぶ手段はほとんど断たれ、この方面

敗戦後、英軍に引きわたされてマレー半島上空で連合軍航空技術情報隊の飛行テストを受ける、三八一空（再編による別内容の部隊）の「雷電」二一型。

の戦略的価値は激減した。三月下旬から南西諸島、沖縄方面への攻撃が始まったのにともない、十三航艦の戦力を九州、台湾へ移す策が決まったのだ。戦闘六〇二の装備機と戦闘九〇二の「月光」は、ジャワ島スラバヤに集結を開始する。

バリクパパンから飛べる機が全部出たあと、格納庫の中に被弾と部品待ちで飛べない「雷電」二機、零戦一機が残された。整備分隊長の松田大尉（三月に進級）の指揮により、これら三機を飛行可能な状態に仕上げられ、本隊のあとを追わせる準備が整った。

「火星」そのものは完成度の高いエンジン、と判断する大尉にとって、修復はみごとに果たせたが、問題は離陸後にあった。爆撃で穴だらけの滑走路は、人力で平坦にしただけなので軟らかく、飛んでから不具合を生じてUターンしても、降着すなわち転倒、の可能性が非常に高かった。だが一発勝負は成功し、三つの機影はやがて空に溶けこんで見えなくなった。

スラバヤへの機材集結は四月下旬までに終了。五月六日、ジャカルタのチリリタン飛行場経由でシンガポールに到着し、三三一空の零戦隊と合流した。

ここから内地まで、サイゴン〜海南島〜アモイ〜上海経由で飛ぶのだが、航続力の小さい「雷電」三機（二一型二機と追加の三三型一機？）はシンガポールのジョホールバル飛行場に残される処置が決まった。大村に着いた戦闘六〇二の搭乗員たちは、豊富な燃料で培《つちか》った腕を、第三四三航空隊司令の源田実大佐に見こまれ、転勤して「紫電改」に乗る。

「雷電」はその後、各機種混成へと内容が一変した三八一空に引き続いて配備された。敗戦を迎えて英軍の捕獲機材にふくまれ、東南アジア方面航空技術情報隊の手によって、少なくとも二機の二一型がテスト飛行に使われている。

この二機が松田大尉らの修復したもので、バリクパパンからシンガポールへ移動のさい、三八一空が持っていた可動「雷電」のすべてだったともいわれる。

上海でも装備スタート

超重爆B－29の九州北部爆撃は、「雷電」装備のナンバー航空隊の増加を招いた。上海に展開する第二五六航空隊がそれだ。

中国大陸の航空作戦は陸軍の担当だったため、内陸部に海軍航空隊は置かれず、大陸の沿岸部や周辺海域を受け持つ支那方面艦隊の航空兵力も、小さな規模だった。昭和十九年秋の時点で、支那方面艦隊司令長官の麾下《きか》にあった戦闘機のナンバー空は、華中・上海郊外の竜華基地にいた二五六空と、華南・海南島三亜基地の二五四空の二個航空隊で、ともに特設飛行隊制度は導入されず、定数も最小限の二四機とされていた。

任務は重要港湾の防空と海上交通の保護にあった。後者用として少数機の艦攻隊（二五六空は水偵隊も）を持つ、いささか異色の戦闘機部隊である。

竜華基地の二五六空幹部。左から分隊長・芝田千代之大尉、飯野伴七中尉、司令・西田正雄大佐、艦攻隊の佐々木庄中尉。

十九年二月に上海・江湾の戊《ぼ》基地で開隊した二五六空は、練習航空隊の上海空と同居していたが、整備が概成した市内の竜華飛行場へ九月中旬に移動。このときの司令は西田正雄大佐、副長兼飛行長が大宮雅郎少佐、戦闘機隊長が水上戦闘機から転科した山崎圭三大尉という幹部メンバーで、飯野伴七中尉、山下正也中尉、金子忍中尉ら海兵七十二期出身者、大野晃少尉、長井謙二少尉ら十三期予学の前期組が七月〜八月に着任し、「星が一つあれば夜でも飛ぶ」と言いきる超ベテランの分隊長・芝田千代之《ちよゆき》大尉の指導で、実戦用の訓練を受けた。

「雷《かみなり》」部隊と自称していた二五六空は、十月一日の時点で零戦二二機（うち可動一四機）を装備していた。ここに「雷電」の配備が決まったのは、それまで空襲を受けていなかった上海にB－29が来襲する恐れがあるのと、九州爆撃の往復途上で上海に近い空域を通る超重爆の邀撃にあったと思われる。

十月十一日から十三日にかけて、山崎飛行隊長がひきいる零戦一〇～一一機はフィリピン進出のため台湾へ向かった。これと前後して、上海残留の飯野中尉が児玉行弘上飛曹、栗原正吉上飛曹を連れて、鈴鹿工場へ「雷電」二一型を受領に出かけた。

鈴鹿には二五六空向けの「雷電」三機が用意されていた。三菱のテストパイロットから要目を聞いて地上滑走ののち、離着陸の訓練に移った飯野中尉は、視界の悪さや上昇角度の大きさなどを味わった。離着陸に慣れると、続いて特殊飛行を試す。背面飛行をやってみると、操縦席にたまっていたひどい埃《ほこり》とスパナーが落ちてきて、中尉を驚かせたが、さらにびっくりする事態が起こった。正常姿勢にもどしたら、エンジンが停止したのだ。

しばらく空転していたプロペラが止まると同時に、「雷電」は機首を下げ始め、四五度の降下に移った。さいわい飛行場は下にある。行き足を増し、高度が三〇メートルまで下がったところで、じりじりと引き起こしを開始。電気駆動の脚を出して、間一髪でみごとに着陸した。地上で見ていたテストパイロットは、「いや飯野さん、だめかと思った」とホッとした表情で語りかけた。

エンジン停止の原因は、燃料タンク切り換えコックの目盛りのずれにあった。三九〇リットルの胴体タンクを示していたのに、実際には一つずれており、二個で一八〇リットルしか

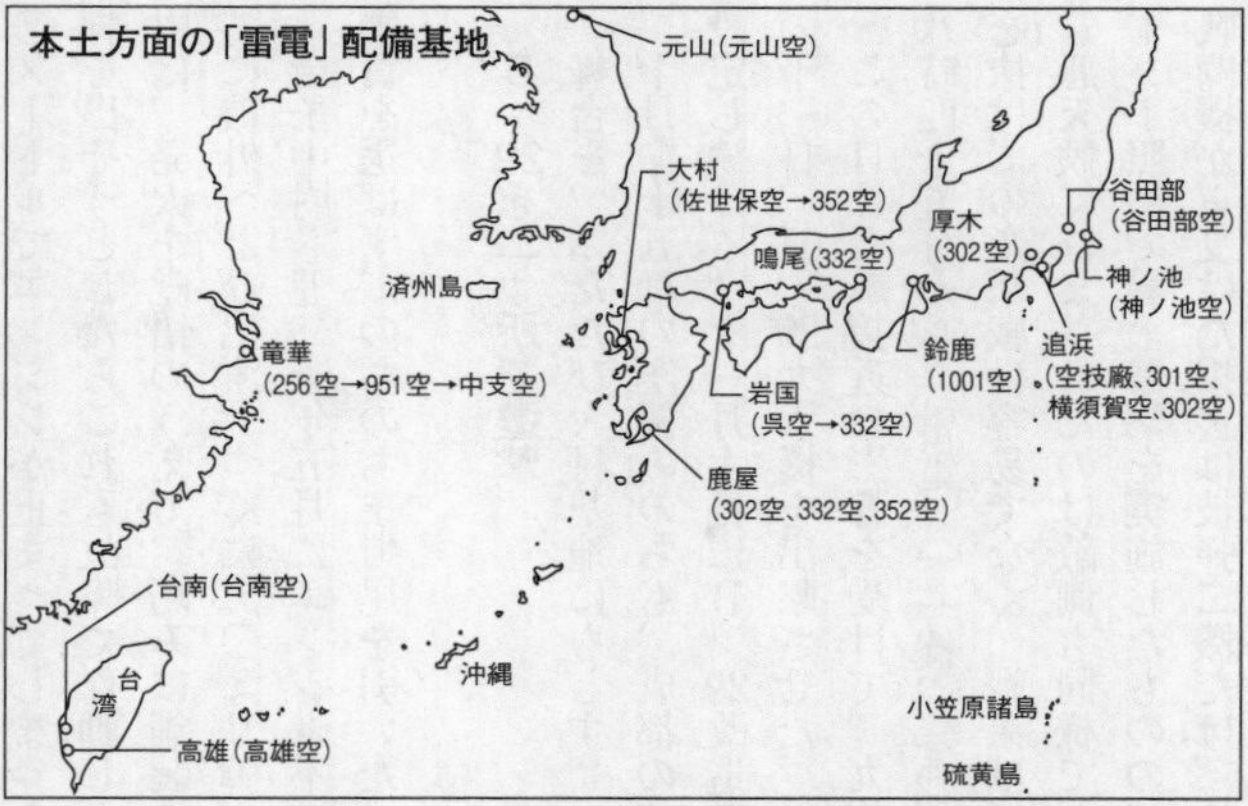

入らない翼内タンクの燃料が使われていたのだ。明らかに製造上のミスである。

魚雷のような長い四〇〇リットル入りの大型増槽を付けた「雷電」二一型三機は、十月十五日に鈴鹿基地を発進し、大村に降りて燃料を補給。ここから済州島上空付近まで飛び、変針して竜華基地に到着、「雷電」では異例の三時間半の飛行を達成した。

竜華では飯野中尉ら空輸員が隊員に搭乗法を教え、大柄な金子中尉のように「俺は零戦よりも『雷電』の方がいい」という者も出た。激戦のフィリピンから十一月中旬にもどった、甲飛予科練一期の老練な豊田一義少尉も、「操縦そのものは困難ではないし、着陸速度が大きいのも困らない。上昇力、加速のよさが気に入ったが、離着陸時の視界の悪さとエンジンの信頼性不足が難点」と正確に呑みこんでいる。

豊田少尉が試飛行に上がったとき、高度四〇〇〇メートルでエンジンが止まってしまった。眼下に飛行場を視認しつつ滑空で降りていき、脚を出そうとしたらこれも故障で作動しない。部隊で二番目に長い飛行キャリア六年半の少尉は、発火を覚悟のうえで、巧みに舗装滑走路への胴体着陸を敢行し、行き足が止まると同時に機外へとび出す。すぐに二〇ミリ弾が暴発し出し、まもなく「雷電」は炎に包まれた。

金子中尉も翌二十年五月にエンジン不調で畑に不時着するなど、動力系統のトラブルは搭乗員を選ばず、のちのちまで尾を引いた。

B-29を二ヵ所で邀撃

舞台を、ふたたび大村基地にもどす。

十月二十五日の空襲ののちも、成都の第20爆撃機兵団は依然、第二十一航空廠を主目標に設定し続ける。十一月六日にB-29改造のF-13一機を大村上空へ写真偵察に出し、五日後の十一日、B-29九六機を出撃させた。

この日は台風接近の影響を受けて、九州上空は厚い雲に覆われていたが、三五二空は午前八時四十五分から「雷電」一一機、零戦三三機、「月光」九機を出撃させた。しかし、密雲を抜けての邀撃戦は容易でなく、戦果はほとんど上がらなかった。

悪天候に悩まされたのは敵側も同様で、B-29の巨体は悪気流に揺さぶられ、二九機のレーダー照準で雲上爆撃を実施したものの、二十一空廠には被害を与えられなかった。日本軍戦闘機から受けた損害は被弾二機だけ。地上砲火で一機が撃墜されたほか、四機の超重爆が強風にもまれて行方不明で帰らず、うち一機はソ連領に不時着している。

主目標爆撃をあきらめた二四機は、南京方面へ向かい、それぞれが適当な目標を見つけて投弾した。この一部の九機を上海の空域で迎え撃ったのが、「雷電」配備後まもない二五六空である。

第一次発進の主力は厚地《あつじ》篤彦《あつひこ》中尉がひきいる零戦六機だが、金子中尉の搭乗する「雷電」一機がまじっていた。B-29一機を発見し、射弾を送ったものの効果不明に終わり、零戦の指揮が芝田大尉に代わった第二次発進も同様だった。

大村方面への空襲による日本側の被害は軽微だったけれども、二十一空廠に隣接する大村基地に二四発もの命中弾（実際には二十一空廠をねらってそれた爆弾）を受けた。雲上爆撃を可能にする米軍の電波兵器の威力に驚かされた三五二空では、敵が今後も高高度からのレーダー爆撃をかけてくる可能性があると見て、「月光」隊を索敵をかねて前方に配置し、その連絡を受けて、後方約一〇〇キロの高高度に待機した甲、乙戦隊が襲いかかる、二段構えの対抗策を案出した。

この間に三五二空の乙戦隊は機材の充実に努め、三菱・鈴鹿工場から「雷電」の空輪をかさねたから、保有機は十一月二十日までに二七機に増えていた。空輸する機はいずれも増加タンクを懸吊装備する。離陸時に胴体タンクを使ったのち、すぐ増槽に切り換え、これをギリギリまで使って投棄し、また胴体タンクにもどすのだが、各タンクの切り換えコックが固く、多くの搭乗員に冷や汗を流させた。

11月21日の大村・二十一空廠爆撃のため、インド東北部の中継地から成都近郊の飛行場へ飛ぶ第677爆撃飛行隊のB－29。雲の下はヒマラヤ山脈だ。

ついに超重爆を撃墜

十一月十七日、F－13が九州北西部の空域に侵入。ついで十九日から二十日にかけ、支那派遣軍から「インドのB－29が成都に集結中」との連絡が伝えられ、続く大村空襲に備えて三五二空は警戒態勢に移行した。

十一月二十一日、早朝から支那派遣軍の敵出撃情報が入ってきた来襲確実と見た三五二空は、済州島と大瀬崎のレーダーが捕捉する前の八時二十分に、作戦どおり「月光」八機を大村西方一九〇キロに送り出す。

「雷電」一六機、零戦三一機は午前九時四分から発進を始めた。大村空の零戦一〇機もこれに続いて、いずれも丙戦隊の後方一〇〇キロに待機する。雲が二層に広がり、機位の判定は困難だった。

三五二空の作戦は的中し、前衛の「月光」各機は、来攻するB－29編隊をつぎつぎに発見。うち一機が最初の撃墜を報じた。敵第一梯団《ていだん》は七五〇〇メートルの高度で大村地区上空に侵入を始めた。これに乙戦隊と甲戦隊が突進し、零戦は三番（三〇キロ）の九九式三号爆弾を投下して敵編隊の混乱をめざす。

11月21日に長崎県小長井沖に撃墜された770爆撃飛行隊のB－29。浅瀬なので機体が露出しており、まもなく回収される。

この日の空戦は、敵の来襲高度が五五〇〇～七五〇〇メートルと、日本戦闘機にとって行動しやすい条件だったため、三五二空は存分に戦い、乙戦隊も初めての撃墜戦果をあいついで報告できた。

四機の区隊長の一木利之飛曹長は、五島列島と九州の中間の洋上で一機を落とし、同じく区隊長の名原安信飛曹長と、植松眞衛中尉区隊の三番機・土屋進二飛曹が、それぞれ一機を撃墜。名原飛曹長とともに直上方攻撃をかけた二番機・三宅淳一上飛曹（十一月一日に進級）は、黒煙を吐かせて十月二十五日の無為不時着を雪辱し、三番機の平野光夫二飛曹も一機に火を吐かせた。乙戦隊の損失は、命中弾を与えたのち島原上空で自爆した沢田幸夫二飛曹だけだった。

三五二空の撃墜戦果は「雷電」による三機のほか、零戦が四機、「月光」が二機の合計九機を数え、大村

「雷電」の加速と上昇力を気に入った高技倆の豊田一義少尉。

空も三機撃墜を記録。三五二空は合わせて三名が戦死し、喪失三機、大破四機、不時着三機の損害を出したけれども、対B－29邀撃戦でようやく手ごたえある攻撃を加えられ、佐世保鎮守府長官から表彰状を、陸軍西部軍司令官から感状を授与された。

さらに、敵機群の大村空襲の往復途上を、上海・竜華基地の二五六空が襲った。二五六空の出撃は八次にわたり、零戦四機だけの第三次と第五次を除いて、各回とも零戦三～五機と「雷電」一機の組み合わせで発進、第八次のみ相手がP－38だった。「雷電」には芝田大尉、栗原上飛曹、豊田少尉が交代で搭乗している。

基地上空に飛来したP－38を見つけたのは午後二時五分だ。五分後「雷電」で発進した豊田少尉は、敵影を視野に入れつつ離陸、追撃に向かった。滑走～上昇開始のあたりでかかってこられたらやられる、と少尉は覚悟していたが、機銃の代わりに大型航空カメラを積んだ偵察機型のF－5だったらしく、そのまま離脱していく。

優位（高位）戦にもちこめるならP－38を押さえこむ自信が、豊田少尉にはあった。しかし、高度を稼ぎながらでは、いかに手練《てだれ》の操縦でも「雷電」が高速の相手に追いつけるはずはなく、やがて敵影を見失った。

二五六空の出動は機数の少なさと、進撃または帰還途上にあるB－29が高速で捕捉しがたいために、三号爆弾を併用（零戦）しての攻撃効果は芳《かんば》しくなく、わずかに第五次出動の飯野中尉編隊が投弾によって一機に白煙を吐かせたにとどまった。第三次出動時に豊田少尉の零戦の爆弾は一発しか落ちず、敵編隊の直後で炸裂。続いて前下方攻撃をかけたさいに激しく撃たれ、火網のすさまじさを痛感している。

上海上空で帰途のB－29に直上方攻撃をかけると、南京上空まで二〇分間、全力追撃してようやく二撃目の可能性が得られる、といった状況だった。第一次出撃の指揮官・厚地中尉は、零戦で敵を追ったまま帰らず、行方不明と記録された。

空襲前夜の三〇二空

海軍の本土防空用三個飛行部隊のうち、最初に編成された厚木基地の第三〇二航空隊は、昭和十九年九月ごろまでに編制がほぼまとまり、「雷電」隊（補助機材の零戦を含む）が昼間用の第一飛行隊、零夜戦隊と「月光」隊に「彗星」「銀河」の両隊が加わって、夜間用の第二飛行隊を形成していた。本来、昼間用の零戦隊が夜間用に区分されていたのは、三〇一空から三〇二空に転勤してきた零戦夜襲隊の考案者、美濃部正大尉の置き土産《みやげ》（七月に一五三空・戦闘九〇一飛行隊長として転勤）だった。

「雷電」と錬成用の零戦を使う第一飛行隊の隊長は山田九七郎大尉が務め、二個分隊編制で第一分隊長に宮崎富哉大尉、第二分隊長に伊藤進大尉が補任された。

厚木基地に隣接する高座工廠からの機材受領により、保有機数は七月以降四〇機台と相当

三〇二空・第一飛行隊も19年8月を迎えるころには、長い列線を敷けるだけの「雷電」をそろえていた。十数機のいずれもが300リットル増槽を装備するのは長距離飛行（領収の空輸後？）あるいは各機の航続テストのためか。

数を確保していた。しかし、可動率は高いとは言えず、九月一日の可動二七機に対し整備または修理中一五機、十月一日になるとそれぞれ一四機と三一機で逆転し、使えるのは保有機の三分の一に満たなかった。

三〇二空整備主任・吉野実大尉（十一月に少佐）のもと、整備分隊長として「雷電」の面倒をみた中尉の大沢徳吾郎さんは「『火星』エンジンは手を焼くほどのひどさではないが、まだ改善の余地があった」と語る。

大沢中尉の二期後輩の分隊士・元林稔和《としかず》少尉は、横須賀空に隣接する追浜航空隊でエンジンを主体に「雷電」の整備を専修ののち、三〇二空に着任したが、当初は「一回上がったら、二度目は飛べない」ほどの不調機が多く、その後もエンジンの不調や焼き付き、滑油もれに悩まされた。元林少尉はのちに零夜戦隊の整備分隊に転じ、「栄」エンジンの扱いやすさに「ホッとした」のは本音だろう。

機体についても、途中から三〇二空が受領し始めた高座工廠の機は不評だった。主翼は日本建鉄、胴体は高座工廠が作る分担で、総組み立てを後者が受け持つ。航空本部の審査の結果、転換生産第一号機は離着陸訓練だけに限定使用、と判定されたように、急いで生産態勢に移行した高座工廠製は、本家・三菱の鈴鹿工場製にくらべて、やや質が落ちる傾向があり、鋲《びょう》打ちも三菱製機よりも荒かった。けれどもこれからは、むしろ当然の様相と言える。

受領機の試飛行のため高座工廠へ出向いたおり、台湾から動員された十五、六歳の少年が作っているのを見て、伊藤分隊長は驚いた。全工廠員一万名のうち、八〇〇〇名を十代なかばの台湾少年が占めており、工員としての質の低さは歴然だった。

高座工廠でできた「雷電」二一型の「火星」二三甲型エンジンが爆音をとどろかす。主翼の20ミリ機銃はまだ付いていない。

しかし、三菱製機でも故障が頻発する「雷電」を、設備、環境、待遇のいずれもが不充分な状態のなかで短時間のうちに量産にもちこまねばならなかった点を考えれば、高座工廠側の対応と台湾少年工員たちの努力は買われていい。まして第一号機は、三菱のアドバイスを一度も受けないで完成にこぎつけたのだから。

開隊以来七〜八ヵ月をへて、三〇二空・第一飛行隊は作戦に応じうるだけの技倆に達した搭乗員が数を増し、十月中旬の台湾空襲時には可動全力に近い二一機が、警戒待機態勢をとった。十月三十一日には横須賀鎮守府の防空戦総合訓練に参加、マリアナ諸島から来攻するであろうB-29群の来襲に備えていたが、翌日にその敵影を見ようとは、誰も予想しなかったに違いない。

七月七日にサイパン島を陥落させた米軍は、ただちにB-29の基地設営を開始。十月中旬にはイスリイ飛行場（日本軍のアスリート飛行場を拡張）に滑走路が完成し、B-29が進出し始めた。北九州までしか行動半径内に入らない、一時しのぎの大陸・成都からの作戦に代わって、第20航空軍が待ち望んだ、日本本土主要地区のどこへでも空襲をかけられる態勢、用意が、作戦可能の手前まで整いつつあった。

すべてのB-29部隊を傘下に収める第20航空軍は二個兵団で構成され、インドと成都の第20爆撃機兵団に対し、マリアナには第21爆撃機兵団が展開した。第21爆撃機兵団の所属部隊のうち、最初にサイパンに進出した第73爆撃航空団は、十月下旬にトラック諸島を二回爆撃してウォーミングアップを試行し、十一月十七日と予定された東京初空襲に向けて準備を整えていった。

対する日本軍は、九月下旬に海軍偵察機「彩雲」が持ち帰ったサイパン島イスリイ飛行場の写真から、大滑走路が整備されつつあるのを読み取り、ついで爆撃を受けたトラック諸島からの通報で、サイパンのB－29が作戦行動に入ったのを知った。まもなく東京への空襲が始まるのは確実だった。関東の空で迎え撃つのは、第十飛行師団の隷下および指揮下の陸軍戦闘機約一八〇機（うち可動約一四〇機）と、約一二〇機（半数が可動）の実戦用機を擁する海軍の三〇二空である。

敵偵察機を捕捉できず

十一月一日の早朝、イスリイ基地からB－29改造の偵察機F－13A「トーキョー・ローズ」号が発進し、東京上空へ向かった。

午後一時八分、東部軍司令部に突然「敵機、勝浦から侵入」の情報がもたらされた。司令部はただちに警戒警報を発令、十飛師隷下部隊のうち当直戦隊が発進にかかる。横須賀鎮守府は一時二十七分、東管区に空襲警報を発令した。

この日、秋晴れの厚木基地では横須賀の本部（司令部。厚木の兵力は正確には派遣隊）から司令・小園安名大佐（十月に進級）が来て、庁舎の前で三〇二空の進級申し渡し式が進められていた。そこへ、木更津方面から飛行雲が伸びてくる。

「あの飛行機は高いぞ。一万メートルかな」

整列した隊員たちが話しているところへ、ウーンとサイレンの音。空襲警報が鳴ったのなら、敵機に違いない。「B－29だ！」「それっ」と叫んで、搭乗員と整備員が「雷電」や零戦、

金属音とともに厚木基地の飛行場滑走路を離れた三〇二空「雷電」隊の二一型。このあとに続く上昇が真骨頂だ。

「月光」に向かって駆け出した。

こんなときに最も期待が集まる機材は、第一飛行隊の「雷電」だ。飛行隊長・山田九七郎少佐、宮崎富哉大尉およびこの日に進級の伊藤進大尉の両分隊長をはじめ、「雷電」を乗りこなせる搭乗員は、整備員がエナーシャ（慣性始動装置）ハンドルを回すのももどかしげに飛び乗って、発動するや駐機場《エプロン》からそのまま滑走を開始する。「雷電」一一機のほか、零夜戦八機、「月光」九機が出撃した。

だが、「雷電」の上昇力をもってしても、高度九八〇〇〇メートルで写真を撮影するF-13を、地上で見つけてから発進して間に合うはずがない。八木隆次上飛曹は六〇〇〇メートル以上の高度をとったものの、九十九里浜あたりの上空を、白い飛行雲を引きつつ太平洋へ抜けていくF-13を望見し、「こりゃだめだ」と引き返した。

ほかの機も大同小異で、敵機に弾丸を放てた「雷電」は一機もなかった。山田飛行隊長は、滑油送油パイプのバルブが締まったままの機で発進し、エンジンが焼き付いて不時着。以後「雷電」への搭乗をきらって出動しなかった。

この偵察機邀撃で得た経験は、三〇二空が予想していた戦闘と大きく異なっていた。それまでは機動部隊の空母から発艦した艦上機と戦うべく、四〇〇〇～五〇〇〇メートルの中高度での訓練を主体にしており、またB－29についても高空性能、高速性能をあまく見る傾向があった。

そこで翌日から、来襲に備えて「雷電」と零戦二～三機ずつで高度一万メートルの高高度哨戒を開始。レーダー情報が入れば、来襲三〇分前には地上待機機が出撃できる態勢を整えるようにした。しかし、「雷電」でも高度一万メートルまで上昇するには三〇～四〇分かかり、機によって多少異なるが、実高度一万五〇〇〇メートルまで上がるのが限界で、それも浮いているだけが精いっぱいの状態だった。急旋回などを打とうとすれば、たちまち数百メートルも滑り落ちてしまうのだ。

寺村純郎中尉と山川光保一飛曹は「『雷電』の高空性能では、戦闘機として充分な機動力を保てるのは、せいぜい八〇〇〇メートル。高高度ではむしろ零戦の方がいい」という実感をもっていた。

F－13偵察機は続いて十一月五日、七日、十日と関東上空に現われた。五日には三〇二空から合計三八機が邀撃に上がり、七日には防空主担当の陸軍第十飛行師団が面目をかけた全力邀撃に移行したものの、高度を一万二〇〇〇メートルに上げて洋上へ離脱していくF－13に、なすすべを知らなかった。

七日の空振りののち十飛師は、武装や防弾装備を取りはずした軽量化戦闘機で高高度に昇っての、体当たり攻撃を決意した。空対空特攻、震天制空隊の誕生である。

三〇二空は一日の初侵入の直後、連合艦隊司令長官命令で「来襲の場合、全力をあげて本土防空に協力すべし」との通達を受けていたが、小園司令と相談した飛行長・西畑喜一郎少佐は「どんな命令でも承《うけたまわ》りますが、体当たりだけはお受けできません。体当たりするまで近づくのなら、有効な攻撃がかけられます」と、陸軍防衛総司令部の参謀に電話した。陸軍側は三〇二空の申し出を快く了解し、問題は落着した。

十日の来襲時には、高高度哨戒中の零夜戦隊先任分隊士・森岡寛《ゆたか》大尉が、地上からB－29侵入の連絡を受けて初めて接敵に成功したが、有効弾は与えられなかった。

F－13が姿を見せてから、三〇二空では超重爆群の来攻、空襲はまぢかと見て、訓練に拍車をかける。

十一月十九日、予備学生出身では数少ない、「雷電」を乗りこなせる由井達雄中尉は、錬成要員の橋本省三少尉を連れて零戦で上がり、二機で追躡《ついじょう》攻撃の訓練に入った。厚木基地の上空付近、高度五〇〇メートルという低空で宙返りが続いているのを、指揮所からながめていた隊員は、いちように「危ないな」と感じた。

まもなく二機とも引き起こしきれず、あいついで地表に激突。「やった!」「誰だ?」「由井中尉だ!」。二人とも即死だった。彼の腕前を知る市村吾郎中尉にとっては「ありえないはずの事故」である。好漢・由井中尉は東京初空襲を目前にして、鍛えた腕を試すことなく散っていった。

11月24日早朝のサイパン島イスリイ飛行場で、第73爆撃航空団・第499爆撃航空群のB－29が誘導路をタキシングして滑走路へ向かう。関東初爆撃の目標は東京の中島・武蔵製作所。

不振の東京上空第一戦

十一月十七日を予定していた第21爆撃機兵団・第73爆撃航空団の東京初空襲は、天候不良のため一週間ずれた。二十四日の早朝、B－29一一一機はイスリイ飛行場を発進、故障機をのぞく九四機が東京へ向けて針路をとった。

日本内地初侵入の第一目標は、戦闘機用エンジンの約三〇パーセントを生産する、東京都下の中島飛行機・武蔵製作所。高空性能が劣る日本軍戦闘機の弱点をついた、高高度からの昼間精密爆撃である。

午前十一時、小笠原諸島の陸軍対空監視哨は、大編隊で北上するB－29を発見し、ただちに東部軍に打電した。ついで十一時五分以降、小笠原〜伊豆諸島間に配置された海軍監視艇から、「米機発見」の情報が横浜の司令部にもたらされた。

敵機が東京を目標に進撃しているのは、疑う余地がない。陸軍第十飛行師団は臨戦態勢の警戒戦備「甲」に移行し、十一時十分に当直戦隊がまず発進した。

零戦、「月光」「彗星」一～二機ずつを、定時の哨戒に上げていた三〇二空では、午前十一時五十八分、横須賀鎮守府管区に空襲警報が発令されると、正午から主力が続々と厚木基地を離陸。待機空域は陸軍との重複を避けて、三浦半島上空が指定された。

三〇二空からは「雷電」、零戦を主体に実戦用の全機種が出た。サイパンから東京までは二二八〇キロもあり、戦闘機が随伴できるはずはない。いかに高性能のB－29とはいえ、相手が四発重爆だけなら、鈍重な夜間戦闘機にも攻撃の機会はあるからだ。

初めての本格邀撃戦をめざし緊張しつつ上昇する陸軍戦闘機に、師団司令部から「B－29は一〇機内外の梯団《ていだん》で伊豆諸島沖を北上中」の無線連絡が伝えられる。梯団とは数個編隊からなる集団に対する、日本側の呼称である。

三〇二空の各機にも横須賀鎮守府から敵情が報告されたが、「雷電」の三式空一号無線電話機は送信、受信とも明瞭度を欠き、空対空はほとんど聞こえず、空対地も雑音入りで受信距離一三〇キロあたりまでが限度だった。電鍵《キイ》を叩く無線電信なら明瞭度も高く、遠距離まで届くけれども、水上機の経験の長い伊藤大尉のように、多座機から転科の老練者にしか読み取れない。

B－29は十数機の梯団ごとに広く間隔をとり、富士山を目標に伊豆半島を北上。富士山上空で変針し、高度八二〇〇～一万メートルで東へ向かった。

十飛師隷下の陸軍戦闘隊は待機高度を九〇〇〇メートル以上とし、敵が投弾する前に反復攻撃を加えて撃墜するよう命じられていた。だが、ターボ過給機がない日本機には上昇限度に近く、失速寸前まで機首を上げて浮いているのが精いっぱいだった。

そのうえ、時速二二〇キロ（秒速六〇メートル）のジェット気流（偏西風帯の中の特に強い気流）に襲われた。風向きに正対すればほとんど前進できず、角度を変えればたちまち空域から流され出てしまう。気流に乗って高速で飛ぶB－29を、捕捉しうるチャンスは非常に少なかった。

正午から午後三時半をすぎるあいだに、三〇二空の第一飛行隊から「雷電」延べ四八機と補用の零戦延べ二七機、第二飛行隊から「月光」延べ一八機、零夜戦延べ一〇機、三号爆弾装備の「彗星」艦爆延べ四機、斜め銃装備の「彗星」夜戦と「銀河」夜戦各一機が出動した。しかし、待機空域がB－29のメインコースではなくて、捕捉の機会に恵まれなかったため、不時着三機、海没一機、被弾二機（いずれも「雷電」を含まず）の損害に対し、戦果は撃破一機でしかなかった。

主力と交戦した陸軍戦闘隊は撃墜五機、撃破八機を報じたが、未帰還も六機を数え、うち二機は体当たり撃墜をめざす空対空特攻機である。B－29群は武蔵製作所とその周辺を爆撃して、鹿島灘から洋上へ去っていった。十飛師の期待した投弾前の撃滅など、とても望めない戦闘だった。最大の障害は邀撃戦闘機の高高度性能の不足であり、機数そのものも足りなかった。

米側の損失は陸軍機の体当たりによるものを含め二機で、ほかに被弾一一機という軽い被害だった。しかし、B-29もジェット気流に押し流され、対地速度が七二〇キロ/時にもなって正確な爆撃照準ができず、また武蔵製作所をおおう雲のため、主目標へ向けて投弾できたのは二四機だけ。

製作所への命中弾は四八発を数え、一三〇名以上の死傷者を出したが、エンジン生産に大きな影響はなかった。

待望の撃墜戦果あがる

三日後の十一月二十七日、サイパンから飛びたったB-29は八一機。ふたたび中島・武蔵製作所をめざしたが、やはり関東上空には雲が厚くたれこめ、目視による精密爆撃はできなかった。B-29主力はレーダー照準を用いて東京市街に、一部は西へ流れて静岡および大阪に、それぞれ投弾した。

三〇二空は「雷電」一四機を含む合計二七機を邀撃に上げたものの、陸軍機とともに厚い層雲を突破できず、敵を見ないまま帰投した。

続く東京空襲は二十九日から三十日にかけての夜間爆撃なので、第一飛行隊に出撃の機会はなく、二〇機強の「雷電」可動機を待機させたまま師走《しわす》を迎えた。

十二月三日の午前、三たび武蔵製作所への高高度精密爆撃をもくろんで、B-29八六機がイスリイ飛行場を発進した。母島監視哨と父島レーダー、続いて八丈島レーダーから敵編隊捕捉が伝えられ、来襲確実とみた三〇二空は、午後一時二十五分から第一飛行隊の「雷電」

二四機、零戦二七機を主力とする、合計七七機を発進させた。

十一月二十四日の邀撃戦では待機空域を限ったために、交戦の機会が少なかったので、今回は広域での待機を実施。「雷電」と零戦、それに第二飛行隊の零夜戦は横須賀鎮守府および厚木基地上空、「月光」を伊豆半島東岸に、「彗星」と「銀河」を伊豆半島突端と房総半島・勝浦の上空に配置した。侵入から退去までを、三〜四段構えで叩く算段である。

B-29一〇個梯団は午後二時三十分以降、富士山を目標に相模湾から侵入。飛行高度を五〇〇〇〜一万メートルと分散させ、武蔵製作所をねらって三鷹付近に投弾ののち、銚子沖へ抜けていった。

この日は冬晴れの好天で視界がよく、一部の敵機は中高度を飛んだこともあって、三〇二空は初めて手ごたえのある交戦を進められた。第一、第二両飛行隊の合計戦果は撃墜九機(うち不確実三機)、撃破八機。

撃墜のうち少なくとも三機は、「雷電」によるマリアナからのB-29に対する初戦果である。先任下士・中村佳雄上飛曹、杉滝巧上飛曹の二人のラバウル帰りと、予備学生出身で水上機から転科した坪井庸三中尉が記録した。

B-29の編隊に立ち向かったのでは防御火網に阻まれて落としがたい、と考えた中村上飛曹

洋上で逆落としの直上方攻撃を加えてB-29のクルーを落下傘降下させた中村佳雄上飛曹。彼もラバウル帰りだった。

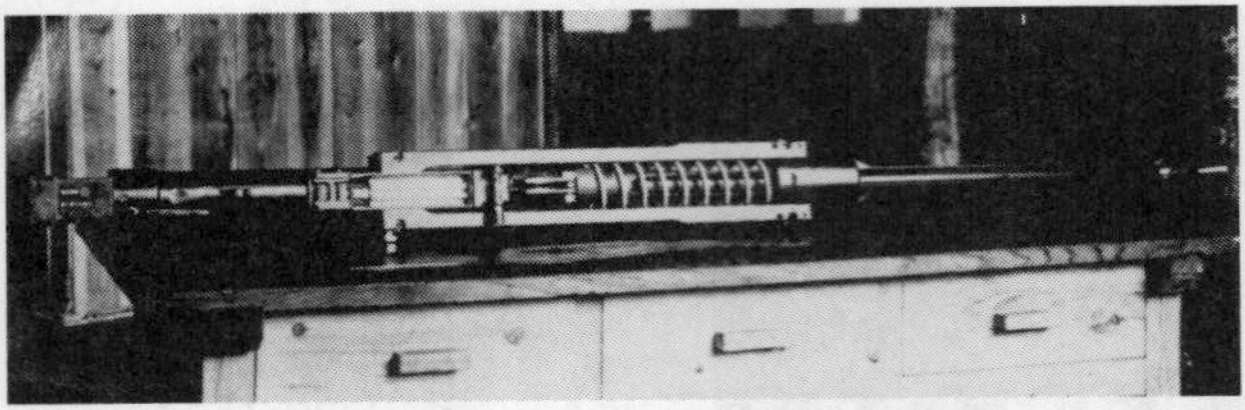

九九式20ミリ機銃の口径拡大版、二式30ミリ機銃一型。日本が独自開発した機構とは言えないが、エリコン式による口径30ミリは他国にないだろう。

が、手負い機を求めて銚子沖に飛ぶと、超重爆が単機で離脱してくるのが見えた。計器高度一万メートルから、一〇〇〇メートル下方の敵に直上方攻撃をかけて、機首の直前を逆落としに抜ける。上飛曹が振り仰ぐと火を噴くB-29が見え、まもなく落下傘が出てきた。敵搭乗員が日本の勢力圏内で乗機を捨てたのだから、墜落は間違いない。

杉滝上飛曹の「雷電」には、珍しい武装が施されていた。ラバウルでB-17を落とすため、九九式二〇ミリ機銃の機構を流用して急いで作った、二式三〇ミリ機銃一型である。間に合わせ的な大口径機銃ながら、弾丸の重量は二〇ミリの一・五倍、炸薬量は二倍以上もあり、うまく当てれば数発で大型機を撃墜できた。

三〇ミリ機銃二梃を翼内装備にした「雷電」が三〇二空に二機届けられ、この日、可動だった方の機に乗って、やや遅れて出た杉滝上飛曹は、房総半島上空で四~五機の攻撃を受けるB-29を認めた。同高度まで上昇すると前下方に占位し、大きめの衝撃を感じつつ三〇ミリ弾を放つ。前部胴体の下面から主翼付け根部にかけて命中し、激しく噴き出す燃料に火がついて、B-29の巨体は空中分解で三つに割れた。

犬吠埼《いぬぼうざき》付近の上空で直上方攻撃を加えて、撃墜を報じた坪井中尉の獲物の最期《さいご》は、杉滝機が三〇ミリ弾で襲った相手とよく似ており、大型機攻撃にはありがちな戦果の重複だった可能性もある。

「雷電」隊の損失は、さらに敵機を追ううちにエンジンが止まり海中に没した杉滝機のほか、大破一機、被弾二機を数えた。

十二月三日の邀撃戦に参加した「雷電」は、三〇二空の装備機だけではなく、横須賀空からの四機が加わっていた。横空戦闘機隊と横空審査部からの二機ずつである。

横空審査部とは、昭和十九年七月十日付で空技廠飛行実験部が廃止されて、同日付で横須賀空に移ってできた組織で、名は違っても内容、任務ともにほとんど同じだった。旧来の横空戦闘機隊と交流はあったが、指揮所は別に設けられていた。四機の「雷電」の搭乗員は、横空戦闘機隊から武藤金義《かねよし》飛曹長ほか一名、審査部からは田中寅吉中尉と戸口勇三郎飛曹長だった。いずれも日華事変以来の「超」のつくベテランで、腕のほどは疑う余地がない。

田中中尉機は途中でエンジンに不調をきたして引き返し、残る三機が厚木上空から西へ向かった。高度は九〇〇〇メートル、飛行雲がたなびく蒼空を三五分間飛び続けたとき、富士山の左手上方に黒点が見えてきた。敵の針路を阻むかたちで上昇し、左からの前側上方攻撃の態勢を整える。

攻撃チャンスを捕らえにくく、無理をすれば被弾につながる直上方攻撃は、よほど好位置にいなければ試みないのが戸口飛曹長の考えだった。みるみる敵九機編隊が接近する。敵の先頭機を射撃した「雷電」二機に続いて迫った彼は、照準器からあふれ出す二番機のB－29に射弾を浴びせ、一気に下方へ離脱した。高度七〇〇〇メートルで引き起こすと、後続編隊の前方をB－29二機が白煙を吐いて飛んでいくのが見えた。

高高度での待機が長びいたのちに、フルパワーでの空戦機動を終えたため、追撃して二撃目をかけるだけの燃料がない。ジェット気流に乗ったB－29は異常に速く、追いつけたとしても千葉県印旛沼《いんばぬま》上空あたりならましな方なのだ。横空基地に降りてから、手負いの二機は三〇二空の機が撃墜した、と戸口飛曹長は聞かされた。

陸軍十飛師の戦闘隊は撃墜一一機（うち不確実四機）を報じ、このうち四機が体当たり攻撃による戦果だった。これを聞いた赤松貞明少尉は、村上義美一飛曹ら若手搭乗員に「深追いはよせ。陸さんみたいに体当たりするな」と言い聞かせた。

B－29の実際の損失は五機にすぎなかった。日本側の戦果過大評価の原因は、まず海軍機と陸軍機による攻撃目標の重複（当然、別々に戦果が報告される）、それにB－29の耐弾特性、耐久力を甘く見ての推定があげられる。黒煙や火を噴いても、優秀な消火能力で回復する場合が多く、またエンジンが一基止まっても、爆弾などを投棄すればサイパン島の飛行場にたどりつけるのだ。

ものにならないターボ過給機

偵察機型のF－13を含め、関東上空、高高度におけるB－29邀撃戦の経験から分かったのは、ジェット気流のすさまじさと「雷電」の高空性能の不足だった。

ジェット気流については、当初その存在が判然としておらず、たとえば富士山上空付近で哨戒中に二回ほど旋回していると、知らないうちに千葉上空あたりまで流されてしまう、といった飛行状況だった。やがて、冬場に吹く偏西風の強力なものと理解できたが、有効な対抗策を立てるのは無理だった。もちろん米軍もB－29が作戦行動で体験するまでは、ジェット気流の存在を知らなかった。

もう一つの高空性能の向上に対しては、まずプロペラ羽根を換装し推力を向上させた処置があげられる。「雷電」一一型、二一型に装備された初期のプロペラブレードは、付け根部のほっそりしたタイプだったが、これを幅広のものと取り換えて「ようやく一万メートルへ上がれるようになりました」と一飛曹だった村上さんは回想する。昭和十九年末以降に作られた「雷電」のプロペラは、すべて付け根の幅広なタイプである。

もっと大がかりな手段をとったのが前章で述べた、ターボ過給機装備の三二型とエンジンを換装した三三型である。ここでは三二型と空技廠改造のターボ過給機装備機の、実験状況をながめてみよう。

さきに述べたように、空技廠飛行実験部は昭和十九年七月十日付で廃止され、同じ任務、同じメンバーのままの横空審査部が同時に新設された。実質的な変化はなく、名称が変わっただけにすぎない。

空技廠・飛行実験部の戦闘機にかかわる敏腕の面々。左から整備主任、戸口勇三郎飛曹長、乙部員・山本重久大尉、計測担当技師、発動機の大木部員。横須賀基地で。

審査部の戦闘機関係は、甲部員（先任）の小福田租少佐と乙部員の山本重久大尉をトップにおいて、田中中尉、戸口飛曹長、増山正男上飛曹ら、そうそうたる熟練メンバーで構成されていた。

空技廠飛行実験部の当時から「『雷電』国滅ぼす。国滅びて『銀河』あり」と揶揄《やゆ》され、部内でやっかい者扱いの「雷電」だったが、山本大尉は小福田少佐の「いい飛行機だね」とのほめ言葉にあいづちを打ち、世に言われているような悪い飛行機とは思わなかった。インド洋で英空軍のホーカー「ハリケーン」戦闘機、珊瑚《さんご》海《かい》で米海軍のグラマンF４F戦闘機と戦って撃墜を果たした大尉は、「甲戦は八方美人的要素が必要だが、乙戦は特徴が大事」であると理解していた。

それでも、彼が志賀淑雄《よしお》少佐の後任主務部員として担当した「紫電改」にくらべると、見劣りするのは否めなかった、と語る。ところが、終戦まで「雷電」を担当した戸口飛曹長は「『紫電改』は確かに『雷電』よりも総合的に上だが、局戦の立場にしぼれば『雷電』にはかなわない。上昇力は『雷電』がいちばん」と評価した。

ターボ過給機装備の「雷電」で先に登場したのは、十九年の夏に入ってまもなくでき上が

ターピンの排気流を水平尾翼からそらす側板を胴体に付けた「雷電」二一型改造機。制流効果は確かにあったが、過給機そのものの利点が少なかった。

った空技廠改造機（第四章）だ。もともと小福田少佐が「敵が高高度で来たとき、手も足も出ない。『雷電』を高高度用機にするため、とりあえず排気タービンを付けよう」と提案した経過もあって、審査は少佐の担当になった。

空技廠のターボ過給機装備機に乗ってまず分かったのは、タービンの排気が尾翼に当たって、ひどいバフェッティング（気流による振動）を生じる欠点だった。解決策として少佐は、排気の整流板を付けたらどうか、と提案した。技術側から「小福田さん、それはちょっと」と鼻で笑われたがたじろがず、「とにかく作れ」と強く押す。

振動要因の空力的検討を空技廠・科学部が担当し、高圧風洞と整流風洞に入れて、排気による乱流を二日のあいだ測定した。これで尾翼に吹きつける迎え角の条件が出て、乱流を下げるため小福田案を実行に移す。「雷電」一一型改造機の胴体右舷に一・二メートルの細長い金属板をななめに貼りつけたところ、振動はぴたりと止まった。

少佐が試乗してみると、確かにブーストの全開高度は上がった。だが、タービン関係の管制装置がなく、コンプレッサーの効率が悪いなどから、山本大尉も搭乗してみて「排気タービンの効き目は、あまりよくない」と感じた。戸口さんも「高度一万メートルへの上昇時間は短いが、そこでの飛行は苦しかった」と回想する。

応急の高高度対策として、空技廠改造機と同じ形でターボ過給機を付加する改造作業を、霞ヶ浦の第一航空廠と大村の第二十一航空廠で数十機にほどこす計画が立てられ、一部が実行に移された。

続いて、本命の三菱製「雷電」三三型の完成審査を、八月四日に鈴鹿で実施。十五日の地上運転でタービン後方の外板が高熱を帯びることが分かり、その部分に応急的に鋼板を付加した。同時にタービンの改修を進め、九月二十四日に空輸可能かどうかの試飛行ののち、追浜基地に運ばれて性能審査に入った。

三三型は全体に空技廠改造機より良好で、振動も見られなかったかわりに、高空ではマグネット内のコロナ放電によるエンジンの異常爆発（点火栓の火花が弱いため）や、油温および筒温の過度な上昇に悩まされた。そのほか、なんどかテスト飛行を進めるうちに、燃料消費が激しくて後部胴体内に増加タンクを付加する必要が生じ、また工作簡易化の観点から量産機では中間冷却器の省略が決まった。

山本大尉の「さしたるタービンの効果なし」の感想どおり、プラス・マイナスを考えると総じて食指が動くほどの性能ではない、と判定された。

三二型および空技廠改造機のテストは昭和二十年に入っても続行され、既存機へのターボ過給機の付加改修も進む。だが結局四月十日に、機械式二速過給機の全開高度を高めた「火星」二六甲型エンジン装備の「雷電」三三型に、全力を傾ける方針が決定する。

三三二空、阪神地区へ移動

東京が初空襲を受ける以前の十一月十三日と二十三日に名古屋上空に、二十一日には呉方面の上空に、それぞれB－29偵察機型のF－13Aが侵入して、マリアナの第21爆撃機兵団がねらう目標の広がりを予想させた。

名古屋市は三菱重工・航空機部門、発動機部門の本拠地であり、周辺の中京地区には同社の鈴鹿工場（俗称。二十年二月に第三製作所に改編）や川崎航空機、愛知航空機、中島飛行機、陸軍造兵廠（航空火器の生産と試作）の工場が集まって、一大航空工業地帯を形成していた。米第20航空軍の目標に選ばれて当然の地域なのだ。

ところが海軍は、中京地区に局地戦闘機部隊を置かなかった。この方面には鎮守府も警備府もなく、軍港や主だった海軍施設を設けていなかったからだ。したがって名古屋の防空は、陸軍第十八飛行団を格上げ改編した第十一飛行師団の戦闘機部隊が主力を務め、海軍では愛知県明治基地の第二一〇航空隊が補助戦力として加わるかたちだった。二一〇空はナンバー航空隊ではあっても、錬成を主任務とし邀撃は従にすぎず、また装備戦闘機は零戦、「紫電」と「月光」で、「雷電」は持っていなかった。

一方、岩国基地の第三三二航空隊は、東京にF－13が侵入してから、それまで併行で続けていた対戦闘機用の訓練をやめて、対B－29攻撃訓練だけにしぼった。主戦法は逆落《さかお》としの直上方攻撃である。

十一月七日、竹田進中尉指揮の零戦二〇機はフィリピン決戦に参加のため岩国を発《た》ち、ルソン島クラーク基地で二〇三空（ついで二〇一空）の戦闘三〇三飛行隊に編入された。竹田中尉は二十三日に戦死、他の搭乗員もほとんどがもどれなかった。これまでの対戦闘機戦の訓練はフィリピン進出のためでもあったが、この戦力供出は三三二空にとって大きな痛手と言えた。

同日、夜戦隊分隊長・林正寒《せいかん》大尉が率いる「月光」六機と、君山彦守中尉以下の零戦八機は、F－13の侵入で空襲が予想される東京への防空援助のため、厚木基地へ派遣された。しかし邀撃戦の機会を得ず、上空哨戒を担当ののち、十二月十五日に岩国への復帰が命じられた。復帰命令が出された理由は、この日、大本営海軍部・軍令部総長が呉鎮守府長官に対し、三三二空を兵庫県鳴尾基地へ移動させるよう指示したからである。

二日前の十三日、名古屋市北西部の三菱・名古屋発動機製作所が、B－29六九機の投弾を受けて、かなりの被害を出していた。大陸からの大村二十一空廠爆撃、マリアナからの中島・武蔵製作所とこの名発爆撃によって、B－29の目標が航空機工場にしぼられているのが明瞭に分かる。

続いて狙われそうな海軍機の生産施設は、制式採用直前の「紫電改」の量産態勢を整えつつある、鳴尾および姫路の川西航空機、と判明したための移動指示であった。付近には、陸軍機の機体とエンジンを作る川崎航空機・明石工場もあり、兵庫県の南岸地域が空襲を受け

上：12月13日の名古屋空襲で日本機に撃破され、小笠原諸島の海域に着水した第499爆撃航空群のB－29。下：20ミリ弾がB－29の垂直尾翼の付け根に大穴をあけている。機内のコード類をちぎられて、尾部銃手との機内通話が使えなかった。

る可能性は大きかった。

呉鎮守府の命令を受けた三三二空では、飛行長・山下政雄少佐の指揮のもと、十二月十七日と十八日に「雷電」一一機と零戦九機の昼戦隊主力を鳴尾基地に移動させ、ただちに上空哨戒を始めた。また、夜戦隊も十二月末に阪神地区防空のため、陸軍の伊丹飛行場へ全力で移動した。昼戦隊との合同を避けたのは、競馬場を飛行場化した狭い鳴尾では、「月光」の離着陸に無理があったからだ。

こうして戦力の大半が東へ移動して、岩国には司令部と、飛行隊長・梅村武士大尉以下の錬成を任務とする留守隊だけが残った。

第七期整備予学の十八分隊で「雷電」と「火星」を専修した当時少尉の大堀源《げん》さんは、岩国、鳴尾の「雷電」の状況をこう語る。

「まだ呉空派遣隊だった七月には、滑油漏れがひんぱんで、墜落するケースも見られたが、しだいに漏れなくなりました。〔軸受けの〕ケルメット合金の焼き付きも二〜三機出たのち、秋ごろからは治まった。それでも、零戦とくらべれば故障が出やすいのは否めず、搭乗をいやがる分隊長もいたんです」

また、同僚の福森清少尉の回想では、一一型の七・七ミリ機銃とプロペラの同調がうまく行かず、羽根に穴があいて困ったそうだ。同調は兵器整備員の役目だが、分隊士が欠員で、下士官兵のキャリアと理解が浅かったのが原因という。

鳴尾進出以前の十一月二十一日、斉藤義夫中尉が岩国上空を哨戒中にF－13を発見して、

「雷電」四機で追撃し雲中へ逃げられたのが、三三二空が敵機を見た最初である。鳴尾基地に移ってから五日後、早くも三三二空の初空戦が展開される。

年末の「雷電」隊の防空戦闘

十二月十八日に三菱・名古屋航空機製作所を襲って、かなりの被害を与えた第21爆撃機兵団は、二十二日にふたたび名古屋発動機製作所をねらい、第73爆撃航空団のB－29七八機をサイパン島から発進させた。B－29群は、御前崎から西へ向かう隊、渥美《あつみ》半島西端の伊良湖《いらこ》岬上空を通って直進する隊、紀伊半島南端の潮岬から北上し大阪、福井県敦賀経由で迂回する隊の三個集団に分かれて、それぞれ名古屋北東部をめざす。

この日、鳴尾基地からは午後零時四十分以降、二時間以上にわたって「雷電」延べ九機、零戦延べ八機が逐次、上空哨戒に上がった。

最初に敵影を認めたのは「雷電」で出た分隊長・斉藤大尉（十二月一日に進級）で、B－29六機を認めて攻撃をかけたけれども、効果は不明だった。これらの敵機は、潮岬から北上したグループである。

午後二時に「雷電」で単機発進した越智《おち》明志上飛曹は、B－29を捕捉して攻撃を加え、墜落させたのち故障を生じて不時着。やや確実度のうすい撃墜ではあったが、三三二空の初戦果が記録された。山下飛行長が搭乗員に伝えた「最初に撃墜した者には、サントリーの角ビン（当時は入手難の高級ウイスキー）を出す」というかねての約束どおり、上飛曹は貴重な

不確実ながら三三二空の初撃墜を報告し飛行長のウイスキー一本を手に入れた。越智明志上飛曹。

一本を手に入れた。

日本側の戦果は、ほかに二一〇空が撃墜一機、陸軍戦闘隊が撃墜一四機を報じたけれども、B－29の実際の損失は三機にすぎなかった。第73爆撃航空団にとって、工場に対する初めての焼夷弾だけを用いた攻撃だったが、雲量一〇のレーダー空襲は不成功に終わり、名発の被害は軽かった。

合計三度にわたる名発および名航への投弾よりも、三菱が激しい痛手をこうむったのは、十二月七日の東南海大地震だった。コンクリートを打った駐機場《エプロン》が大きくうねり、犬もころぶほどの強烈な地震で、工場の施設は手ひどく揺さぶられ、治具《ジグ》に狂いが出て生産が停滞してしまった。「火星」エンジンを作る名発、機体製作の鈴鹿工場の被害によって、多からぬ「雷電」の月産ペースは二〇機前後から七機へと落ち、さらにその後の工場疎開がいっそうのブレーキをかけるのだ。

十二月十八日の名古屋空襲のさい、厚木基地の三〇二空は前進哨戒線を石廊崎から御前崎にまで幅広く張って、想定域外での撃墜破を果たした。しかし、これらの長距離進出は航続力の大きな夜戦や零戦に任され、増槽を付けないと空戦をふくめて一時間半飛ぶのが限度の、足が短い「雷電」は、主として厚木基地周辺の上空を担当空域に指定され、せいぜい出ても富士山の手前あたりまでだった。

三〇二空の昭和十九年における最後の戦闘は、十二月二十七日に交わされた。なんど空襲をかけても致命傷を与えられない中島・武蔵製作所をねらって、B－29七二機がイスリイ飛行場を発進し、うち三九機が主目標に投弾。三〇二空の哨戒区域は敵主力が通らず、戦果は不確実撃墜一機、撃破三機にとどまった。

神ノ池空の「雷電」二一型は谷田部空へ移され、尾部の記号は部隊標識だけが「コウ」から「ヤ」に塗り替えられた。

大陸からのB－29を迎え撃つ大村の三五二空では、十二月十九日が昭和十九年をしめくくる戦闘だった。「雷電」一一機をふくむ合計四五機で邀撃したが、天候不良のためB－29群のうち大村上空に侵入したのは一七機だけで、会敵の少なさから三五二空の戦果も撃破三機とふるわなかった。

撃破三機のうち「雷電」によるものは二機。葛原豊信上飛曹と、十一月二十一日に撃墜を記録した土屋進二飛曹の戦果である。葛原機は交戦後に不時着、「雷電」は大破したが、上飛曹は生還できた。

やや話は異なって、「雷電」を持つ訓練部隊の神ノ池空は十二月五日付で隊歴を閉じ、零戦が主体の飛行隊は、同じ茨城県内の谷田部《やたべ》航空隊へそっくり移動した。谷田部空は昭和十四年に開隊した練習航空隊で、当初からの九三式中間練習機の飛行隊はやはり十二月五日付で、山形県内に新編の神町《じんまち》航空隊へ移された。谷田部空にとってみれば、装備機材が九三中練から零戦に入れ替わり、訓練内容が実用機教程に変化したわけだ。

神ノ池空に初め五機配備された「雷電」は、八月四日の失速墜落事故による一機喪失などで減少したが、零戦とともに谷田部空に移管された。

前章で日記を紹介した整備分隊士の林英男少尉は、ひと足早く十一月十日に神ノ池空から転勤。練習航空隊とはいえ、予備学生出身者では珍しい整備士に任じられたのは、彼の確固たる能力の証明と言えよう。整備士とは整備主任の補佐役で、ふつうは機関学校出が務める場合が多いのだ。

谷田部空では「雷電」整備の指揮をとった林少尉が、最も悩まされたのは降着装置に関するトラブル。機体重量が大きいため、離着陸時に主脚の支点に過酷な荷重がかかりがちだからだ。着陸のさい、先に接地したほうの脚が折れるケースも生じた。

この件は三菱側も了解していた。アルミ合金鋳物《いもの》の質の低下と機体重量の増加が作用し合って、主脚の叉状《さじよう》金具の折損がめだったため、その完成金具の補強を「雷電」三一型でとり入れた。

「雷電」が実戦行動にうつった昭和十九年は、こうして暮れていった。それは、薄幸の局地戦闘機にとってまだ序盤戦にすぎず、本当の激戦・苦闘は二十年に入って始まる。

第六章　邀撃戦《ようげきせん》たけなわ

正月の防空戦

昭和二十年（一九四五年）が明けて初の空襲は、一月三日に名古屋の市街地にかけられた。焼夷弾による無差別爆撃のテストケースである。

出撃したB－29九七機のうち、本土上空に達したのは七八機で、潮岬から北上したが、目標を間違えたものか、大阪に投弾する機が続出。予定どおり名古屋を空襲したのは、五七機にすぎなかった。

午前中に父島レーダーのB－29情報が入ってから、潮岬へ向けて北上する敵編隊が捕捉され、三三二空はエンジン発動の即時待機に移行。午後二時四十分に分隊長・中島孝平大尉（十二月に進級）のひきいる零戦六機が鳴尾基地を先発し、二〇分後、松木亮司中尉が長機の「雷電」二機が上空哨戒に上がった。

零戦隊の中島大尉は敵第二梯団の右端機に一撃を加え、林藤太中尉（九月に進級）は第一

20年の正月、松木亮二中尉が搭乗した「雷電」二一型の九八式射爆照準器の前に戦勝祈願の鏡餅が飾ってあった。

梯団機に前下方攻撃を、後続梯団機に直上方および前下方攻撃をかけて撃破が記録された。

また、浜松沖まで追った第二小隊長・向井寿三郎中尉（同）は、斜め銃装備の零夜戦でぶつかる寸前まで接近して、胴体中央部を連射。B-29が空中分解し、落下傘がいくつか出るのを確認ののち、燃料切れで陸軍の浜松飛行場に不時着陸している。確実撃墜という観点からすれば、これが山下飛行長提供の「サントリーの角ビン」に該当する戦果だったと言えるだろう。

その角ビンをもらっていた越智上飛曹は、今回も「雷電」で発進してB-29に射弾を送ったが、効果不明に終わった。長機の松木中尉機は離陸後に油もれを生じてエンジンが止まり、鳴尾基地にすべりこんで「雷電」は大破した。

一月九日、マリアナの第21爆撃機兵団は五度目の中島・武蔵製作所爆撃をめざした。B-29編隊は高度八九〇〇〜一万三〇〇〇メートルの高高度を飛んで、またもジェット気流にみまわれ、爆撃精度は低かった。

三〇二空は「雷電」二四機を主体に、可動全力で厚木基地から発進。三〇二空の「雷電」

分隊の高高度邀撃も四度目で、搭乗員たちは高度一万メートルでの飛行がどんなものか、身体で理解するまでに経験をつんでいた。

東京上空から佐渡島も伊豆半島も見わたせるこの高空では、「酸素が薄くて視力が落ち、B－29は暗闇から突然に現われるように感じられるのです。見つけてから好位置に占位するのは容易でなく、東京上空では攻撃が困難」と分隊長を務めた伊藤さんは話す。そこで、爆弾投下後に高度を下げ、ジェット気流からはずれて速度が落ちたB－29を、九十九里浜を太平洋上へ抜けるあたりで襲うのである。

また、敵の防御火網の激しさとジェット気流の速さ、それに「雷電」の高空性能の不足から、高度差を一〇〇〇メートル以上とっての直上方攻撃はかけにくいと判断。第一飛行隊では、やや高位から突っこみ、機首を上げて前下方および斜め前下方から攻撃を加え、反転して離脱する戦法を導入し始めた。

三〇二空の邀撃戦の結果は、厚木基地の北方から茨城県南部にかけての空域で二機を撃破した中村佳雄上飛曹、投弾後のB－29を千葉上空まで追撃して煙を吐かせた山川光保一飛曹など「雷電」隊の戦果を加えて、撃破は各隊合計一〇機に及び、撃墜は四機（うち不確実三機）と報じられた。

前年の十二月下旬以降、三〇二空の出撃機のうちで「雷電」が最多数機を占めていた。昭和二十年元旦の実戦用装備機は、合わせて一四七機。このうち三分の一をこえる五一機（うち可動二六機）が「雷電」であり、厚木基地の機材を代表する存在と見なして差しつかえな

昭和20年の初頭のころ、「雷電」は三〇二空の代表的機材の座を占めていた。
操縦員も整備員、兵器員もこの難物機材を取り扱う慣熟度が進んだのだ。

かった。

しかし昭和十九年十二月上旬から下旬にかけて、市村吾郎大尉（十二月に進級）、橋本達敏中尉、岸本操《みさお》少尉、八木隆次上飛曹、杉滝巧上飛曹、西元久男上飛曹といった、中堅士官およびベテラン下士官が転勤していった。転勤先は松山の新編部隊・第三四三航空隊である。軍令部部員のポジションから、望んで三四三空司令の辞令を受けた源田実大佐が、新鋭乙戦「紫電改」で制空権を奪回しうる部隊を作ろうと、人事局に顔をきかせて、使える搭乗員を集めていたためだ。

他の新編戦闘機部隊にくらべて、人員・機材ともに優れた三四三空の活躍は名高いが、海軍一の難物《なんぶつ》戦闘機「雷電」を乗りこなす搭乗員たちを、むしろそのまま三〇二空で活躍させてみたかった。

入れかわって二十年一月に、及川栄四郎二

飛曹ら甲飛予科練十二期出身の新人たちが、実用機教程を終えて着任してきた。しかし戦況の悪化で訓練が思うにまかせず、ついに「雷電」での実戦参加はかなわずに終わる。

特異な陣容の「雷電」隊

人員を三四三空に抜かれたのは、大村基地の三五二空も同様だった。乙戦隊の中西健造中尉、三〇一空以来の「雷電」乗り三宅淳一上飛曹は十二月下旬に松山へ転勤。甲戦隊の辣腕《らつわん》・河野茂上飛曹は二〇三空へ移り、最終的に三四三空へ引っ張られている。

やはり十二月下旬、三五二空の要《かなめ》として人望を集めていた飛行隊長・神崎国雄大尉が、七二一空・戦闘三〇六飛行隊（特攻機「桜花」を護衛する零戦隊）長として転出したため、乙戦隊指揮官を務めていた分隊長の杉崎直大尉が飛行隊長に補任され、第一分隊長を兼務して主力の甲戦隊を直接指揮する立場に変わった。このまま行けば、十月に進級した植松眞衛大尉が乙戦隊長を命じられるのが順序だが、甲戦隊が二個分隊編制に移行したため、零戦の第二分隊長に補任された。

そこで、乙戦隊を率いる第三分隊長の席を与えられたのが、台南空の解隊によって十二月下旬に三五二空に着任した青木義博中尉である。台湾で「雷電」に乗っていた経験を買われての辞令だろう。

乙戦隊では分隊長の交代以前に、別の変化が起こっていた。

予学十三期出身の少尉たちは、零戦による飛行作業に上がっていたが、それはあくまで錬

大村基地で三五二空の西田勇少尉と「雷電」三一型。案ずるより産むが易しのことわざどおり、積極的な搭乗が慣熟技倆の向上につながった。

成員としてであり、搭乗割に入って出撃する甲戦隊の編成員には加えてもらえなかった。すなわち戦列外の存在だ。

ところが乙戦隊は搭乗員が少なくて機材が余っている。甲戦隊にいた菊地信夫少尉、金子喜代年《きよとし》少尉、山本定雄少尉、西田勇少尉たち十三期予備学生出身者が、「『雷電』乗りは少ないから、俺たちも戦列に加えてもらえるかな」と相談しあい、神崎飛行隊長と杉崎分隊長に申し出たのだ。

予学十三期は飛行時数が少ない（この時点で二〇〇時間前後）ので、断られるかと思っていたら、神崎大尉は「そうか、ひとつやってみるか」と快諾。杉崎大尉のアドバイスは「離着陸が問題だ。それだけを考えて乗ってみろ」だった。

地上滑走を試みて、まもなく離着陸を始める。尾輪を地面につけた三点姿勢だと前方が見えず、着速が大きいのは不安の材料だった。だが、大村基地の長い滑走路にも助けられ、菊地少尉は実際にやってみると「思ったほど難しくない」と感じた。西田少尉は尾部が上がるまでの視界不良の対策に、滑走開始の前に樹木、構造物などの目標を決めておき、それを念頭において発進したという。

冬の大村基地で航空図を広げ飛行ルートを検討する第三分隊の士官搭乗員たち。左から金子喜代年少尉、分隊長・青木義博中尉、山本定雄中尉、菊地信夫少尉のいずれもが予備士官だ。後ろは青木分隊長の「雷電」二一型。

菊地少尉は速度が出る「雷電」を気に入り、西田少尉も案外に好感を抱くに至った。しかし、力士の雷電「為」右衛門から「タメ」と呼ばれた「雷電」は、エンジンが止まればそのまま落ちるのと全体の形状から「爆弾」の異名もとり、動力関係の故障にちなんだ事故があいついだ。

滑油系統のトラブルから、金子少尉は空中でのエンストを二度経験した。初めは飛行場にすべりこんで脚を折り、二回目は芋畑への胴体着陸で助かった。二回の生還には、もちろん運の要素が少なくない。

西田少尉機の場合は、着陸前の第一旋回から第二旋回に移るあたりでエンジンが停止。失速を防ぐため脚を出さずに第二旋回のコースを飛んだものの、海面スレスレまで高度が下がった。大村基地は海沿いだから、そのままでは岩壁に衝突する。西田少尉はとっさに機を傾けて浅瀬に着水、好判断で一命をひろった。

だが、昭和二十年一月十三日の広崎良信少尉機の大村湾への墜落事故は、殉職につながってしまった。

乙戦隊の士官搭乗員を十三期予備学生が占めたのは、内地の防空三個航空隊を含む「雷電」装備部隊でほかに類例を見ない。

三〇二空の第一飛行隊では、予学十三期の多くは補助機材の零戦を宛てがわれた。「雷電」を彼らの訓練にまわすだけの機数の余裕がないほかに、零戦装備の実施部隊へ赴任するまでの慣熟訓練を受ける錬成士官待遇のゆえもあった。そのうちの一人、荻島毅導《きどう》少尉は「いつかは乗るのだから」と、列線を分散するさいに駆けつけて地上滑走を受けもったが、ついに飛ぶ機会を得られぬまま二五二空・戦闘三一六飛行隊（零戦）へ転勤していく。岸本少尉や佐藤晃三少尉のように「雷電」に搭乗した者もいたけれども、彼らも操訓どまりで実戦には加わっていない。

三三二空では零戦隊の今村正仁《まさひと》少尉によれば、予学十三期の「雷電」操訓経験者は一人だけだったとのことだ。それは佐藤寛二少尉で、飛行のつどになじんでいく。

異例な状態のところへ予学十一期の青木中尉が加わったことで、三五二空の乙戦隊は海兵七十二期の沢田浩一中尉を除いて、分隊長以下の士官搭乗員全員が、大学・高専あがりの予学出身者という、とても珍しい構成になった。戦力的な面では一木利之飛曹長、名原安信飛曹長、葛原豊信上飛曹らベテランの准士官、下士官に負うところが大きかったが、平均技倆が充分とは言えない予学十三期が、人のいやがる「雷電」に乗ろうという積極的な姿勢は注目されていい。

乗り始めて二ヵ月ほどたった昭和十九年末ごろには、彼らはひととおり「雷電」を飛ばせるまでに腕を上げていた。事実、本格的な交戦には至らなかったが、十二月十八日に偵察に飛来したF－13に対し、山本中尉（同月一日に進級）、菊地少尉、金子少尉、西田少尉がそろって搭乗割に入り、出動している。

菊地少尉の感覚に「雷電」の特性がよくマッチしていたようで、「低速でも舵がよく効くのを利用して、地表から一・五メートルのあたりでパシッとエンジンをしぼり、同時に操縦桿をさっと引く。すると磁石に吸い付けられるように」ぴしゃりと三点着陸ができた。この相性のよさを青木分隊長に見こまれて、十二月から四ヵ月のあいだに、故障を生じやすく危険度が高い「雷電」の領収機空輸に六回も従事する。

「雷電」は確かに動力系統の故障が多く、滑空による不時着が困難な飛行機ではあったが、その搭乗員のなかには海兵、予学、予科練出身者のうち、この時点で飛行時数二〇〇～四〇〇時間の飛行経験の浅い者が大勢いた。これが、「雷電」が本質的な殺人機ではなく、〝下駄をはいて散歩するような〟主力機・零戦の存在によって、必要以上に危険視されてしまった実態を、如実に示している。

予学十三期出身の「雷電」乗りには、昭和二十年一月のうちにさらに三名が加わる。そのうちの変わり種は十二月二十日に着任した星野正雄中尉だ。それまで佐世保空で二式水上戦闘機に乗っていた。

水上機から転科して零戦に搭乗した操縦員は珍しくないが、「雷電」に乗り換えた者は、数名のベテランのほかは星野中尉だけだ。予学十三期の転科者のなかでは、恐らく唯一の例だろう。まったく特質と性格が異なった二種の機材をマスターするのは大変に難しく、彼の非凡な適応力が知れよう。

特乙出身の兵搭乗員の新規参入もあった。一期の栗栖幸雄飛長（十一月に進級）から「『雷電』のほうが速くて、いいぞ」と誘われた二期の松尾慶一飛長は、心服する一木飛曹長にこの機の特性を質問。戦闘機との空戦には不向き、着陸が大変、飛行中の計器チェックが不可欠といったマイナス面を教えられた。

けれども「雷電」に乗ってみて、その速度と重武装が気に入った。整備員が滑油タンクのキャップを締め忘れ、飛行中に中身が全部出てしまったとき、松尾飛長は燃料の混合比を黒煙が出るまで濃くし、気筒温度の過昇を防いだ。おかげでプロペラは焼き付かずに回転し続け、大村基地への胴着に成功。これも、ふだんからベテランたちに例外例の話を聞いて身につけた処方だった。

三五二空・乙戦隊では青木分隊長の着任後、「雷電」にユニークな塗装をほどこした。分隊長機には二本、編隊長機には一本の黄色の太いイナズマを胴側に描いたのだ。「『雷電』だからイナズマでいこう」と言い出した栗栖飛長のアイディアで、おしゃれな青木中尉はずいぶん気に入ったようだ。イナズマは濃緑の機体色に映《は》えて、地味な塗装が多い海軍機のなか

青木中尉機の右舷全体。分隊長マークのイナズマ2本は黄色に赤のドロップシャドウで、「雷電」と言えばこれを連想しがちなほど秀逸なデザインだ。

左舷のイナズマにドロップシャドウを書き加えているのが搭乗本人の青木中尉だ。機体塗装の剥落ぶりから、マークは相当時間後に付加されたと分かる。

ただちに出動編隊長を決意した沢田浩一中尉。指揮所前で。

で、最も派手なマーキングと言えるのではないか。

成都のB－29と最後の交戦

昭和二十年一月六日の朝、大陸・江蘇省の連雲港レーダー、ついで済州島レーダーから敵接近の情報が入り、午前九時十分に大村基地に空襲警報が発令された。

しかし、小雪まじりの曇天で、基地上空に雲がべったり張りつめている。視界は一～二キロでしかない。「これでは戦争にならん」と、搭乗員と整備員は空襲時の被害を減らすため、列線を敷いた戦闘機を分散にかかったとき、北西、佐世保方向の大村湾上空に雲が切れて青空が見えた。

栗栖飛長は小隊長・沢田中尉に進言する。「下にいてやられるより、切れ目から上がりましょう」

「よし、上がろう」と答えた沢田中尉は、栗栖飛長と吉田政雄飛長を連れて指揮所へ向かい、寺崎司令の許可を得た。中尉はポケットから飴玉《あめだま》を出して二人に分け与え、口に含むと指揮所を飛び出し、「回せーっ」と大声を上げながら「雷電」に駆け寄っていく。栗栖、吉田両飛長もあとに続いて走った。

警報発令後、すでに三〇分を経過している。沢田中尉はいっこくも早く高度をとろうと、失速の手前に思えるギリギリの上昇角度で上がっていき、左後方に栗栖機、やや遅れて右下方に吉田機が追随する。

三機の出撃を見た各隊は、これにならって発進を開始。沢田編隊を含め「雷電」一二機、零戦三〇機、「月光」四機が二五分のあいだに大村の滑走路を離れた。

沢田編隊は結局そのまま雲を突っ切って、高度三五〇〇メートルまで上昇。前方、同高度にB－29五機とやや遅れぎみの白煙を噴く一機を認め、各個攻撃にうつる。

ターボ過給機から白煙を流しつつ遅れて飛ぶ一機に、横から迫った弱冠十八歳の栗栖飛長は、後方に回りこんだ。と思うとB－29の真下にもぐってしまい、余力を駆ってそのまま機首を上げ、直下方から夢中で一連射を加えた。ねらった機と前方の五機からの真っ赤な曳跟《えいこん》弾流の束が栗栖機を包み、カーンという大きな音とともに右翼の二〇ミリ機銃のカバーがめくれ上がった。同時に前から入った敵弾が、方向舵を操作するフットバーの上部金具に当たって横へそれ、胴体に穴をあけた。

顔の丸さで「雷電」決定の栗栖幸雄飛長は見合う活躍を示す。

B－29のエンジンから、激しく黒煙が噴き出すのを確認して反転、離脱し、機首を起こした飛長は、敵機が高度を下げていくのを見た。撃墜の可能性が高い。追撃したが雲中に逃げられたため、彼は雲の切れ間から大村基地上空にもどった。

地上は爆撃によって穴だらけで、「コ」の字に×印の布板が出ている。「降着不能。他の飛行場へ行け」の印だ。不時着用は、佐賀県の目達原《めたばる》陸軍飛行場が指定されていた。しかし、被弾機のうえ燃料残量がわずかなので、飛長は指揮所の横から対角線上に穴がないのを見定め、みごとに三点着陸を決めて海岸べりで「雷電」を停止させた。

吉田飛長は他の飛行場に降りていたが、沢田中尉は帰らなかった。やがて大村湾内に落ちていた「雷電」の中から、操縦桿をにぎったまま事切れている中尉が発見された。

予学十三期出身の菊地少尉は、大村基地の上空、高度六〇〇〇メートルからB－29に直上方攻撃を加え、引き起こしてこんどは直下方攻撃を加えようとしたが、敵機が高速なため、深い角度の後下方攻撃のかたちをなした。

「飛行機に乗ると人が変わる」と言われたほどの闘志で、思いきって近づき、第二撃を加えたとき、合計七～八発の敵弾を受けてエンジンが停止。菊地少尉は黒煙を引きつつ滑空で降り、胴体着陸寸前で脚が出て基地に降着した。「雷電」の胴体の日の丸には、敵の尾部銃座からの二〇ミリ弾によるらしい大穴が二つあき、前部風防内の防弾ガラスにも一二・七ミリ弾の命中でヒビが走っていた。

直上方攻撃を加えたあと編隊が崩れて単機で飛ぶ松尾飛長は、同様に単機で大陸へ向かう別のB－29を見つけ、まず直上方から第一撃。敵機の後ろを下方へ抜けて引き起こし、機首上げの松尾機にかぶさってくる敵に下方攻撃をかけると、巨大な胴体に大穴がボコボコあいた。だが火を噴かない。もう一撃加えるつもりで追ううちに、落下傘を三つ吐き出したB－

29は、雲中に機影を没していった。

この空襲は、大陸・成都飛行場群からの第20爆撃機兵団による、最後の日本内地爆撃だった。以後、台湾やシンガポールに鉾先《ほこさき》を転じ、二月からは人員、機材をマリアナへ移し始めた。そして、三月末のシンガポール爆撃を最後に同兵団司令部は解散し、以後、第20航空軍の作戦はすべてマリアナの第21爆撃機兵団によって実施される。

三五二空にとってもB－29との交戦は二ヵ月以上とだえ、三月下旬にふたたびなじみの敵影に見《まみ》える。

高高度の邀撃戦つづく

大陸から大村二十一空廠、マリアナから中島、ついで三菱と、飛行機工場、エンジン工場への爆撃を続ける第20航空軍が、続いてねらったのは陸軍機および陸軍機用エンジンを作っている川崎航空機・明石工場だった。一月十九日、B－29にとって初めての関西地区への爆撃行である。

五日前の十四日にも三菱・名古屋航空機製作所へ来襲のB－29と交戦していた三三二空は、この日「雷電」七機、零戦五機を発進させ、二機を撃破したベテランの桑原清美少尉を筆頭に、分隊長・斉藤義夫大尉、相沢善三郎中尉、松本佐市上飛曹、越智明志上飛曹が各一機を撃破。いずれも「雷電」による戦果だった。松本上飛曹は直上方攻撃をかけるだけの高度をとれず、前方からの一撃離脱で黒煙を吐かせている。

20年2月、鳴尾基地で昼戦隊の搭乗員がつどう三三二空の待機所。ドラム缶ストーブで暖をとり、出動までのあいだ戦闘経験や攻撃法を話し合う。

「高度六〇〇〇メートルまでは、六～七分で上がれますが、それから先が大変で、九五〇〇メートルまでさらに二〇分以上かかる。水平飛行に移っても、馬力が出ないから、やっと飛んでいる状態です。中高度のつもりで旋回すると失速し、機体が裏向きになって一〇〇〇メートルほど落ちてから、ふたたび舵が効きだしてやっと姿勢を回復できるのです」と相沢さんは高高度飛行の苦しさを語る。

珍しく「雷電」の故障を一度も経験せず、強制冷却ファンが回る金属音が気に入った二飛曹（十一月に進級）、原重蔵さんの回想。

「高速のB－29に追躡《ついじょう》攻撃（追跡しての後方攻撃）はかけ難い。直上方攻撃が最も有効ですが、高高度での占位が難しく、〈翼面荷重が小さい〉零戦の方がむしろ高く上がれました。しかし、対B－29なら武装と速度の点から、やはり『雷電』をとりますね。小隊ごとに四機が単縦陣で突入していく。曳跟弾で眼前が真っ赤になっても、夢中なので恐くありません。死ぬとは考えなかった」。三三二空の小隊は他部隊と同じく、四機編成が基本だ。

高度一万メートル近くでは、外気温度は零下四〇〜五〇度にも達する。身軽さが身上の昼戦隊は、動作がにぶる厚い冬服や電熱服を着用しない。この日、零戦で交戦した青木滋飛長は「膝がガクガクするほど」の寒さに耐えていた。

中島、三菱への空襲は、雲にさえぎられて毎回低調に終わったのに、川崎にとって不運にも十九日は好天で、明石工場への爆弾の命中率は高く、第21爆撃機兵団は作戦を開始して以来、最も有効な爆撃を加えられた。また、三三二空が撃墜を報じなかったとおり、B－29の損失は一機もなかった。三三二空としては、このあと爆撃効果の写真撮影に高高度を単機侵入してきたF－13を、エンジン絶好調の零戦に乗って相沢中尉が撃墜し、一矢を報いただけだった。

F－13撃墜の翌日に報道班員が撮影した相沢善三郎中尉。

「雷電」の〝登録商標〟である動力系統の故障は、三三二空でもなお続いていた。二月六日に上空哨戒で鳴尾基地を発進した分隊長・中島孝平大尉は、エンジンが焼き付いて基地へ帰ろうとしたが、高度一〇〇〇メートルに雲が張りつめ、地点標定ができない。事態は一刻を争う。滑空で雲を抜けるきわどい飛行を敢行すると、眼下に広がるのは大阪湾だった。

大尉は巧みに不時着水をこなしたものの、機外は真冬の海水である。

思い切って泳ぎだした彼は、身の凍る水中で三〇分もがんばって、溺れかかったところを通りがかりの漁船に救い上げられたが、体温が低下して意識不明におちいり、そのまま昏睡状態が続いた。死んでも不思議ではない状況だった。しかし五時間後、からくも息を吹き返して、鳴尾基地から迎えにきた車でもどると、翌日には飛行作業に復帰する、驚くべきタフネスぶりを示したのだ。

川崎・明石工場の破壊に続いて、米第21爆撃機兵団は二月十日午後、陸軍の主力戦闘機・四式戦「疾風」を生産する群馬県の中島・太田製作所を、B-29八四機(出撃一一八機)で襲った。このときマリアナの同兵団の戦力は、テニアン島に進出した第313爆撃航空団を加えて二個航空団に増えており、以後しだいに増強されて、六月には五個航空団、一〇〇〇機近い超重爆がサイパン、テニアン、グアムの三島・五ヵ所の飛行場に展開する。

三〇二空の第一飛行隊では二月初め、第一分隊長・宮崎富哉大尉が「紫電」一一型装備の戦闘四〇二飛行隊長として転勤し、かわって寺村純郎大尉(十二月に進級)が第一分隊長の辞令を受けた。第二分隊長は伊藤進大尉のままである。

二月十日の邀撃戦では「雷電」三五機が発進。春川正次飛長を列機に付けた寺村大尉は、斜め銃装備機で銚子沖に進出し、太田へ向かうB-29編隊を前下方攻撃で襲った。左翼エンジンから発火したB-29一機だけが反転して、降下しつつ洋上へ離脱していき、大尉の初撃墜が記録された。二撃で翼銃の全弾を使い果たし、胴体左舷から出た斜め銃による同航戦まで挑んだ果敢な戦いで、「雷電」もエンジン、主翼、油圧系統に被弾し、霞ヶ浦南東の神ノ池基地に降着した。

佐藤則安中尉、赤井賢行中尉の「雷電」も戦果をあげたこの戦いで、三〇二空は一機の損失もなく、撃墜三機、撃破五機を報告して、勝利を収められた。

けれども、本土防空戦闘機隊がB－29だけを相手にしていればよかったのは、このあたりまでだった。超重爆B－29は確かに難攻不落の手ごわい敵ではあったが、日本戦闘機にとっては攻撃をしかけないかぎり、落とされる恐れはなかった。二日後、敵機のほうから襲いかかってくるという、これまでとはまったく異なる事態を迎えるのだ。

敵艦上機、関東上空へ

米軍は攻略したフィリピンを足場に、沖縄、南西諸島または台湾方面へ向かう可能性が大きい、と大本営は読んでいた。また、日本内地への空襲強化のため、硫黄島の奪取に出る公算が強いと考えられた。

サイパン～東京間二二八〇キロのほぼ中間に位置する硫黄島は、日本軍にとってマリアナのB－29基地爆撃（陸海軍とも実施）の中継地に使い、またB－29の進撃状況を早期に察知できるなど、利用価値が高かったが、米軍にとってもぜひ欲しい島だった。傷ついたB－29の不時着場にできるし、なによりもここに航続力が大きい戦闘機ノースアメリカンP－51D「マスタング」を置いて、爆撃行の掩護《えんご》をさせられる。

20年2月16日の早朝、空母「エセックス」から第4戦闘飛行隊のF6F－5「ヘルキャット」が関東地方に向けて発艦にかかった。

日本軍の読みは当たった。二月十三日に中部太平洋ウルシー環礁を抜錨した米第58任務部隊は、硫黄島攻略の支援のために北上する。そして上陸を前に、同島への航空兵力の増援を断つべく、関東地方の航空施設の制圧に出た。

二月十六日、東京の南東わずか二〇〇キロの洋上の空母群から、まだ夜の明けきらないうちに発艦が始まった。Ｆ６Ｆ、Ｆ４Ｕ戦闘機が、最重要空域へ切りこむ尖兵《せんぺい》の役目を担って、続々と舞い上がっていく。米海軍／海兵隊機による日本内地への初空襲が始まろうとしていた。

日本側は敵機動部隊のウルシー出港をトラック諸島の「彩雲」偵察機によって知り、本土への接近をある程度つかんではいた。だが二月十六日早朝、敵艦上機群は高度四〇〇メートルの低空で関東に来襲したため、レーダーで探知できず、午前七時すぎから、ほとんどいきなり侵入される状況にみまわれた。

三〇二空は七時十五分以降、零夜戦隊のほかに、「雷電」十数機を合わせて延べ三〇機を邀撃に発進させた。「雷電」では対戦闘機戦闘は不利とされており、とりあえず北方へ飛んで高度をとり、引き返して有利なら交戦する消極的出撃により、無用な損失をこうむらない方針がとられた。

　太田付近まで北上したが、Ｂ－29邀撃の癖が出て高く上昇しすぎ、会敵できないまま「雷電」の大半は埼玉県北部の陸軍・児玉飛行場に降りた。残る可動「雷電」一九機はキャリアが浅い搭乗員の操縦で、艦上戦闘機とは戦いようがない「月光」「彗星」「銀河」夜戦とともに、空中避退にうつる。

戦闘意欲をそなえる第一分隊長・寺村純郎大尉は「雷電」単機で、2機のF6F－5に空戦を挑んだのちに離脱した。

　延々と続く北上をいぶかしんだ分隊長・寺村大尉は、編隊から離脱してUターン。燃料が不足して陸軍の狭山《さやま》飛行場に降り、補給ののち索敵しつつ飛んで谷田部空に着陸後、坪井大尉と出くわした。「雷電」二機で敵を求めて発進し、利根川上空にさしかかるあたりでＦ６Ｆ四機を認めた。敵の追尾を受けつつ戦闘に入る。

　「雷電」一機対Ｆ６Ｆ二機の二組の機動空戦が始まった。坪井機は右旋回にかかった敵機に二〇ミリ弾を撃ちこんで撃墜、寺村機も不利な戦闘を無事に切り抜けた。運動性に優れるF6Fに、「雷電」で対抗し得ることを実証した貴重な戦いだった。

それでも、F6FやF4Uとの格闘戦なら零戦の方がやりやすいし、第一使える「雷電」の数がそろわない。そこで二回目、三回目の発進は補助機材の零戦を使うようにし、不足分は第二飛行隊の零夜戦を借用した。

敵艦上機群は、まず太平洋沿岸に近い千葉、茨城両県の館山、茂原、鹿島、神ノ池、木更津の各海軍基地、陸軍の水戸飛行場などを襲い、一部は浜松方面にも来襲した。午後からは、さらに深く侵入して厚木基地、陸軍の印旛《いんば》、成増《なります》、調布飛行場を攻撃。ついで中島・太田製作所を爆撃して、かなりの被害を与えた。途中からTBM攻撃機、SB2C急降下爆撃機が加わった艦上機群の侵入は、午後三時四十分まで合計七波、延べ九四〇機（日本側判断）に及び、一部敵機は夕刻まで攻撃をしかけた。

海軍は三〇二空だけでなく、関東に主力を置く第三航空艦隊の指揮下部隊二五二空、六〇一空、二一〇空が邀撃し、横須賀空も戦力に加わった。合計撃墜戦果は不確実を含んで約七〇機に達し、陸軍第十飛行師団の各戦闘機隊も撃墜六二機を報告した。

海軍の撃墜戦果のうち、三〇二空によるものは九機（うち不確実一機）で、機種はすべて「グラマン戦闘機」と記録された。第一飛行隊の被害は、機首部が引きちぎれた「雷電」で不時着した東盛雄《あずま》二飛曹が重傷（翌日に死亡）、金田一飛曹は木更津上空で対空火器の味方撃ちを食って軽傷を負い、両者の機を含め「雷電」三機が大破した。ともに邀撃に出た零夜戦隊では、分隊長の荒木俊士《しゅんし》大尉ほか一名が戦死した。

日本側の戦果は明らかに過大だが、米側もこれに劣らず、海軍が確実撃墜二七〇機、海兵隊が同一四機と、日本側の邀撃機すべてを落としても余りある数字を出している（もちろん、この中には避退中の攻撃機や爆撃機を含んでいるが）。ただし「雷電」に対する戦果は確実撃墜一機、不確実撃墜二機、撃破一機とひかえめで、いずれもF6Fが報じたものだ。

赤松少尉のみごとな攻撃

米機動部隊は日没後も関東沖を離れず、艦上機群は翌二月十七日も早朝から四波・五九〇機（日本側判断）が関東および静岡地区に来襲した。

三〇二空の邀撃戦力は「雷電」延べ一二機と零戦延べ一七機。零戦の搭乗員はすべて第一飛行隊員だった。ただし、前日に児玉飛行場に降りたメンバーは、降雪のため再出撃できず、そのまま児玉で待機を続けるしかなかった。

午前七時すぎ、名手・赤松貞明少尉は零戦を駆って、寺村大尉との二個小隊八機で千葉上空へ飛び、一〇機ほどのF6F群を発見。自機より低位の編隊を後上方から襲った赤松少尉は、一撃でF6Fに火を吐かせて撃墜し、さらにもう一機に黒煙を噴き出させた。進んで列機についた赤井中尉も一機を落としたが、長機の赤松少尉が深追いを避けて引き返したのに、そのまま追撃して帰らず、戦死と認められた。

赤松少尉が厚木基地に帰投したとき、残っている零戦の中ですぐ使えるのは二機だけだった。これに少尉と坂正《さかただし》一飛曹が搭乗して、ふたたび敵を追う。

相模平野上空、高度四〇〇〇メートルの空域を飛んでいて、攻撃を終えて相模湾へ向け南下中のF6F約五〇機の編隊を下方に認めた。赤松少尉は後上方攻撃を加えて二機を、坂一飛曹は一機を撃墜。しかし「高度は速度なり」で、敵機群よりも高位にあるうちはよかったが、高度が下がるにつれてF6Fの速度と上昇力に抗し難くなった。少尉は敵機に刃向かいつつ、超低空で東京・埼玉県境の村山貯水池近くまで飛んで、追撃を振りきった。けれども、坂一飛曹は一機を落としたのち、さらに他のF6Fを追撃し、別の機に後方から撃ち落とされてしまった。

赤松少尉が自ら列機を選ぶ場合、最後までついてくる搭乗員を指名したのは、空戦から離脱する時期を誤っての返り討ちを避けるためだった。

十七日の三〇二空「雷電」隊搭乗員があげた合計戦果は、不確実一機を含む撃墜一〇機。赤松少尉の四機を筆頭に、坪井大尉と戦死した坂一飛曹の各二機、赤井中尉の一機ほかが内訳である。

敵機動部隊は、二月二十五日にも関東に来襲した。三〇二空は「雷電」一五機、零戦九機で邀撃して被害はなかったが、戦果もF6F撃破二機だけで終わった。

こうした二月の三日間の対艦上機戦闘によって、三〇二空の編成内容が変わった。夜戦の第二飛行隊に属していた零夜戦隊を第一飛行隊に移し、「雷電」隊の補助機材だった零戦を零夜戦隊に編入した。零夜戦隊では夜間行動のできる上級者がごく限られているところから、

三〇二空最後の兵学校出身搭乗員、七十三期生だった菊田長吉中尉が後輩の清水候補生を迎えて「雷電」とともに記念撮影。

本来の用途にもどし、昼戦用の第一飛行隊の戦力を向上させて、対戦闘機戦に備えるのが目的だったと思われる。

したがって零夜戦隊は第一飛行隊・零戦隊へと、立場および名称が変わった（夜間邀撃任務と「零夜戦」の名は残されていたが）。「雷電」隊二個分隊と零戦隊一個分隊の、合計三名の分隊長のうち、最先任は零夜戦の森岡寛大尉だった。

なお、第二飛行隊は「月光」隊と「銀河」隊、「彩雲」改造夜戦を含む「彗星」夜戦隊で構成されていた（「彗星」夜戦隊は五月に新たに第三飛行隊を形成）。

三月一日、筑波空と谷田部空で実用機教程を終えた海兵七十三期の谷山瑞郎中尉、菊田長吉中尉、蔵元善兼中尉、青野壮中尉ら一二名（いずれも当日進級）が三〇二空に着任。筑波空を出るときに「雷電」搭乗を予感していた菊田中尉は、第一線勤務の三〇二空へ行くのは嬉しく、『雷電』への恐怖感ももっていなかった。

訓練の余裕を保ちがたい戦況下、彼らは晩春から初夏にかけて「雷電」の操訓に入り、燃料不足のなかで慣熟飛行を進めて、短期間のうちにB‐29少数機来襲時の邀撃出動まで経験する。交戦には至らなくとも、海兵七十三期で「雷電」での実戦用飛行にたずさわった者は、三三二空にも三五二空にもおらず、三五二空・乙戦隊の十三期予備学生と一脈通ずる、異例のケースと言えた。

同じ三月一日付で着任した工藤稔上飛曹と、中旬にやってきた福井二郎上飛曹は即戦力の中堅搭乗員だった。

二六五空でサイパン島防空戦闘を、二〇一空でフィリピンの戦場を体験した工藤上飛曹は、着陸速度だけ聞いて「雷電」で慣熟飛行を始め、「『雷電』から見れば零戦は凧《たこ》みたいなもの」との的確な比喩《ひゆ》の実感を得た。「『雷電』はエンジンからすぐ火を噴く」とうわさを聞いていた福井上飛曹は零戦搭乗を希望したのに、三四一空で「紫電」に乗っていた実績も手伝って、分隊長・伊藤大尉から「雷電」の操訓を命じられ、短い時間で飛行特性を把握した。

西條徹上飛曹、鈴木博信上飛曹、高山峯重上飛曹にこの二人が加わって、「雷電」分隊の甲飛十期出身者は五名にふえ、終戦まで下士官搭乗員の中堅戦力であり続ける。

不評の高座工廠機

三〇二空の厚木基地に隣接する、高座海軍工廠で作られた「雷電」の評判があまり芳《かんば》しくないようすは、前章でふれた。二十年の春さきには三菱・鈴鹿工場の生産機の主体は三三型に移り、「雷電」装備の各航空隊は、鈴鹿工場と二一型専門の高座工廠の両方へ機材受領に来ていた。

横空審査部の乙部員で大尉だった山本重久さんは「高座工廠で作った機は、翼の工作がよくないのです」と語る。このため失速速度が高くなり、そうとは知らない実施部隊の若い搭乗員が、失速直前の振動を感じとれずに第四旋回で墜落したという。山本大尉が高座工廠製「雷電」の失速テストで飛んでみたところ、六～七ノット（一一～一三キロ／時）も違っていた。主翼を生産する日本建鉄は、一式陸攻の翼も担当しているから素人《しろうと》工場ではないはずだが、従業員の技倆水準の低下が響いたのだろう。

三〇二空の分隊長を務めた伊藤さんは回想のなかで、受領前のテスト飛行で高度五〇〇〇メートルから降下すると、計器速度で四〇〇ノット（真速度はこれ以下）出る新造機がしだいに減って、主翼がねじれる傾向にあったと表現している。一飛曹の山川さんも「高度七〇〇〇から一五〇〇メートルまで降下すると、五機のうち三機はロール（横転）に入ってしまう。また、方向舵の操作索が逆に取り付けられていて、操作と反対方向へ機首が向いたトラブルもありました」と新造機の異常ぶりを説明する。

三〇二空「雷電」隊の搭乗員は〝近所のよしみ〟から、ちょくちょく高座工廠製機のテスト飛行を頼まれた。二月ごろ依頼を受けた赤松少尉は、速度が三〇〇ノット（約五六〇キロ／時）あたりに達すると、機首がグーッと左へ振れたので、危険を感じてすぐに着陸。横空のテストパイロットに見てもらうよう廠員に指示した。

その横空の搭乗員が森益基《ますき》上飛曹である。森上飛曹は海軍ではごく少数派に属する、逓信《ていしん》

横空勤務の森益基上飛曹は「雷電」が引きずる特異性を深刻には感じなかった。高座工廠製の二一型と。

省《しょう》の乗員養成所で操縦を習った予備練習生（召集の予備役下士官。陸軍の予備下士に相当）出身者。空技廠飛行実験部および横空審査部に属して、昭和十九年の秋以降「雷電」「紫電」に乗っていた。彼は「雷電」に違和感をもたず、操縦や飛行特性についても、特に困難な機ではない、と評価していた。

昭和二十年に入って、森上飛曹は高座工廠製機のテスト専従のため、三〇二空と共用の厚木基地へ派遣された。三菱製「雷電」と違って、高座工廠の機は左へ傾く傾向が、三〇二空など実施部隊から指摘されていたため、工廠側から専属のテストパイロットを望む要求が、航空本部あたりに出されていたのだろう。

森上飛曹は、十九年末にも高座工廠製「雷電」のテストを依頼されてしばしば乗っており、そのころから「三菱機は安心して乗れるのに、工廠機はどうして左へ傾くのか」との疑問を抱いていた。厚木に来た彼は、地上で方向舵タブを修正する処置で左傾化を直し、直りきらない場合でも、使用に差しつかえない程度にまではもどす対応ができた。しかし、まもなく上飛曹は恐るべき事態に直面する。

奇跡的生還

小雪まじりの三月三日の朝、森上飛曹はいつものようにタブを直してからテスト飛行に発進した。兵装などが未装備の軽量な「雷電」二一型で、上昇テストをかねて高度一万メートルまで上がり、まず大きな宙返り、ついで右と左への旋回を試し、右に反転しての背面ダイブを終えて、左反転の背面ダイブに取りかかる。

異変が起きたのは、ここからである。左へ向けて失速反転の降下に入ったところ、すさまじい勢いで左傾が始まった。とても修正できる状態ではなく、高度計の針がグルグル回って高速で落下していく。主翼を見るとシワが寄っている。限界を超える機動なのだ。上飛曹が引き起こそうとした瞬間、空中分解が起こった。

左目になにかが当たって気づいたとき、下方に主翼が舞い落ちるのが見え、煙を噴いて落下するエンジンも目に入った。周りにはなにもなく、彼は座席に座ったまま空中に放り出されていたのだ。

落下傘の自動曳索は「雷電」が壊れるさいに、作動しないまま引きちぎれたらしい。座布団がわりに敷いていたバッグの中の補助傘の端が、尻の下からチラチラ見える。だが、手動曳索を引いても開かない。回転しながら落ちていくうちに、上飛曹は手で補助傘の先っぽをつかんで引きずり出した。

高度二〇〇メートルのぎりぎりで落下傘は開き、緊張して見上げる地上の人々から歓声と拍手が起こった。真下にあった高圧線を避けて、水田に降着した森上飛曹は左足をくじいた

20年3月3日、森上飛曹の試飛行時に空中分解し、線路わきにおちた左翼部分と壊れた補助翼。警官が警戒管理中。

が、奇跡的に外傷は負わず、左まぶたに物が当たったさいのカスリ傷だけだった。

付近の警察署で工廠からの迎えを受けた上飛曹は、直ちに事故のもようを述べ、「機が左傾しながらの落下に耐えきれず、空中分解したらしい」と説明。航空本部から調査員が駆けつけて、事故機の残骸と工廠で生産中の機を調べたところ、いずれも垂直安定板の取り付け角度にわずかな狂いが見出された。

零戦のフラッター事故究明で知られる空技廠飛行機部の松平精技師は、エンジン部の首ふりや蛇行飛行と方向舵支持部周辺の回転とがからんで、方向舵にフラッターを起こしたのか、釣り合い重錘《マスバランス》の不足では、と回想している。しかし真の原因は、単純な工作精度の不良にあったようだ。

森上飛曹は回復後、横空へ出向いて状況を報告した。彼がテスト任務に復帰するまでに、工廠では全機の垂直安定板に改修をほどこして、以後は左傾化の悪癖は出なくなった。上飛曹は高座工廠長・岡村純技術少将から善行表彰を受けた。彼の果たした功績を思えば、当然の賞状だったと言える。

四月に任務に復帰した上飛曹は、空中分解の恐怖のなごりは微塵《みじん》も見せず、平然とテスト飛行を続行した。仲がよかった三〇二空の山川光保一飛曹は「森上飛曹は、あいかわらず急降下を続けている」と感心した。同じ「雷電」乗りから出たこの称賛の言葉が、善行表彰を上まわる勲章だった。

二五六空の苦戦と機材空輸

少数機の「雷電」を零戦とともに装備していた、上海・竜華基地の二五六空。昭和十九年十二月十五日付で解隊におよび、同日新編の第九五一航空隊に編入されて、その上海分遣隊に変わった。

佐世保鎮守府に付属する九五一空の任務は、主として東シナ海方面を航行する艦船の掩護にあった。二五六空はそのまま九五一空・上海分遣隊に移行したため、隊員や機材は同一で、やはり「雷《かみなり》」部隊と称し、戦闘機隊は零戦、「雷電」による上空哨戒と空戦訓練を続行していた。

「雷」部隊・戦闘機隊の戦いは二十年一月から俄然《がぜん》、激しさを増した。それまで漢口や北京方面を襲っていた、江西省遂川《すいせん》に展開する米第14航空軍のP－51DおよびK「マスタング」戦闘機群は、一月十七日に竜華基地を奇襲。十数機からの銃撃を受けて零戦一二機、「雷電」三機、九七艦攻六機が燃え上がり、戦死五名に加えて大破五機、格納庫一棟が炎上する大敗北を喫した。

使用可能の戦闘機は零戦五機に激減したところへ、一月二十日午後、「P－51、上海へ向かう」の情報が入り、分隊長・芝田千代之大尉以下の全五機が邀撃に発進。うち一機はエンジン不調で引き返した。

その後P－51十数機との交戦が始まり、撃墜三機を報じたものの、芝田大尉機と江田栄二中尉機は被弾によって発火。二人は落下傘降下で生還した。大場鎮上空で戦闘に入った山仲進中尉はもどらず、夕方になって陸軍部隊により墜落が確認され、操縦桿をにぎったままの遺体が収容された。超ベテランの芝田大尉は「俺は空戦では撃たれやしない。下から火が出たから、地上砲火にやられたんだ！」と怒っていたが、火傷《やけど》がひどく内地へ送還された。「地上砲火」なら味方撃ちだ。

二度の戦いで「雷」部隊の可動戦闘機の大半を失ったため、機材の補充は急務とされた。まず零戦一五機を鈴鹿へ取りにいく。ついで二月十日ごろ、飯野伴七中尉、大野晃少尉、長井謙二少尉の三名は、高座工廠へ「雷電」受領におもむいた。横空の森上飛曹が空中分解にあう三週間ほど前である。

受領機二一型の試飛行を二～三日かかって終え、三機で編隊を組んで厚木基地を離陸した。厚木では禁じられていた編隊離陸を、「もう出て行くんだから、やってみよう」と試したのだ。主脚が地を離れたとき、大野少尉機に異様なショックがあったが、いつもどおりの脚入れ操作をすませた。

大野少尉は乗機がかなり振動するのを不審に思いながら、そのまま飛び続けた。しかし、どうしても速度が出ず、他の二機から遅れがちの状況だ。増槽の燃料を使い果たす予定空域の鈴鹿上空で、飯野中尉機は燃料タンクの切り換えが不良でエンジンが息をついたため、バンク（主翼を上下に振っての合図）をうって兵庫県加古川の陸軍飛行場に不時着。一機だけ快調の長井機も長機に続いて降下し、速度不足で高度を保ちにくい大野少尉機も当然あとを追った。

ところが大野少尉が降りようとすると、下で赤旗を振っている。上昇、降下をくり返していると、地面に「左足」の文字が書かれた。だが脚出しを示す青い指示灯は、計器盤の右端で確かに点《とも》っている。念のため手動の脚出し操作を終えて、「もういいか」と降りていくと、また赤旗だ。少尉は、青灯はついているが左主脚が出ていないのだろうと考え、燃料を使い切るまで飛んでから速度を落とし、急に振動が激しさを増した「雷電」で規定どおりの場周旋回をすませて、機を傾けつつ片脚着陸で接地した。

機体は壊れて使用不能の状態だ。機外に出た彼を驚かしたのは左主脚と、左水平尾翼の安定板の一部が、着陸以前に失われていた破損ぶりだった。原因は、厚木離陸時に滑走路に置き忘れられていた牽引車に左主脚が当たってちぎれ、それが安定板をもぎ取ったものと分かった。単機で離陸していれば、ぶつけずにすんだ脚だった。

そうとは知らない大野少尉は、こんな機で場周旋回までやった危ない飛行を思い出し、「よく降りられたな」と言われて、ドッと冷や汗が噴き出した。

飯野中尉は不調機を、ふたたび不時着陸しながらも数日後、薄暮の上海に持ち帰った。大

滑油が抜けて徳島基地に不時着した大野晃少尉と「雷電」二一型。右遠方に二一〇空・徳島分遣隊の「紫電」一一型が見える。

野少尉は高座工廠で代機の二一型を受領し、第58任務部隊の艦上機の空襲が終わってから発進したが、滑油が抜けたためエンジンを断続させて徳島基地に降り、半月後に竜華に空輸した。この機は、その後も不調が尾を引いた。鶴巻重樹飛長が訓練中に失速して墜落、飛長は低高度で操縦席から飛び降り納屋の屋根でバウンドしてきわどく助かる、というエピソードを残して補充「雷電」は失われた。

事実上、大野少尉の空輸機が「雷」部隊にとって最後の補充機だったのだが、本来なら最後になるはずの別の三機があった。これを空輸したのは、飯野中尉よりも先に竜華に着いた長井少尉、「雷電」を嫌わないベテランの豊田少尉、それに金田泉《いずみ》少尉である。

予学十三期の後期組で天候不良ゆえに実用機教程の修了が遅れ、晩秋に着任した金田少尉に、格闘戦訓練での思いがけない達者な機動を見こんだ芝田分隊長が、「雷電」搭乗を勧めた。おっかない感じはしたが「はい乗ります」と答え、落ちれば落ちたときのことと覚悟を決めて、地上滑走からそのまま離陸。特性を飲みこんで、五回ほど飛んだところで空輸役の指名を受けるテンポの速さだった。

長井少尉にとっては、一度目の空輸を終えてすぐの再空輸だ。豊田少尉、金田少尉とともに鈴鹿で受け取り、互いに試飛行し合った三機はおそらく三三型で、トラブルを起こさずまっすぐ竜華に到着。その後に飯野中尉、最後に大野少尉が運んできたというわけである。戦局の悪化によって、以後の「雷電」空輸は実現しなかった。

厚木基地を出た「雷電」三一型が富士山の周辺空域を飛行する。垂直尾翼に部隊記号がなく、他隊が受領の新造機とも思える。

この空輸からまもなくの二月二十日、九五一空・上海派遣隊は解隊にいたり、同日新編の乙航空隊・中支空に編入された。乙航空隊は基本的には戦力を持たない、基地管理の航空隊だから、中支空の場合は例外的ケースと言えた。中支空に編入後も、司令交代と一部隊員の転勤のほかはメンバーや機材は九五一空のときと同一で、竜華の飛行機隊はそのまま「雷」部隊と自称した。

一月二十日の空戦で負傷した芝田大尉の後任分隊長には、二五六空当時に香港分遣隊長だった早崎大尉が補任された。だが早崎大尉ともう一人の部下は四月二日、「雷電」で上空哨戒中に第49戦闘航空群のP－51編隊十数機に襲われて戦死した。撃墜者の群司令・ジェラルド・R・ジョンソン中佐にとって、22機目の戦果であるこの日本機を、「二式戦《トージョー》」と記録した。大陸で陸軍機を相手にしていたから、妥当な判断と言える。

三〇二空の「雷電」隊が、硫黄島からのP－51に肝を冷やす五日前のできごとだった。

少数機が朝鮮半島へ

昭和十九年中は実戦用のナンバー航空隊と、横空、それに関東の谷田部空、台湾の台南空、高雄空に配備されていた「雷電」は、二十年に入ってから朝鮮北部東岸の元山航空隊へも一一型と二一型を合わせて五機が引きわたされた。元山空は戦闘機操縦要員の実用機教程を受けもつ練習航空隊で、「雷電」配備の理由は、教官、教員が乗っての基地防空と、彼らがこの機を装備する実施部隊へ行くための慣熟にあったと思われる。

元山空で実用機教程を終え、そのまま教官として残った十三期予学の中尉、土方《ひじかた》敏夫さんによれば「二月ごろには元山に『雷電』二機があり、やはり二～三機あった『紫電』とともに、教官の慣熟飛行用に使いました」という状況だった。元山空では、このころから実戦用の戦闘機隊の編成を開始し、対爆撃機戦、対戦闘機戦の両方を訓練した。対B－29攻撃には浅い角度の前上方、前下方を採用。その訓練のさい「雷電」二機を横に並べて飛ばし、大型の仮想敵に見立てて使ったという。ただし、土方中尉も同期の小野清紀《きよみち》少尉も、自分が操縦を命じられはしなかった。

また、「雷電」の操訓から帰って「この飛行機は易しいから、お前たち（予学十三期卒業者）にも乗れるよ」と言っていた分隊長の宮武信夫大尉が、のちに氷結の川に不時着したとも伝えられる。

零戦の小野清紀少尉が、搭乗しない「雷電」一一型の操縦席に入ってみた。7センチ厚の防弾用樹脂ガラスの存在が分かる。

筑波空での実用機教程を終えて、鹿児島基地の二二一空・戦闘四〇七飛行隊付を務め、博多空（中間練習機）教官から元山空に転勤した清水秀夫少尉は、教本をわたされて「教官だけ乗れ」と命じられ、一回だけ「雷電」で場周旋回を体験した。着速が速いので滑走路をいっぱいに使って停止する。彼を含めて予学十三期の教官がつぎつぎに乗ったが、事故は起きなかった。五機の「雷電」が、防空が目的の警戒飛行に従事したのかどうかは判然としない。

このほかに、戦闘機隊でないにもかかわらず、「雷電」で実戦に加わった部隊があった。飛行機および部品、人員、貨物などの空輸を任務とし、昭和十九年八月から鈴鹿を根拠基地にしていた第一〇〇《せんい》一《ち》航空隊である。「雷電」生産の本場・鈴鹿工場に

鈴鹿基地から一〇〇一空が空輸する予定の「雷電」三一型あるいは三三型。翼根に鈴木隆少尉が座る。

ならんだ機材を、実施部隊に引きわたすまでのあいだ、一〇〇一空の搭乗員が乗って邀撃に使ったのだ。

十九年十二月に名古屋への空襲が始まると、飛行歴一二年の超ベテラン、第一分隊長の宮田房治中尉以下の戦闘機搭乗員は邀撃準備に移行。宮田中尉は「雷電」に三号爆弾を付けて高度一万メートルへ上がり、編隊のB－29にいいタイミングで前上方から攻撃にかかったが、凍結で爆弾が落ちず、惜しいチャンスを逸した。分隊士の佐々木原正夫飛曹長が二〇ミリ機銃でB－29撃墜に成功したほかは、B－29や敵艦上機をめざして何度か出動したものの、戦果はほとんど上がらなかったようである。

各種戦闘機で五〇〇〇時間以上も飛んだ宮田大尉（五月に進級）は「『雷電』の上昇率はいいが乗りにくく、着陸時に失速の危険が大きい」と判定している。失速が原因か、大型機操縦の熟練操縦員が「雷電」試乗を希望し、墜落、殉職する事故があった。鈴木隆少尉の空輸機材はおもに零戦で、松山基地から「紫電」と「紫電改」を運んでもいるが、「雷電」だけは乗らずじまいだった。

排気タービン機は実用困難

ところで、正規の「雷電」隊を持つ防空専任の三個航空隊にも、昭和二十年の一月から二月にかけて、いささか奇妙な新型「雷電」が加わりつつあった。新型機とは、ターボ過給機装備機を指している。

ターボ過給機を付けた空技廠仕様の「雷電」三一型改造機。三〇二空で準実戦機に扱われたが戦果は得られなかった。

横空でのテストを終えた空技廠改造のターボ過給機装備機は、まず三〇二空に引きわたされた。二十年初め、そのテスト飛行にあたったのが山川光保一飛曹と伊沢清吉上飛曹である。広い霞ヶ浦空の飛行場に置かれていた二機を飛ばしてみると、機首が重くて三点着陸ができず、また着陸速度は零戦二一型の二倍の一二〇ノット（約二二〇キロ／時）にも達した。

高度八〇〇〇メートルで、山川一飛曹が座席の右にある大きなレバーを引くと、ターボ過給機が作動を開始。同時にエンジンが激しく振動し、ブースト圧は一気に上がって、指針は赤ブーストの目盛《めもり》を振りきった。計器高度一万一〇〇〇メートルまで上昇後、燃料がなくなって着陸した。

ターボ過給機の作動によって、速度と上昇力は確かにアップしたものの、滑走距離が長いからふつうの飛行場では危なくて降りられない。操縦を終えた二人は「これではなあ」と話し合った。

山川一飛曹には排気タービン装備機についてのその後の記憶はないが、分隊長だった大尉の寺村純郎さんは「四機をそろえて一個小隊とし、実戦時の搭乗割にも書きこみました」と回想する。ただし発進はしても、どこか具合が悪くなって、つぎつぎに降りてきたそうだ。排気タービン「雷電」はろくな貢献もできないまま、敗戦の日まで少なくとも二機（一一型と三一型の改修機が一機ずつ）が厚木基地に置かれていた。

三三二空では飛長の川本正行さんが、乗ったようすをかすかに覚えている。「横に排気タービンが付いていた。計器が増えて困った、という印象がうっすらとあります」。しかし、「排気タービン機はなかった」との中尉・林藤太さんの談話もあり、ごく短期間だけ在籍したものか、あるいは見本として一時的に持ちこまれたのかも知れない。

書類上、最も多くの排気タービン機を「保有」したのが三五二空だ。飛行要務士（飛行長の補佐）で少尉の川崎勲さんは、一三機の「雷電」に取り付け、沢田浩一中尉が初めて搭乗した、と回想する。

川崎さんの記憶では、飛行隊長・杉崎直大尉がターボ過給機装備を提唱し、一月六日に戦死した沢田中尉が試乗を志願したというから、初飛行は十九年末か二十年一月早々だろう。二十一空廠へ空技廠型の図面がまわって改修された機だ。

二十一空廠での改修を指導にきたのが、空技廠発動機部の宮城幸正技術大尉である。試飛行のさい宮城技術大尉は、杉崎大尉らしい人物に排気タービン機の特性について説明した（昭和二十年春のころともいう）。

沢田中尉は排気タービン機での離陸後まもなく、エンジン不調のため引き返し、掩体の前でブレーキを利かしたため、片脚を折って停止した。「振動がひどくてどうにもならん」。彼が機から降りてきてこうつぶやくのを、甲戦隊の岸岡秀夫少尉は聞いた。報告のさい沢田中尉は、機首が非常に重く操縦困難で、着陸時の沈み（降下率）が大きいために、「扱いがたい」と述べた。

「殺人機」と呼ばれ、中尉に続く搭乗希望者はいなかったが、数日後に杉崎大尉が二回目の試飛行を買って出た。飛行長・小松良民少佐の「無理するな」の言葉に送られて離陸した大尉は、一時間の飛行を終えて無事に着陸。彼の感想は沢田中尉と同様で、「高高度性能が多少よくなっただけで、飛ぶのが精いっぱい」が結論だった。

空技廠タイプのターボ「雷電」三一型改造機の試飛行を担当、装備を否定した杉崎直大尉。

この結果、三五二空では排気タービン機の実戦使用をあきらめ、装着ずみの各機は空廠で排気タービンを除去された、と川崎少尉は聞いている。乙戦隊はそれまでの邀撃戦で、「雷電」の二〇ミリ弾を八〇〇発から六〇〇発に減らしても、高空性能を稼ごうとしていたほどだったが、空中で自在に機動できなくては意味がない。

三五二空の「雷電」の保有は、三月末日付で三〇機。うち一〇機がターボ過給機装備機であり、これを操縦できる者は一名だけ（杉崎大尉をさすのか？）なので、至急に排気タービンなしの「雷電」か零戦五二丙型と交換してほしい、との機密電を航空本部へ送っている。

これらの「雷電」はその後も放置同然のかたちで保有機として残り、五月下旬にもなお一二機が隊内または二十一空廠で整備・修理中のまま在籍、と記録してある。そして、一度も実戦に使われなかったのはほぼ確実だったと考えられる。排気タービンそのものも、日本の製造技術では完全にはこなしきれなかったのだ。

第七章　終局への四ヵ月

三五二空、三三二空その後の状況

高高度からの昼間精密爆撃を地道《じみち》に続けていたマリアナの第21爆撃機兵団は、三月九日から十日にかけての東京空襲で、戦法を一八〇度転換した。夜間、低高度からの市街地に対する無差別焼夷弾攻撃を、三個航空団からの二七九機（出撃三二五機）で実施したのだ。以後、三月十九日未明までに三〇〇機前後のB-29が、名古屋（二回）、大阪、神戸を夜間空襲し、一回目の大都市市街地の連続焼尽作戦を終えた。

手持ちの焼夷弾を使い果たした第21爆撃機兵団の目標は、三月下旬から九州各地の航空基地へと変わった。米軍の沖縄上陸作戦に協力するためである。

沖縄制圧の主役を務める米第58任務部隊も、三月十四日にウルシー泊地を抜錨。十八日に九州南東海域に進出し、沖縄戦の根拠地である南九州の航空基地を延べ九四〇機（日本側判断）で襲った。大村三五二空は午後二時から零戦二〇機を上げて、邀撃《ようげき》態勢に移行したけれども、敵の目標から外れていたため交戦なく終わった。艦上機を迎え撃つ任務を与えられていたが、F6Fには抗し難いため、三〇分あまりのち「雷電隊集結、五島ニ退避セヨ」の無線電話命令が大村基地から伝えられた。五島列島の福江島には小さな飛行場があり、ここに降着して敵機をやりすごす算段だ。

まず山本定雄中尉機が接地にかかる。曇天で土の色が黒っぽく、滑走路を見分けにくい。やや左寄りに降りたとき、いきなり左翼に手ひどい衝撃があった。めったに飛行機が来ないからか、轢圧《てんあつ》用のローラーが放置されていて、「雷電」とぶつかったのだ。もう二〜三メートルずれていたら、山本中尉は即死、そうでなくとも重傷を負っただろう。基地員の大変なミスである。

乗機は左へ傾き、逆立ち状態をなして燃料が漏れ出した。中尉がケガひとつ負わなかったのは、まさしく奇跡的だった。

この夜、米機動部隊は四国沖まで進出。翌十九日未明から艦上機群を発艦させて、九州の航空基地、呉方面の在泊艦艇、阪神方面の工場を襲った。ここで、三四三空の「紫電改」による、有名な松山上空の大空戦が展開される。

阪神方面の航空機工場防空を担当する三三二空では、二月五日までに岩国の司令部と残留戦力も鳴尾基地に進出したものの、鳴尾が狭くて、まわりに煙突などの障害物も多いことから、まもなく司令部および昼戦隊の伊丹陸軍飛行場への移動が決まった。伊丹には、すでに

大村基地飛行場を離陸へ向かう三五二空の「雷電」二一型は、胴体に太いイナズマ1本を描いた編隊長機だ。前方視界を得るため座席を上げている。

三三二空の夜戦隊が展開していた。

しかし同月中に、かつて三〇一空司令だった八木勝利中佐が、柴田武雄司令と交代して着任すると、二転して鳴尾を本隊にするよう指示。それでも、鳴尾は訓練に不向きなので、三月初めに零戦隊だけは伊丹へ移動し、ついで「雷電」四機と錬成員一六名も移って四月二日まで滞在した。

新たに「雷電」用錬成員を選んだのは、この機を好む八木司令が機材の増強とともに、搭乗員を増やそうとしたからだ。八木中佐は規律にやかましく、分隊長を除く大尉以下の長髪を禁じ、しばしば鉄拳をふるった。司令が部下を殴るのは、他隊ではほとんど例がない。隊員たちは、人望厚い飛行長・山下政雄少佐の存在を支えに我慢したが、山下飛行長自身も八木司令とはウマが合わなかった。

昭和十七年夏から十八年春まで南東方面で

鳴尾基地の指揮所前で中島孝平大尉と斉藤義夫大尉の両分隊長が笑う。まだ司令が岩国基地にいた1月で、看板に分遣隊の「山下部隊」(山下飛行長)が記してある。

二空／五八二空の飛行長を務めていたころは「公私をはっきり分ける人物」の高評を得た八木中佐を、このように変えた原因は、二二一空司令として体験した末期のフィリピン戦の悲惨さにあったのだろうか。ただし、整備の大堀源中尉のように「結婚してから『届けなくても毎晩外出していい』と言ってくれる。さばけた司令」とほめる部下もいるのだが。

三月十九日には鳴尾にF6F約二〇機、伊丹にF4U四機が来襲した。三三二空の主任務はB-29邀撃にあるし、搭乗員は南方帰りのベテランを除いて、対戦闘機戦をやっていない者が多い。「雷電」で戦えば、いっそうの不利は明白だ。鳴尾基地では敵機来襲前に、山下飛行長が「逃げろ！　逃げるんだぞっ」と大声で訓辞したため、交戦には至らなかった。伊丹飛行場の零戦隊も邀撃戦を挑《いど》んでいない。

三月から四月にかけて、三三二空の人員にかなりの異動が出た。三月初め、向井寿三郎中尉と松木亮司中尉は三四三空へ抜かれて士官の「雷電」搭乗員が減り、また斉藤義夫大尉は二五二空へ転勤し、分隊長で残ったのは中島孝平大尉一人だけ。

四月二日に着任した新飛行隊長・浅川正明大尉は人格も優れ、有効な統率を望む隊員たちの期待はふくらんだ。それまで「紫電」隊にいた浅川大尉に、相沢善三郎中尉が「雷電」の搭乗法と注意点を教えた。

だが二週間後の十六日、暗転を迎える。高座工廠製「雷電」の増槽改修のため、林藤太中尉とベテラン・桑原清美少尉が伊丹へ空輸するさい、「林中尉、俺に行かせろ」と浅川大尉が交代。発進直後にエンジンから黒煙を吐いた大尉の「雷電」二一型は、高度二〇〇メートルから降下、大阪湾に突っこんだ。原因は彼の操作不なれにあったようで、海面への突入時に防弾ガラスに頭を強打し殉職した。

四月下旬、山下飛行長は柴田前司令に呼ばれ、ロケット戦闘機「秋水」を装備予定の三一二空飛行長に補任されて転勤。代わって、かつて飛行隊長だった倉兼義男少佐が新飛行長として着任した。どちらかと言えば戦闘に消極的な、八木司令および倉兼飛行長のコンビに、柴田―山下時代を懐しむ声が隊員間に起こったという。

高高度の偵察機を襲う

三月九～十日の夜間爆撃では出番がなかった三〇二空「雷電」隊だったが、四月一日から三日間、偵察に飛来するF－13を襲って、毎回一矢を報いた。

傑出した戦果を遺した水上機転科のエース・坪井庸三大尉。

四月一日の早朝に来襲したF－13を目標に、坪井庸三大尉指揮の「雷電」三機が厚木基地を発進。二月十二日にもF－13を仕留めて自信をもつ大尉は、房総沖まで追撃ののち一撃を加えて撃破したけれども、離脱後の上昇時に機腹に敵弾を受け、墜落、戦死した。

その戦果でなんどか新聞紙面をにぎわし、映画女優にモテるほどのスマートな予備士官の坪井大尉は、「雷電」と零戦を駆って、このときまでにB－29一機、F－13一機、F6F四機（うち一機は春川正次飛長との協同）を撃墜していた。水上機からの転科とは思いがたい、抜群の戦功だった。

翌二日午前、F－13接近中の情報で出動した「雷電」は二機。長機は、夜間空襲が終わった三月十日に着任し、先任下士に据《す》えられた河井繁次上飛曹である。東京上空、高度七〇〇〇メートルまで上がってから、無線電話の調子が悪くて地上との連絡がとだえたため、目をこらしていると、横浜方向から鳥のようなものが近づいてくる。

河井上飛曹は「あっ、これだな」と思った。敵の高度はやや低い。「雷電」二機は単縦陣に連なり、降下して速度をつけたのち機首上げで接近、浅い角度の前下方攻撃を加えた。上飛曹が大型機の弱点である主翼の付け根に二〇ミリ弾を撃ちこむと、火炎が噴き出し、さらに列機が攻撃する。F－13は長く黒煙を引きながら反転し、横浜から東京湾の上空へ南東方向に逃げ始めた。

河井上飛曹はさらに一撃を加えて、厚木基地にもどった。まもなく「墜落したもよう」との伝令の言葉を聞いた司令・小園安名大佐から、「おい河井、やったぞ！」と声をかけられた。しかし、撃墜を確定するには手がかりが少なすぎ、結局は撃破と判定された。それでもF－13に対する、まれな戦果であることに変わりはない。

翌四月三日にも「雷電」三機がF－13を追い、撃破を報じた。

四月一日の時点で三〇二空・第一飛行隊は「雷電」四九機を保有しており、うち可動は二六機で、「雷電」隊の行動もようやく脂《あぶら》の乗ってきた感があった。だが、つねに先手を取る米軍は、東京上空へ強力な新手《あらて》を送りこむ。

強敵P－51来襲

二月十九日に硫黄島に上陸した米軍は、一週間後に早くも連絡機を飛ばし始めた。まだ散発的な日本軍の抵抗が続いている三月六日、第7航空軍・第Ⅶ戦闘兵団のP－51D「マスタング」戦闘機が南飛行場（旧称・第一／千鳥飛行場）に到着。以後、日本内地へ向かうB－29の護衛をめざして、着々と準備を整えていった。

四月七日の午後十時ごろ、B－29約九〇機（日本側判断）が東京西方の工場地帯上空に来襲した。高度は四〇〇〇メートル前後と低い。陸海軍の防空戦闘機にとって、もってこいの状況に思われた。

三〇二空の第一飛行隊「雷電」隊では、二回に分けて延べ三八機を出撃させた。零戦はもちろんのこと、いつものように「月光」「銀河」「彗星」の各夜戦も発進する。敵戦闘機随伴の可能性を示す警戒情報が入ってはいたのだが。

B－29編隊に接近する日本戦闘機は、そのまわりに機首をとがらせた液冷の小型機が飛んでいるのを認めた。陸軍はもとより、海軍搭乗員の多くも味方の三式戦「飛燕」と早合点して、B－29への攻撃態勢に入ったところを、その小型機群に襲われた。これがP－51であった。

厚木基地の第一指揮所屋上から、エプロンで出動準備を始めた「雷電」と零戦を見る。手前左の搭乗員の飛行帽には落下傘での不時着時に民間人へ表示する日の丸が付く。

不意をつかれた日本側の痛手は大きく、三〇二空では「雷電」の黒滝健治飛長が撃墜され、戦死した。ほかに第二飛行隊長・藤田秀忠大尉の「彗星」が落とされてペアの偵察員・土屋良夫中尉とともに戦死、「月光」三機も撃墜されてしまった。これを含めて海軍は九機を失い、陸軍も一一機の自爆・未帰還を出した。

日本機の性能をしのぐ護衛戦闘機P－51Dの出現は、防空戦闘機隊にとって最大の脅威だった。鈍重な夜間戦闘機ではとうてい勝ち目はなく、空中避退を余儀なくされたために、昼間の邀撃戦力は半減した。

　この日、来襲したP－51は九一機で、一部は名古屋方面にも侵入し、陸軍戦闘機を苦戦におとしいれた。ついで四月十二日にもB－29を掩護して東京上空に来襲、十六日には南九州の海軍主要基地・鹿屋《かのや》に攻撃を加えた。

厚木基地周辺の空を制圧中の第72戦闘飛行隊のP－51D「マスタング」。日本戦闘機にはもっとも手ごわい敵だ。

　四月十九日の出撃は、P－51だけによる厚木基地への銃撃が目的だった。B－29の先導を受けて硫黄島を発進したP－51は、二個航空群の一〇四機。一個航空群が地上攻撃に務め、もう一個群が上空掩護《えんご》を担当する任務に分かれていた。

　三〇二空から午前十時すぎに発進したのは、「雷電」一九機と零戦一〇機。「雷電」の一部は、恐るべき強敵と遭遇した。

　第15戦闘航空群・第45戦闘飛行隊のフレッド・H・ヘンダーソン大尉は、厚木基地から離陸する「雷電」ほか一機に偏向射撃を加え、失速に追いこんで地上に滑りこませた。ヘンダーソン機は態勢を立て直したのち、高度六〇〇メートルで「雷電」一機を捕捉。一撃

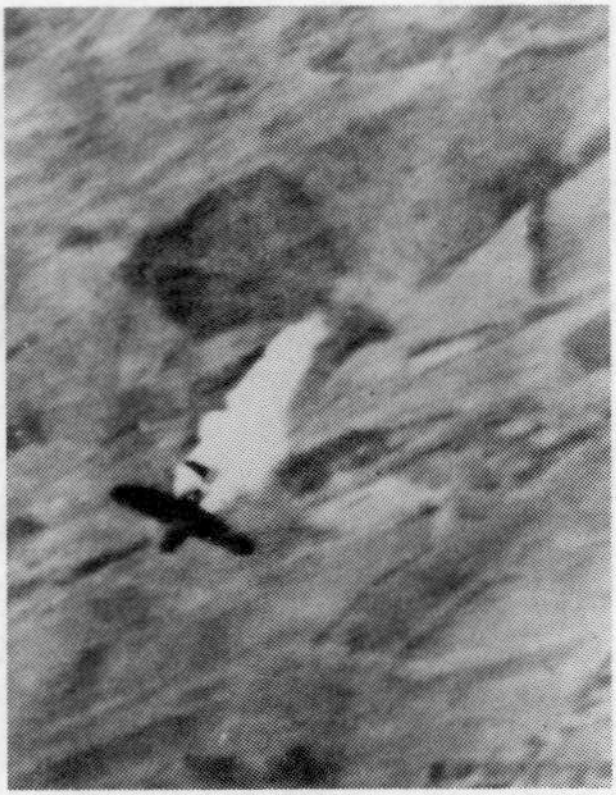

4月19日、第45戦闘飛行隊のドナルド・E・スタッツマン少尉機の射弾を受けて発火墜落する「雷電」。

を加えると、「雷電」は激しく火を噴いて墜落した。大尉の僚機のドナルド・E・スタッツマン少尉も別の「雷電」を捕らえ、後方から一連射を浴びせて撃墜した。これらの二機は、鳥山四郎上飛曹と寺島道男二飛曹の乗機だったと思われる。

第78戦闘飛行隊長ジェイムズ・B・タップ少佐が認めた日本機二機のうち、一機が少佐の接近に気づかず、P－51の射程内に入った。タップ少佐は前側方から迫り、三〇〇メートルの距離から見越しの偏向射撃を加えて、火を吐かせ撃墜した。この「雷電」は胴体後部に長機を示す黄帯を塗っていたことから、機銃掃射の間隙をぬって発進した先任分隊士の福田英《えい》中尉機と推定できる。

三四三空へ転出した同期生（海兵七十二期）のかわりに、福田中尉は前年の十二月下旬、台湾・高雄空教官から三〇二空に着任し、「雷電」の慣熟にはげんだ。一月二十七日のB－29邀撃戦のおりに「雷電」のエンジン故障で不時着。負傷を負ったが、戦列復帰を望む一念で自主退院し、完治しないまま飛行作業に加わっていた。

神奈川県の保土ケ谷上空で寺島二飛曹とともにP－51八機に戦いを挑み、多勢に無勢、乱戦のうちにP－51の接近を知るのが遅れた福田中尉は、後頭部に受弾。これまで日本上空で五機を落としていた少佐の技倆と、六梃のブローニングM2一二・七ミリ機関銃に敗れて散ったのだった。

三〇二空では、これら「雷電」三機の喪失のほか、ヘンダーソン大尉機の地上銃撃により離陸時を襲われた「雷電」と零戦各一機が大破。地上に置かれた「雷電」二機も大破、炎上し残骸と化した。

第二次大戦で最高の傑作機とうたわれる、P－51の威力は大きかった。寺村純郎大尉は「『雷電』でも、やり方によっては戦える。高度を高くとり、加速を生かして一撃離脱する戦法だ」と対策を考えた。だが、その存在はやはり脅威であり、村上義美一飛曹の「P－51のほうが速く、『雷電』ではかなり苦しい。味方は、これ（P－51）に最も多くやられた。P－51に比べればF6Fは振り切れるので、さほど恐ろしくなく、F4Uはどうという相手ではない」との言葉に、一般搭乗員の気持ちが表れている。

一一〇ガロン（四一六リットル）の大型増槽二個を付けたP－51の行動半径は一五三〇キロにも及んだが、硫黄島から一一〇〇キロを飛んでくれば、日本上空での滞空時間が三〇～五〇分に限られる。時間がたつにつれ、敵パイロットは燃料不足を気にして、攻撃がおろそかに傾きがちだ。この点だけが、防空戦闘機隊にとっての救いだった。

「雷電」隊、南九州に集結

米第58任務部隊は三月十八～十九日に西日本を襲ってから、沖縄方面へ移動。二十六日に米地上軍が、西に隣接する慶良間《けらま》列島に上陸し、ここに沖縄決戦の火ぶたが切られた。四月一日に沖縄本島に上陸した敵は、たちまち読谷《よみたん》の北飛行場と嘉手納《かでな》の中飛行場を占領し、早くも制空権を確保していく。

内地が主舞台の本土決戦を最終戦とみなす陸軍に対し、海軍はきたるべき沖縄戦に全力投入する方針だった。海軍主導、陸軍協力の沖縄決戦に、両者の中枢が主戦力として望みを託したのは、おびただしい数の特攻機である。

沖縄航空戦の主担当は、九州および南西諸島の防衛を任務とする第五航空艦隊で、その航空基地の多くは南九州に集中していた。海軍および陸軍の特攻機は、ここから沖縄へ向かうのだ。米軍は当然、基地をつぶそうと空襲をかけてくる。こうした状況は、海軍防空戦闘機隊の各要地からの戦力抽出（陸軍も同様）を招いた。

一つは特攻機の掩護と進路の制空である。五航艦は言うにおよばず、中国・四国以東の第三航空艦隊からも、零戦を主体とする航空隊を国分や鹿児島基地に集めて、この任務に充てたけれども足りるはずはなく、三〇二空と三五二空に零戦隊の進出が命じられた。

四月三日、まず三五二空の零戦約二〇機が大村基地を発進、鹿児島県の笠ノ原《かさんばら》基地に展開した。飛行隊長・杉崎大尉は三月三十一日のB－29邀撃戦（実質的にマリアナからのB－29との初交戦）に零戦で戦死したため、先任分隊長の植松眞衛大尉が飛行隊長代理を務めて指揮をとった。搭乗員の多くは甲戦隊員だったが、対戦闘機戦が主体を占めると予想されて、一木利之飛曹長、名原安信飛曹長といったベテランが乙戦隊から加わった。

笠ノ原進出後、沖縄・中城湾《なかぐすく》の上空制圧、戦艦「大和」の直掩、特攻機掩護などに従事した。しかし、上田清市中尉、田尻博男中尉、森一義中尉、宮本良策飛曹長、大西隆栄飛長らが戦死し、植松大尉も四月十五日にＦ６Ｆとの空戦で負傷、機材も爆撃で損耗して、五月二十日ごろ大村に帰還する。

暖機運転ののち鳴尾基地の滑走路へ向かう三三二空・昼戦隊の「雷電」。遠方の機は三一型で、鹿屋行きもこの型が多い。

三〇二空では「雷電」隊第一分隊長・寺村大尉の指揮で、四月七～八日に合計七機の零戦が笠ノ原に進出した。赤松少尉は地上で負傷して先に帰り、寺村大尉らは一ヵ月ほど作戦に従事して、厚木にもどっている。

もう一つ、防空戦闘機隊から抽出されたのは「雷電」隊そのものだ。特攻機の出撃基地を叩くため四月十七日以降、Ｂ‐29は一ヵ所につき二〇機前後の戦力に分けて、連日のように南九州の飛行場群へ空襲をかけ始めたからだ。「雷電」隊を集めて、このＢ‐29を邀撃するのが目的である。

進出基地は南九州で最大規模の鹿児島県鹿屋。三〇二空は四月二十三～二十五日に、第二分隊長・伊藤進大尉の空中指揮で「雷電」一九機が鹿屋に到着し、三三二空も同期間中に、分隊長・中島孝平大尉が率いて一六機が移動した。三五二空はやや遅れて、四月二十六日に第二分隊長（旧・第三分隊長）・青木義博中尉の指揮により七機がやってきた。

各隊の進出は順調に実行された。事故機は三五二空の一機（大破）だけ、と「雷電部隊戦闘詳報」にあるけれども、三五二空の搭乗員たちは無事故の全機着陸を明確に記憶しており、他部隊機の記述ミスとも考えられる。

整備員もそれぞれの部隊ごとに輸送機などで鹿屋へ移動。三三二空は福森清中尉以下が、零式輸送機に補修用の部品も積んで、四月二十二日に鹿屋へ飛んだ。あいにく敵艦上機が南九州を襲った日で、F6Fに見つかって追われたが、特務士官のベテラン操縦員が海面スレスレを蛇行で飛んで逃げきった。

三個航空隊からの四〇機を超える「雷電」は、五航艦・司令長官麾下の第一機動基地航空部隊に編入。鹿屋基地内の五航艦情報室に詰めた、三〇二空の飛行長・西畑喜一郎少佐が総指揮をとり、第一飛行隊長の山田九七郎少佐が空中兵力を運用した。情報室にはレーダー測定要図が設置され、搭乗員たちが待機する戦闘指揮所へ、有線および無線電話で情報を通達できた。

三個隊の「雷電」隊は竜巻《たつまき》部隊と自称し、四月二十六日午後に可動二一機で地形偵察（地形と空域を覚えるための飛行）をすませて、翌日からの戦闘に備えた。

雲塊を背景に「雷電」編隊が飛ぶ。手前中央が指揮官の伊藤進大尉機。鹿屋上空の初交戦は三〇二空機が三分の二を占めた。

鹿屋上空での奮戦

竜巻部隊の戦いは、翌四月二十七日に始まった。早朝に入ったレーダー情報を受けて、午前八時前に鹿屋を発進した「雷電」は、三〇二空から一三機、三三二空から五機、三五二空から一機の合計一九機。高度三〇〇〇〜五〇〇〇メートルという取り組みやすい条件下で、うち一一機がB－29に二〇ミリ弾を放った。

最もめざましい戦いぶりを示したのは、三三二空の三機だった。二月十五日に伊勢湾上空で零戦に乗ってB－29を落としていた中島大尉は、午前八時三十分に鹿屋上空で十数機からなる敵梯団《ていだん》に直上方攻撃でいどみ、竜巻部隊の撃墜第一号を記録した。斉藤栄五郎上飛曹と越智明志上飛曹は笠ノ原上空でB－29二機を協同攻撃して、二機ともに白煙を噴かせ後落（速度が落ち、編隊を組んだ他機から遅れる）させた。

三〇二空では上野典夫中尉が一機を撃破したが機銃故障で笠ノ原に不時着し、「雷電」は中破した。塚田浩中尉と河井繁次上飛曹も協同で一機撃破を報告している。

三三二空の石原進飛曹長が持つB－29の模型に、斉藤栄五郎上飛曹の零戦が側下方からまわりこむ。よく使われる直前方攻撃へ進むパターンだ。

邀撃戦は休みなく続く。B－29は毎朝、鹿屋方面にやってくるのだ。明けて二十八日には前日の整備が功を奏して、三〇二空から一一機、三三二空から九機、三五二空から六機があいついで発進。

三〇二空では馬場武彦飛曹長と笹沢等一飛曹がどちらも、撃墜ほぼ確実一機と撃破一機を果たし、伊藤大尉、河井上飛曹、黒田昭二飛長ら五名が撃破一機ずつを報じた。三三二空では石原進飛曹長が撃破三機、相沢善三郎中尉、松本佐市上飛曹、大中正行二飛曹が、それぞれ撃破一機を記録。三五二空の菊地信夫少尉も、敵と同高度から降下してズーム上昇に移って、直下方攻撃により一機を撃破した。

しかし三五二空の金子喜代年少尉は、鹿屋上空で直上方攻撃をかけて敵弾を受け、滑油系統をやられてエンジンが止まり、滑空で水田に胴体着陸。左翼を電柱にぶつけて放り出され、気づいたときは手ひどい打撲傷を負って戸板に乗せられていた。顔面を打ちつければ即死の可能性もある防弾ガラスを、取り外していたのが不幸中の幸いだった。落下傘降下しなかったのは、開傘不能と信じていたからだ。当時、搭乗員のあいだでは「女子挺身隊がたたんだ落下傘は開かない」というジンクスがあった。

撃破が一三機にも及んだのは、来襲一時間前には空襲警報が出て充分に邀撃態勢を整えられ、またB-29の投弾高度が三〇〇〇~五〇〇〇メートルと低いので、直上方攻撃がかけやすいからだった。敵が中高度以下なのは、目標の小ささによる。

B-29空襲下の鹿屋基地。右の基地付属施設と飛行場滑走路、左の第二十二航空廠に爆煙が上がる。時限爆弾も多かった。

反面、撃墜に至らないのは、B-29が浅い降下角をとりつつ高速で侵入し、「雷電」が一撃をかけたのち高度を回復するまでに、逃げられてしまうためだ。

しかし、出撃機数は、この日の二六機がピークで、翌四月二十九日には一三機、三十日には一一機と急減する。B-29との交戦と地上での被爆による損失、爆撃で穴だらけになった滑走路での事故、整備不充分による可動率の低下がかさなったのが原因だった。

空襲のさなか、まだ土煙がおさまらない鹿屋基地に降りた「雷電」から、搭乗員がとび出して退避する。置かれたままの機を放っておくわけにはいかず、被爆の危険を承知のうえで、三三二空の整備分隊士・福森少尉が駆け寄って再発動させ、

笹沢等一飛曹は4月28日、29日と奮戦した。直上方攻撃の機動を後輩たちに示す。

続いて走ってきた部下が押して運んだときもあった。

二十九日の交戦では、三〇二空の坂田繁雄飛長が鹿屋北東の上空で二機撃墜の大戦果をあげたが、その後の攻撃で敵弾を受け墜落、戦死した。ほかに笹沢一飛曹機（撃破三機）と上野中尉機（撃破一機）が、不時着および落下傘降下で大破して失われ、黒田飛長が一機を屠《ほふ》るなど、戦果、損失とも三〇二空機に集中した。また、爆撃により地上に残された「雷電」七機を失っている。

早朝六時すぎに出動した黒田飛長の「雷電」は、三三二空からの借り物の一八五号機。高度を五〇〇〇メートル以上にとると油圧が下がる不調機だったので、エンジンが焼き付くのを恐れて編隊長機の下方を飛んでいた。そのうちに他機から離れ単機に変わったのち、地上から電話で「国分から南下するB－29九機を攻撃せよ。基地上空に集まれ」を伝えられた。このとき、鹿屋上空にいたのは黒田機だけだった。

敵編隊（第498爆撃航空群）を認めた飛長は高度五〇〇〇メートルから直上方攻撃にかかり、先頭機をやるつもりが、敵の高速ゆえに最後尾機に射弾が吸いこまれた。あっと思うまにすれ違い、下方に離脱する。上空の敵機に目を向けると、左翼のエンジンのあいだから白煙があふれ、まもなく急激に機首を下げた。続いて垂直尾翼がちぎれて、超重爆は背面キリモミにおちいったまま、高隈《たかくま》山の山すそに激突した。第483爆撃飛行隊機に対する、絵に描いたように完璧な確実撃墜である。

三十日には三〇二空の佐藤則安中尉、三三二空の相沢中尉、三五二空の山本定雄中尉らが撃破六機を記録したが撃墜はなし。三五二空の第二陣四機を加えての五月三日の空戦も撃破八機で終わり、三〇二空の伊沢清吉上飛曹は一機撃破ののち未帰還。大村から進出したばかりの三五二空の西田勇中尉は、直上方攻撃に移るところでスロットルレバーが故障し、二〇〇〇メートルの高度から落下傘降下で生還した。

三五二空・青木分隊長から「代わってくれ」とわたされた救命胴衣《ライフジヤケツト》を付けて、空襲中の滑走路を離陸した松尾慶一二飛曹が、索敵後に鹿屋基地を見ると、「使用不能。他基地へ行け」の定型布板（白布の置き方で在空機に指示を伝える）が出ている。そこで東の串良基地に降り、先着の和田六郎二飛曹と会った。

中佐の襟章を付けた人物が笑顔で指揮所へ招く。中に入ると、従兵がコーヒーを持ってきた。およそ未経験の好待遇だ。さらに黒塗りの乗用車が用意され、士官舎へ向けて走り出した。このとき松尾二飛曹は自分の着ている救命胴衣の背に「分隊長　青木中尉」と書いてあるのに気がついた。

基地防空、下り坂に

竜巻部隊の搭乗員たちは山の中の小学校や民家で寝起きし、ノミとシラミにさいなまれながら防空壕で待機、出撃を続けた。だが、レーダー情報に従って発進しても、会敵できるとはかぎらない。

「大編隊来襲ということで上がると、敵は電探欺瞞紙《ぎまんし》をまく一機だけ。（滞空時間を増やすために）増槽付きで飛んでも、一時間半ぐらいで帰らねばならない。ところが、降りたあとで大編隊が来るんです」。三三二空の矢村幸夫二飛曹（五月一日に進級）がこう語る事態は、五月五日に起きた。

午前五時から竜巻部隊が待機していると、七時に警戒警報、九時に空襲警報が発令された。一一機の「雷電」がただちに離陸に移ったところ、レーダーに感応したのは味方機と判明。消費燃料を無駄にしないため、編隊飛行訓練をすませて全機が降りてきた。これが一回目のカラ振り。五〇分の飛行だったのに着陸後に不調機が続出し、即時可動は五機に半減した。「雷電」の泣きどころである。

レーダーが種子島の東方に、二度目の目標を捕らえたのは十一時すぎ。十一時五十分、矢村二飛曹機をふくむ可動全力の五機が発進、該当空域へ向かっている途中でレーダー反応が消えてしまった。単機で飛来したB－29／F－13が、日本側でいう電探欺瞞紙、すなわち攪乱用の細長いアルミ箔をまいていったように思われる。二回目もカラ振りに終わって、三五分の飛行ののち全機降着。

これ以上「雷電」の可動機が減れば、翌日の邀撃が危うくなりかねないため、午後は飛行場での即時待機をやめて搭乗員を宿舎にもどし、機を掩体壕に分散させた。「本日ハ出動ヲ取リ止ム」を意味する。三時すぎに警報がかかり、今度は本物のB－29編隊約二〇機（日本側判断。実際は一〇機）が鹿屋基地上空に侵入、投弾して去っていった。

前日の五月四日はB－29が大村へ向かったため会敵できず、六日はレーダーの味方機誤認で三日連続の無為に終わった。ようやく七日の邀撃戦では、伊藤大尉以下の三〇二空六機と石原進少尉（五月一日に進級）以下の三三二空三機が協同で撃破四機を、三五二空の菊地少尉が撃破一機を記録した。

20年2月初め、「雷電」の水平尾翼に座った矢村幸夫飛長に出原寛一一飛曹（ともに進級前）がもたれる。右後方は整備中の零戦五二（丙？）型、うしろに鳴尾競馬場の階段状観客席が見える。

三三二空の三機は、高度九〇〇〇メートルから緩降下してきた高速のB－29に下方攻撃を加え、左翼内側の第二エンジンから煙を吐かせたが、出原寛一上飛曹（一日進級）は被弾して黒煙を吐く乗機とともに海中に落ち、伝馬船に救われた。伝馬船の乗組員は「米兵か？」と竹槍を持って緊張している。出原上飛曹は飛行帽と右袖に縫い付けた日の丸を見せ、大声でしゃべって日本人と分からせて、やっと引き上げてもらった。

この空戦の直前に、三三二空の相沢中尉は機材受領をかねて鳴尾に帰り、鹿屋基地の惨状を伝えた。竜巻部隊の「雷電」は空襲と事故、故障で可動機が激減しており、総指揮官の三〇二空・山田飛行長が述べた「補給の意味なし」の言葉を八木司令に報告して、司令を怒らせる一幕もあった。

五月十日の戦いでは、三〇二空の塚田浩中尉と河井繁次飛曹長（五月一日に進級）が協同で撃破三機、三三二空の相沢中尉と佐藤寛二中尉が撃破一機、三五二空の岡本俊章中尉が撃破一機を果たした。

岡本中尉は一月六日に戦死した沢田浩一中尉に代わって、三五二空・乙戦隊ただ一人の兵学校出身搭乗員の立場にあった。甲戦隊からの異動が決まったとき、「雷電」をいやがる零戦搭乗員から「とうとう分隊士も、お六字街道（南無阿弥陀仏、つまり死出の旅の意）か」とうわさされたが、鹿屋へ出るまでに操縦をマスターしていた。

十日午前八時の邀撃戦は、竜巻部隊の最後の戦いだった。戦闘後、保有二五機のうち使える「雷電」は八機しかなく、もはや効果的な集中使用は望むべくもなかった。

四月二十七日から二週間、七回を数えた交戦での合計戦果は、撃墜四機、撃墜おおむね確実四機、撃破四六機で、撃破のなかには三号爆弾によるものも含まれている。撃破が特に多いが、自分の戦果を記憶していない搭乗員が少なくない。最先任で実質的な空中指揮官だった大尉の伊藤さんが「報告した戦果よりも、地上で記録した数のほうが多くなっていましたね」と語るように、五航艦司令部がいくらか希望的観測で戦闘詳報を書いた可能性があるのではなかろうか。

可動率の不良は、他部隊機との小隊編成につながった。対戦闘機戦ほど編隊の必要度は高くないが、対爆戦闘でも慣れない長機と列機では、威力は当然低下するはずだ。

戦い終わった三〇二空と三三二空は、五月十六日に鹿屋基地を離れた。山川上飛曹（五月一日に進級）や矢村二飛曹のように「雷電」を操縦して厚木、鳴尾にもどったのは例外で、三〇二空と三三二空の搭乗員たちはたいてい、十五日に機材を鹿屋残留の三五二空に譲り、身ひとつで帰還したのだった。

P－51との攻防戦

竜巻部隊が解散したころ、沖縄戦の帰趨《きすう》はほぼ定まったためB－29の南九州爆撃も終わり、第20航空軍は機雷投下による港湾の封鎖と、二回目の大都市への昼間および夜間焼夷弾空襲にうつった。

五月二十三～二十四日、二十五～二十六日の両夜に五〇〇機前後の大群で東京市街を灰にしたB－29は、ついで二十九日の午前に四個航空団からの四五〇機で、横浜に焼夷弾の雨を降らせた。この昼間爆撃行には約一〇〇機のP－51Dが随伴しており、三〇二空は夜戦をはずして「雷電」三機と零戦八機ほどを出撃させた。両機種とも南九州で消耗したための、機数の少なさである。

射撃照準器が故障の「雷電」に乗って出た寺村純郎大尉は、P－51四機編隊を単機で追撃中に、後方から別の四機に襲われ、エンジンと燃料タンクに被弾。火傷を負いながらも燃える機から脱出し、落下傘で生還したが、一ヵ月の治療を余儀なくされた。

残る「雷電」二機と零戦二機も被弾して落下傘降下し、鹿屋から帰った傍示《かたみ》誠譲《せいじょう》中尉は零戦で北鎌倉に落ちて戦死、祖《そ》一《いち》茂二飛曹は相模川に不時着して重傷を負った。すべてP－51による被害である。

その強敵P－51を、手玉に取った二機の「雷電」があった。

六月ごろ（二十三日か）三〇二空きっての名人と言われた赤松貞明中尉（五月に進級）と、やはり飛行歴の長い河井繁次飛曹長が、小田原上空を低高度で飛ぶP－51二機を発見した。こちらはやや高度が高い。赤松機は降下・上昇をくり返しながら接近していき、これを河井機がカバーする。P－51が上昇しようとしても河井機がじゃまになって上がれず、敵二機をすり鉢の底へ追い込んだかたちをなした。中尉は一機にとどめを刺して撃墜し、残るP－51も追撃、捕捉して叩き落とした。運動性を重視しない、「雷電」の特性を知りつくした戦闘法と言えよう。

また別の日、赤松中尉を長機とする四機の「雷電」は、相模川に沿って南下中に二〇機ほどのP－51群と出くわした。中尉は手近な一機を襲うと煙を吐かせ、そのP－51は仲間から遅れ始めた。とどめを刺すチャンスである。だが、二番機の山川光保上飛曹は「こちらが好機のときは、敵が後ろに必ず一機いるから気をつけろ」との中尉の訓辞を思い出した。ふり向くと、やはり後方にP－51が占位しつつある。

赤松中尉は深追いせず、一撃を浴びせただけで急上昇に移る。対戦闘機戦のエッセンスを熟知しているのだ。戦闘空域を離脱するさいにも、一瞬たりとも真っすぐ飛ばず、敵に照準の機会を与えない。このときすでに飛行時間一〇〇〇時間の経験をもつ、ラバウル帰りの山川上飛曹も、ぴったりついていくのに骨が折れるほどだった。

横浜に続く敵目標は大阪。六月一日、四五八機のB‐29が昼間の焼夷弾空襲を実施し、このときも一〇〇機を超えるP‐51を随伴してきた。

三三二空では、進級当日の分隊士・林藤太大尉、相沢善三郎大尉ら四名が鳴尾基地を「雷電」で発進した。

「雷電」二一型に乗った林藤太大尉は6月1日に直上方攻撃でB－29の主翼を壊し確実撃墜。

一五二号機に乗った林大尉は、敵高度を五〇〇〇と読むと、高度差を一〇〇〇メートル取れるまで全力上昇し、B‐29一一機編隊に向かって直上方攻撃に入った。敵先頭機の左翼に描かれた国籍マークの内側に、二〇ミリ弾があいつぎ炸裂して、主翼が三分の一以上も吹き飛んだ。一機撃墜確実である。

そのまま降下してから、高度五八〇〇メートルまで引き起こし、左前下方の九機編隊に突進。一番機に前上方攻撃を加えて、右内側の第三エンジンから黒煙が流れるのを認めた。このとき被弾して左翼機銃の点検用外板がめくれ飛んだが、入道雲をまわって神戸市の北方へ出、雲間から出てきた一一機編隊の長機に、体当たり覚悟の直前方攻撃を敢行した。

発射ボタンを押しっぱなしのこの攻撃は刺し違えだった。B－29の左翼内側エンジンから炎が出ると同時に「雷電」も火を発し、林大尉は風防を開けて機外へ飛び出した。落下傘に揺られながら、市街から立ちのぼる燃焼ガスを吸いこんで気を失ったけれども、六甲山の裏山へ接地直前に蘇生した。「雷電」一機と引き換えに、B－29一機撃墜、二機撃破の充分な代償を得たのである。

この日、三三二空では、竜巻部隊で撃破を記録した大中正行一飛曹（五月に進級）が、奈良・春日大社の裏に落ちて戦死。B－29の防御火網により、零戦で出た渡辺清美大尉、山崎正一一飛曹が斃《たお》れ、町田次男中尉が落下傘降下して、人機ともに大きな損失をこうむった。

三五二空の昼戦隊、解散

竜巻部隊の解散後も、ひとり鹿屋基地に残って作戦を続行中の三五二空・乙戦隊は、二週間たった五月二十九日の時点で、なお可動「雷電」八機、搭乗員九名を擁していた。しかし、すでにB－29は南九州の航空基地爆撃を終えて鹿屋周辺への来攻はなくなり、これ以上留めておいても意味はない。

そこで、三五二空司令部は五航艦に乙戦隊の復帰を希望し、了承されて六月三日、四〇日ぶりに「雷電」は大村基地に帰還した。ところが、彼らがいないあいだに、三五二空の状況に二つの変化が起きていた。

まず四月末から五月中旬にかけて、南西方面の三八一空の戦力が内地に引き揚げてきて、その夜戦隊・戦闘九〇二飛行隊が三五二空に編入されたのが第一。続いて五月二十五日付で、三五二空は佐世保鎮守府長官の麾下を離れ、五航艦の第七十二航空戦隊に編入されたのが二つ目である。

七十二航戦は本土決戦の決号作戦用に、第三航空艦隊の七十一航戦とともに、戦闘機部隊だけで編成された航空戦隊で、鈴鹿山脈を境に東日本を七十一航戦、西日本を七十二航戦が担当する区分けがなされていた。

鎮守府長官の麾下部隊から連合艦隊に所属する航空戦隊への編入は、三五二空が一定区域のみを守る局地防空戦闘機部隊ではなくなった、任務の変化を意味する。命令があれば、どこの基地へでも進出し、邀撃戦ばかりでなく、制空・掩護や銃爆撃任務も請けおう立場に変わったのだ。

航空戦隊に編入されたのは三五二空だけではない。同じ五月二十五日付で三三二空も呉鎮守府から七十二航戦に、三〇二空は六月五日付で横須賀鎮守府から七十一航戦に編入が発令された。本土決戦を考慮していなかった海軍は、陸軍に引きずられて、ずるずると決号作戦にのめりこんでいった。

鹿屋から大村にもどってきてまもなく、菊地信夫中尉（六月一日に進級）、山本中尉、星野中尉、栗栖二飛曹、松尾二飛曹ら三五二空・乙戦隊員に伝えられたのは、三三二空への転

三三二空に転勤した三五二空の下士官搭乗員が鳴尾基地の観客席で記念撮影。左から和田六男二飛曹、不詳、栗栖幸雄二飛曹、山形公三上飛曹、岩城秀夫二飛曹。みな鹿屋防空戦に参加した実戦経験者だ。

勤命令だった。

　本土決戦に移行すれば、敵の上陸地点はまず九州南部である。ここに飛行場を作られると、大村上空はたちまち敵の戦闘機の制圧下に入り、乙戦の出撃はきわめて困難化する。また敵爆撃機は必ず、後方基地の関西、中部方面を叩きにくる。そこで、一歩下がって鳴尾基地に「雷電」を集め、まとめて運用しよう、というアイディアだったと思われる。

　事実三〇二空も、七月には「雷電」隊を可能なら五〇機、鳴尾へ進出させ、決号作戦の第一段階（第二段階は敵の関東上陸時）に参加する計画を立てていた。

　三五二空の乙戦隊は六月八日、岡本俊章大尉（六月一日に進級）の指揮で鳴尾へ移動した。ただし、岡本大尉はすぐに大村にもどったのち、福岡県築城《ついき》基地の二〇三空付に転じ、乙戦隊分隊長だった青木義博中尉は、航空神経症にかかっていたためか、夜戦隊付の身分で大村に残留。一木利之飛曹長も鳴尾へは行かず、二〇三空に転勤して岩国で特攻隊の教官を命じられた。また岸岡秀夫中尉のように、いったん鳴尾まで行き、ついで岩国に移り、最終的に三三二空の伊丹分遣隊（零戦隊）付に落ち着いた者もいた。

甲戦隊も佐伯義道少尉、吉原博二上飛曹ら大半の搭乗員が二〇三空付になって築城基地へ移動したが、浅沼正中尉ら海兵七十三期の三〜四名は、三四三空の錬成隊、「紫電」一一型装備の戦闘四〇一飛行隊へ転勤し、松山に着任した。甲戦隊の二〇三空転入も、零戦集中使用のねらいから採られた処置だ。

こうして、本土の局地防空戦闘機隊として初めてB-29と戦闘を交えた三五二空の甲、乙戦隊は、六月十五日付で解散にいたり、三五二空は戦闘九〇二だけの夜戦部隊へと内容を変えた。

鳴尾基地の飛行機分散場で本間公(いさお)上飛曹と、地上攻撃を避けるため擬装網をかけた「雷電」。

温存策へ移行

三三二空に転勤した「雷電」の好きな菊地中尉は、鳴尾基地でも大村のときと同様に離陸後の急上昇に入れて、八木司令から「危ない！」と叱られた。鳴尾は大村よりずっと狭くて離着陸しにくい飛行場だったせいもあるが、三三二空首脳部の消極的な姿勢の表れだったとも見なせよう。

本来の三三二空の隊員たちも、規律に口

うるさいばかりで交流を持とうとしない司令や倉兼飛行長の言動にうんざりしながら、敵襲の合間をぬって訓練を続けていた。燃料は必要最小限に切りつめられ、本土決戦に備えた六月下旬からの温存策によって、飛行機を付近に分散し、敵小型機の来襲時には日本海側への空中避退で損耗を避けた。このため、軍になじみがなく、いわゆる文化人が多い鳴尾周辺の住民から、「海軍は敵機が来ると逃げる」と辛辣《しんらつ》な噂《うわさ》が聞こえてきた。「なぜ逃げるのか不思議に思いました」。当時の搭乗員で一飛曹（五月に進級）だった原重蔵さんでさえこう感じたほどだから、一般市民の誤解は無理もない。零戦に乗った町田次男中尉が鈴鹿上空で、彦坂仁上飛曹が滋賀上空で、どちらもP－51に落とされ戦死した（巻末のイラストを参照）。六月二十六日の交戦が最後の組織的な対戦闘機戦だった。

このころ、三〇ミリ機銃二梃を翼内装備した「雷電」三三型改造機が、三三二空に持ちこまれた。

この機銃は、第五章で述べたエリコン式機構の二式三〇ミリ機銃とは異なり、外国製品のコピーやその改良に終始した日本の航空機銃のなかで、ただ一つ量産化できた純国産の優秀な自動火器だった。初速は九九式二号二〇ミリ機銃と同一、発射速度が同等ないし一割大きいうえに、弾丸の威力は三倍近くもある。二式三〇ミリよりも確実に強力で、当たりどころによっては一～二発で大型機を撃墜する荒技も可能だった。

五月に制式採用に至ったこの五式三〇ミリ機銃を装備した「雷電」は、鳴尾で林藤太大尉が搭乗し、試射を実施した。彼の記憶では、給弾装置の不具合と、二〇ミリ機銃にくらべて

三三二空が受領した「雷電」三三型。敗戦後、鳴尾基地から横須賀へ向かうときに写された。30ミリ機銃が太く見えるのは銃身を包むカバーのため。

発射速度の低さが目立ったという。

五式三〇ミリ機銃装備機は三〇二空にも配備され、山川光保上飛曹が相模湾の上空で射撃してみた。ところが一梃が故障して弾丸《たま》が出ず、片銃のみで発射すると、撃つたびに「雷電」が揺れて、いい気持ちはしなかったそうだ。大口径機銃の装備よりも、「弾道特性の良好な二三ミリ機銃を六梃付けてくれた方がいい」というのが山川上飛曹の持論だった。

その三〇二空「雷電」隊でも対小型機戦闘は、鹿屋でともに戦った上野典夫大尉（六月一日に進級）とラバウル帰りの小林勝治上飛曹が、第458戦闘飛行隊のP－51に撃墜された六月二十三日からのちは、ほとんど実行されなくなった。

人員構成にも変化が見られた。それまで地上指揮を主としながらも、第一飛行隊長を務めていた山田九七郎少佐は、六月上旬、横鎮および七十一航戦の航空参謀に転出した西畑喜一郎少佐のあとをついで、飛行長に昇格。第一飛行隊長には、零戦隊を率いてきた先任分隊長の森岡寛大尉が補任された。

また七月に入って、第二分隊長・伊藤進大尉を筆頭に、栗坂伸三中尉（三月に進級。いったん零戦隊に移った）、村上義美上飛曹、青木力雄上飛曹（ともに五月に進級）ら一〇名ほどが、ロケット戦闘機「秋水」の装備を予定して霞ヶ浦基地で訓練中の三一二空に転勤。分隊長職を赤松貞明中尉にゆずった伊藤大尉は、愛機の尾翼に六個の黄桜（撃墜五機、撃破一機）を残して厚木基地を離れていった。

七月のあいだ、「雷電」部隊の行動はごく控え目であった。戦力温存を第一義にして、三〇二空でも三三二空でもまとまった出撃は手びかえられた。

ところが、八月六日と九日の原爆投下、九日のソ連参戦と、事態の急変があいついだため、連合軍に対する反発と国民の戦意喪失を防ぐ目的から、海軍は温存策をやめて積極的な戦闘行動をとる方針に移行した。

B－29がかけた最後の東京空襲は十日。早朝に来襲した艦上機群が去ったのち、赤羽兵器廠と第二十三製造廠（中島・荻窪製作所を改称）を目標に侵入したB－29群へ向けて、赤松第二分隊長の編隊が発進を始める。

列機についた工藤上飛曹が索敵にかかったとき、第15戦闘航空群のP－51に撃たれて頭部を負傷。左目だけで着陸に成功し、自力で戦死をまぬがれたが、頭内の弾片が以後七年にわたり彼を苦しめる。

もはや、こうした邀撃は最後のあがきにすぎなかった。圧倒的な敵戦力に囲まれて、どう動こうと、もはや日本に戦局挽回の余地があろうはずはなかった。

「雷電」隊、終焉《しゅうえん》にいたる

日本政府は八月十日、連合軍に対しポツダム宣言の受諾を通告した。国際都市の伝統がある上海では、いち早くこのニュースをとらえ、十二日の市内（租界）には「抗戦勝利」のポスターや「日軍降伏」「美国《アメリカ》海軍歓迎」の旗が見られるようになった。

竜華基地の中支空「雷」部隊では、これを放置しておくわけにはいかず、鎮圧のため分隊長・飯野伴七大尉（六月に進級）は飛行隊長・山崎圭三大尉に、租界上空の低空示威飛行を願い出た。

中支空分隊長・飯野伴七大尉と発動中の「雷電」三三型。竜華基地で。

許可を得た飯野大尉は単機「雷電」で発進したが、高度九〇〇メートルでスロットルレバーが故障、エンジン出力が低下した。大尉は上海市内を流れる黄浦江まで機を持っていき不時着水。全身打撲をこうむりながらも、沈没した「雷電」から逃れ出て浮かび上がった。これが「雷」部隊の「雷電」による、最後の作戦飛行である。

一方、厚木基地の三〇二空では、八月十三日の夜から首脳部が降服の情報を知り、十四日の夜には士官次室《ガンルーム》などへも噂が広がっていた。

　明けて八月十五日、未明から敵機動部隊の情報が入り、前夜に憤《いきどお》りの酒を飲まなかった搭乗員たちは、早くから指揮所に詰めていた。第一指揮所の「雷電」隊では、先任者が酔って出てこないため、海兵七十三期出身者が搭乗割をまとめ上げた。

　蔵元善兼中尉はタバコを吸いながら、同期の菊田長吉中尉に「今日あがったら、降りてくるのがいやだなあ」と語りかけた。降服の日であることは、士官次室の中尉、少尉はみな感づいていたようだ。「とにかく、今日が最後だ。がんばろうぜ」。蔵元中尉は自分に言い聞かせるように言葉をしめくくった。

　午前五時三十分以降、敵艦上機二五〇機（日本側判断）が関東地区に来襲。厚木基地から「雷電」と零戦が舞い上がる。「雷電」に搭乗した蔵元中尉は、独特の金属音を残して発進し、F6F群との空戦をめざして消えていった。

　敗戦を告げる正午の玉音放送のあとで農民から、日本機が墜落している、との知らせがあり、赤松中尉の指揮で隊員たちが現地へ向かった。基地北東の瀬谷町《せやちょう》で、土中に突っこんで埋まった「雷電」の、胴体の中から見つかったのは、操縦桿を握りしめたままの蔵元中尉の遺体であった。

「雷電」隊ではもう一人、シンガポールから転勤してきた先任下士の武田一喜上飛曹も帰らなかった。蔵元中尉と同様、この機を駆っての初陣で散ったのだ。

　八月五〜六日の夜間空襲で「雷電」一〇機、零戦七機焼失など手痛い損害を出していた鳴尾の三三二空では、放送が終わると司令・八木中佐が「全員特攻となって戦うべし」と訓辞。翌十六日の夜には「敵機動部隊、四国沖に接近中」の情報によって、中島孝平大尉以下八個小隊の攻撃隊が編成された。

ところがこれは誤報で、敵情はいっこうに判明しないため、十七日午前五時すぎに林藤太大尉と越智明志上飛曹は、増槽を付けた「雷電」で索敵に発進した。敵艦隊発見のさいは、本隊に連絡ののち突入、体当たりせよと命じられていた。

高知へ向けての雲上飛行中に無線が不通におちいった。そのまま飛び続け、足摺岬をすぎてから東へ変針。高知沖で越智機はエンジン不調のため海岸に不時着し、上飛曹の無事を確認後さらに索敵を続けた林機も、帰途エンジン不調で淡路島の由良港に着水した。

「雷電」の短いが、苦しい戦いは終わった。逆風にみまわれた局地戦闘機ではあったけれども、B-29来襲後の海軍は打撃力を期待し、搭乗員たちも「雷電」もそれに応えるよう努力を続けた。

敗戦の日から二ヵ月半たった十一月三日の午前九時二十分、三三二空の林大尉、渡辺光允大尉、松本佐市飛曹長、斉藤栄五郎飛曹長の乗る「雷電」三三甲型四機は、米海軍のグラマン「アベンジャー」攻撃機の先導を受け、横須賀航空基地へ向けて鳴尾基地を発進した。捕獲調査機の指定を受け、米軍の航空技術情報局へ引きわたすためである。

四機の修復に、整備分隊士だった大堀中尉は室蘭から、福森中尉が東京からそれぞれ呼び出され、ベテランの下士官たちも鳴尾に集まってきた。機体、エンジンの状態はわりによかったけれども、台風の水害にやられた主脚の交換など大がかりな難作業をこなして、ようやく飛行可能に漕ぎつけた機材だった。

日の丸を消し、その上に星の米軍マークを描いた「雷電」は、二五〇〇メートルの高度を五〇分間飛んで横空に到着。日本人の手による「雷電」の最後の飛行だった。飛行練習生のときの昭和十六年、初めての場外飛行で逆のコースを飛んだ松本飛曹長にとって、万感、胸に迫ったという。

あとがき

どちらも局地戦闘機すなわち乙戦で、どちらも胴体が太いのに、飛行機ファンが「雷電」と「紫電」から受ける印象は、ずいぶんと差がある。

その第一は活動状況。「紫電」は一〇〇〇機も作られたのに、どこでどんなふうに戦ったのかをすらすら言える人は少ないはずだ。比較的良好な運動性ゆえに、零戦の補助機材として甲戦に準じた扱いを受け、対戦闘機戦を強いられて勝てず、また実戦に使った部隊がわずかだったのが原因だろう。

対する「雷電」は、生産数が「紫電」の半分にすぎないけれども、純粋な乙戦と見なされて、用途がほぼB－29邀撃《ようげき》一本にしぼられた。この偏《かたよ》った用法の際立《きわだ》ちと、機数は多くはないけれども装備した各実施部隊がいずれも、ほぼ邀撃戦だけに使って、一応の戦果を記録したために インパクトが強い。

第二の理由は外形にある。中翼の「紫電」はそれなりに強そうだが、後続の「紫電改」が完成形と見なされるため、マイナスイメージを抱かれがちで損をしている。この点、後継機がない「雷電」は、改修および部分改造による各型の比較にとどまって、ともかくは完結した存在。砲弾型のアウトラインの強烈さは、日本軍用機に類例がない。しかもアングルによっては意外なほど鋭く、図太さだけの形状の「紫電」に差をつける。かくして、個性的スタイルの軍配も「雷電」に上がるのだ。

一九八三年（昭和五十八年）の初頭に、つぎに書く題材を「雷電」「紫電」のどちらにしようかと考えたとき、こうした考えが浮かんだのを記憶している。そこで「雷電」に決め、取材を開始。半年後に『局地戦闘機「雷電」』が、当時は名を知られていた、第二次世界大戦ブックスのシリーズに加えてもらって刊行された。

英バランタイン版の翻訳本で始まった、サンケイ出版刊のこの叢書《そうしょ》は、読者がなじみやすいように、文章と写真・図が半々なのがお約束で、文字量は四〇〇字詰め原稿用紙で二〇〇～二五〇枚、ページ数も全冊一定だった。しかるに私の性癖から、それまでに同シリーズに書いた日本機主題の三冊（『月光』『飛燕』『屠龍』）は完全に原稿枚数がオーバーで、異例の増ページを余儀なくされたものもあった。

ところが『雷電』は二五〇枚で収まった。写真のスペースもゆったり取れ、編集サイドからも喜ばれた。理由は簡単。装備部隊数が多くないうえに、使用期間が短く、実戦のほとんどが本土上空のB－29との交戦なので、状況説明に手間どらなかったためだ。

それでも、「『雷電』の初出撃はマリアナ戦」「B－29の多数機を撃墜」といった、行きすぎた解説がまかり通っていたころだから、拙著はとりわけ戦闘部分において初紹介が相継ぐ、画期的内容だったと自負している。

その後、全面的な増補改訂に着手して、朝日ソノラマの戦記文庫に入ったのが一九八八年末。同文庫のうち売れ行きが芳しかった二〇冊に選ばれ、九二年の秋に文庫新装版にされるさい、また増補改訂。さらに九八年春、一〇冊だったかを単行本に仕立てなおす企画にも選ばれて、またまた増補を施した。内容、判型、装丁が異なった四種の『局地戦闘機「雷電」』ができて、ある種の満足感をもたらしてくれた。

ようやく一段落のはずが七年後の二〇〇五年に入って、文春文庫版での刊行が決まり、改めて全体を再チェック。例によって増補および改定を実施した。

出し直すたびに加筆と手直しに時間を費やすのは、読者からすれば却って煩《わずら》わしいのでは、と思う。多少の変化のために、仕方なく購入される方もおいでだろう。それが分かっていながら、なおも充実を試みるのは、より正確で読みごたえのある本を送り出したいという、自己満足の追求心に基づく。

さらに一五年をへて、このたびNF文庫版を刊行する。できるかぎりの増補を進めた六冊目のわが「雷電」は、最初のサンケイ版とくらべ、文章量は二倍を超えて五五〇枚を数える。取材協力・資料提供者も四〇名ちかく増えて一一〇名に及んだ。

大戦終了から四分の三世紀。時間の経過にはばまれて、直接取材によるこれ以上の内容的な増補は、私にとってもはや不可能だ。したがって、本書を最終版とせざるを得ない。

厚木基地の第三〇二航空隊は敗戦直後、降服を拒否して抗戦継続を叫び、空から檄文《げきぶん》のビラをまいた。このとき部隊の主要装備機のうちで、唯一用いられなかったのが「雷電」である。「雷電」隊の分隊長を務めた寺村純郎さんに理由をたずねると、「操縦が大変で、ビラまきなんか危なっかしくてできませんよ。当然、零戦を使いました」との返事だった。

元分隊長の言葉のなかに「雷電」搭乗員の誇りを、私は勝手に感じ取った。そして、この異色の難物戦闘機の通史に取り組んできたことに、自分なりの充実感をかみしめていた。最終版の形、バランスを整え、時間的配分の指示を受けおって下さった小野塚康弘さんの配慮には、今回も感謝のほかはない。

二〇二〇年六月

渡辺洋二

取材協力者

本書をまとめるにあたり、左記の方々から談話、資料、写真などをご提供いただきました。ご協力に深く感謝いたしますとともに、記述の責任のいっさいは著者にあることをお断りしておきます。

相沢善三郎、青木滋、青木光子、浅沼正、蘆立榮一、荒蒔義次、飯野伴七、出原寛一、磯崎千利、一木利之、市村吾郎、伊藤進、今村正仁、岩下邦雄、植松眞衛、及川栄四郎、大沢徳吾郎、大野晃、大堀源、岡本俊章、荻島毅導、尾崎富美子、小野清紀、金子喜代年、金田泉、河井繁次、川崎勲、河野茂、川本正行、神崎迪子、菊地信夫、岸岡秀夫、岸本操、工藤稔、栗坂伸三、栗栖幸雄、黒澤丈夫、黒田昭二、古賀良一、小福田租、斎藤順、佐戸井長吉、佐藤晃三、佐藤智恵子、澤口正男、清水秀夫、進藤三郎、鈴木隆、曽根嘉年、高石巧、高橋楠正、髙橋治宏、谷水竹雄、谷山瑞郎、田村一、寺村純郎、戸口勇三郎、豊田一義、豊田耕作、豊永実、中島孝平、西田勇、西畑喜一郎、羽切松雄、橋本勝弘、橋本壮、服部敬七郎、林常作、林英男、林藤太、原重蔵、土方敏夫、日高盛康、平木一、平田敬量、福井二郎、福森清、藤原守夫、星野艶子、堀越須磨子、松尾慶一、松田政之、松場秋夫、松若佐市、三森一正、美濃部正、宮城幸正、三宅淳一、宮崎富哉、宮田房治、向井寿三郎、村上義美、元林稔和、森岡寛、森益基、八木隆次、山川光保、山下俊、山下政雄、山本定雄、山本重久、矢村幸夫、由井なみ、吉田年宏、吉野実、吉原博二（敬称略、五十音順）

Gordon S. Williams, James P. Gallagher, John W. Lambert, US Army, USAF, US Navy, US Marine Corps, National Archives, Imperial War Museum

なお、文中の階級は断りのないかぎり記述内容の時点におけるもので、最終階級ではありません。

「雷電」の変遷

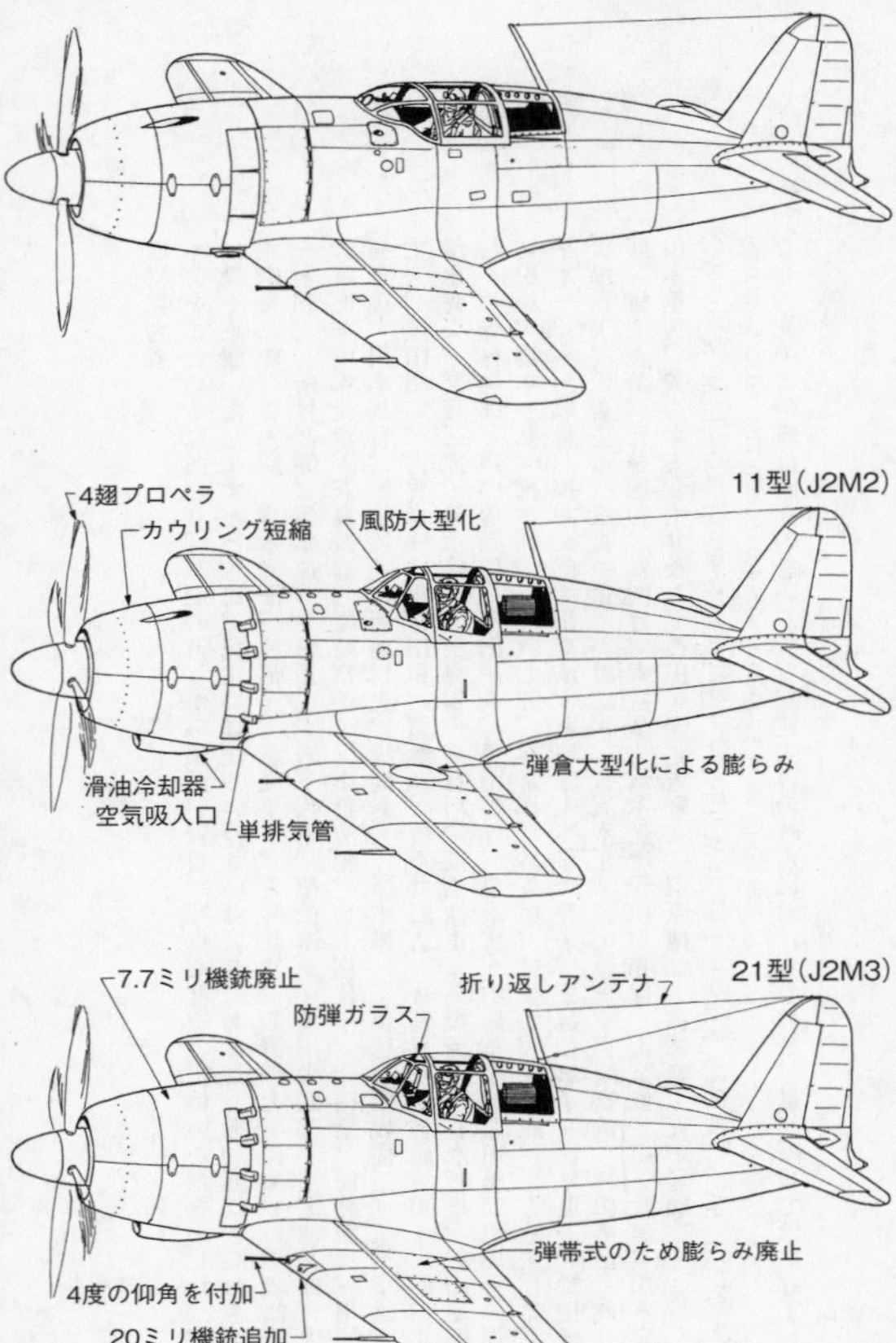
十四試局地戦闘機(J2M1)
11型(J2M2)
4翅プロペラ
カウリング短縮
風防大型化
弾倉大型化による膨らみ
滑油冷却器
空気吸入口
単排気管
21型(J2M3)
7.7ミリ機銃廃止
折り返しアンテナ
防弾ガラス
弾帯式のため膨らみ廃止
4度の仰角を付加
20ミリ機銃追加

345 「雷電」の変遷

31型(J2M6)

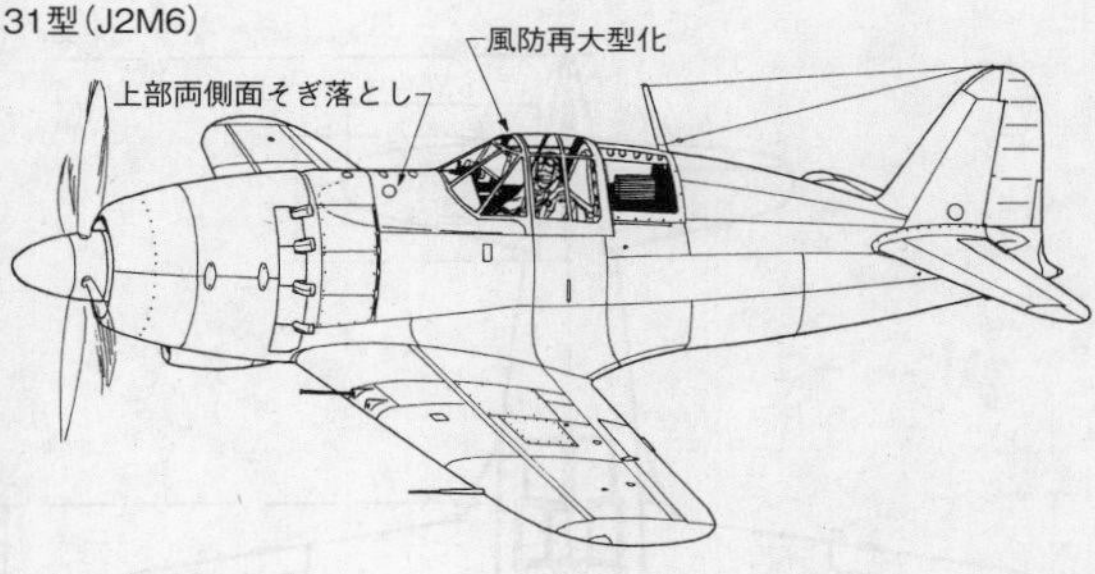

33甲型(J2M5a)

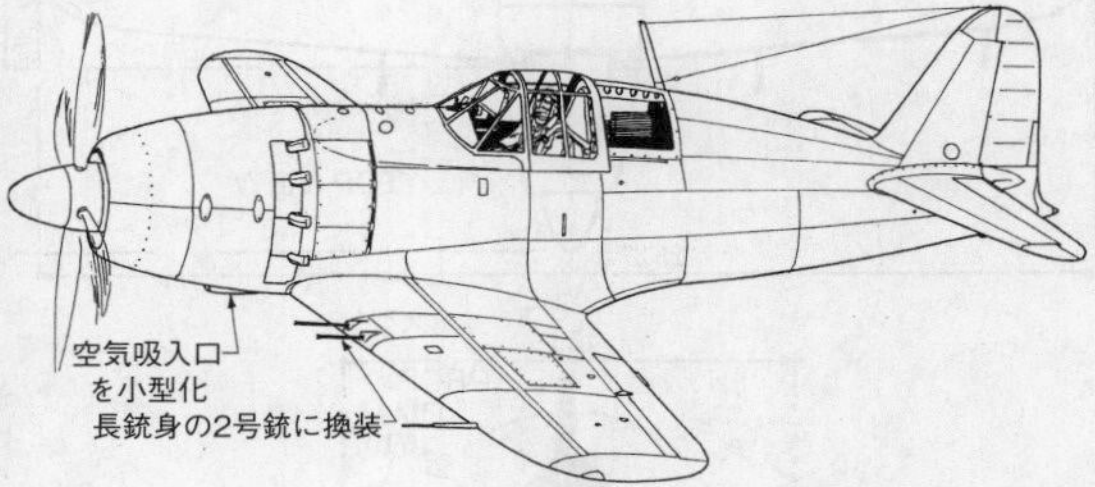

33型(J2M5)武装改修機

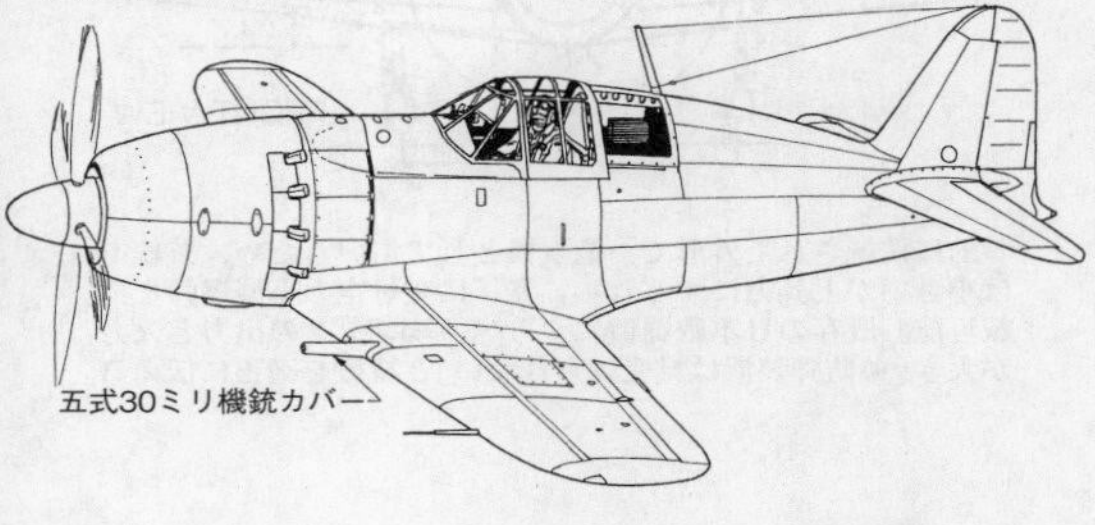

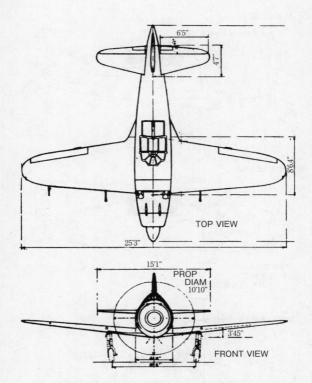

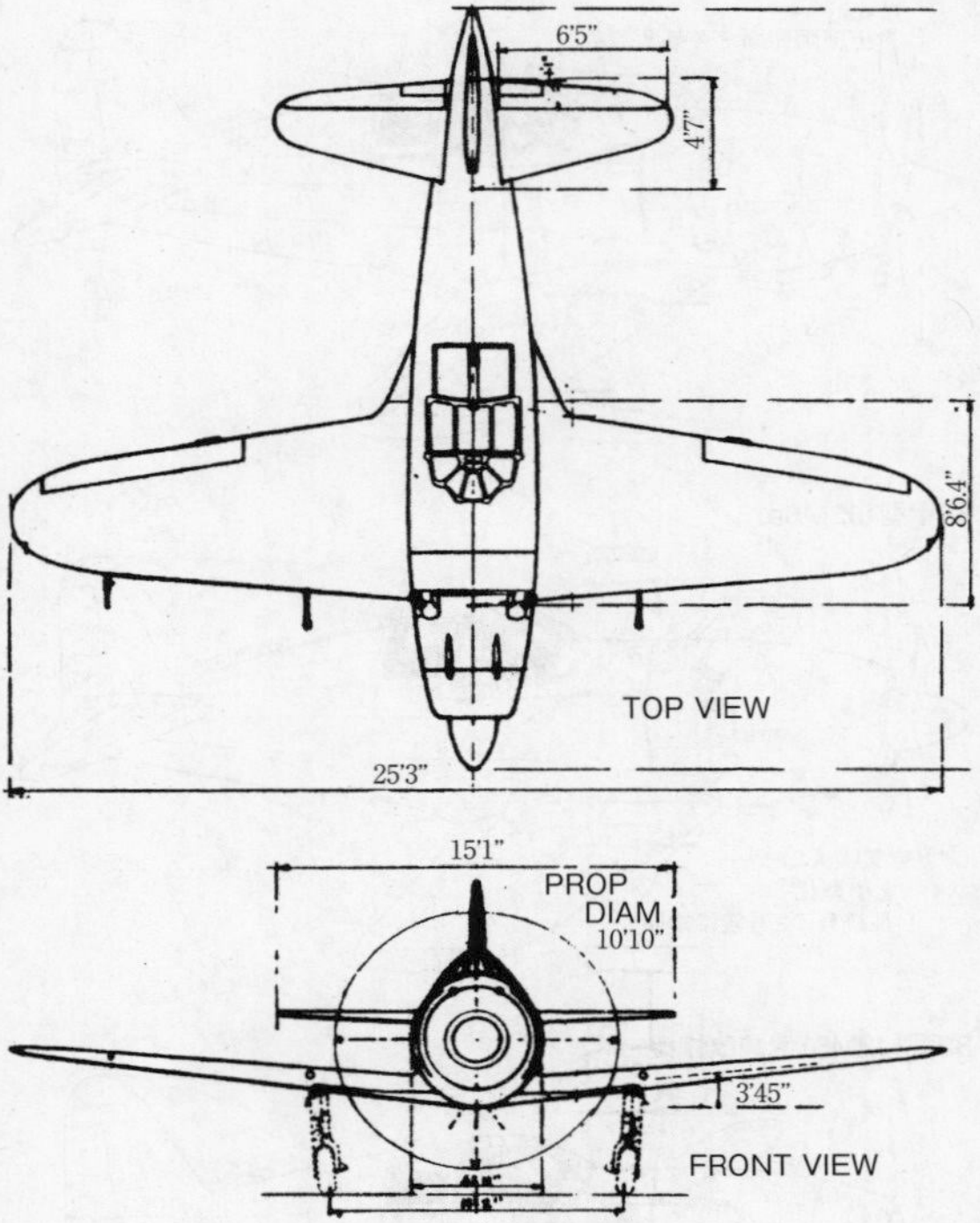

↘的に洗練された外形で、邀撃機として用いるため、航続力は小さいが上昇力にすぐれる。翼下に空対空の小型爆弾を搭載可能。既存の日本戦闘機にくらべ、エンジンの出力と火力が大きい。防弾装置は見受けられない」と特徴を適正に伝える。

347　「雷電」11型の四面図

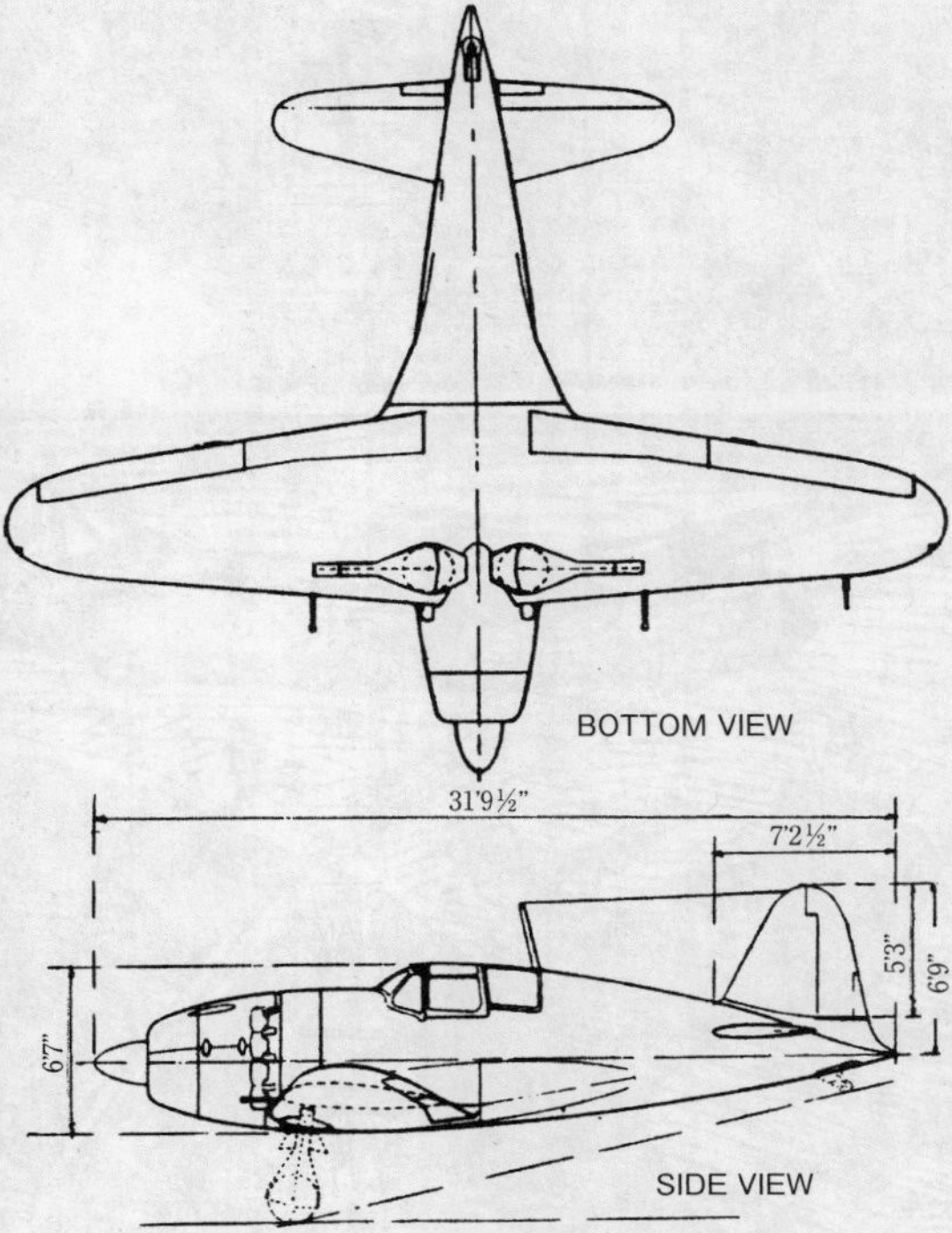

「雷電」11型の四面図　1944年12月に米軍が作った日本機要目集に収められた。カウリング下面の空気吸入口がないほかは、取扱説明書から抜いたのかよく描いてあり、寸度も正しい。性能表も速度が過大なほかは、ほぼ正確。概要の項には「空力↗

"JACK" GETS B-29 OFF NAGOYA BAY, AND CASEY GETS "JACK".

昭和20年2月、鳴尾基地での彦坂仁一飛曹(当時)と「雷電」。三三二空の尾翼記号は他部隊よりも小ぶりだった。

〔B－29クルーが描いた対「雷電」空中戦〕

第314爆撃航空団・第19爆撃航空群のB－29機長／主操縦士か航法士が、作戦期間中に描いた日本空襲の各種イラストの中に、1枚だけあった「雷電」との交戦が、この2コマだ。

味方機が「雷電」に片翼をちぎられ撃墜された上のコマに続いて、伊勢湾、三河湾、浜名湖などが分かる下のコマで、「B－29がジャック(雷電)に伊勢湾沖で落とされた。後部銃手のケイシイがそのジャックを撃墜した」との注記どおりの戦闘が展開されている。

なかなか達者なタッチで、「雷電」も間違えようがない。日付は書いてないが、おもに名古屋周辺の軍需施設を爆撃した昭和20年(1945年)6月26日の昼間空襲にほぼ間違いないだろう。第21爆撃機兵団は合計6機を失い、うち5機がこの方面での飛行中だった。

日本機が「雷電」と確定するなら、航続力から所属部隊は三三二空以外にない。この日、鳴尾から「雷電」で出た三三二空の彦坂仁上飛曹(11期甲飛予科練出身)の戦闘空域は、滋賀上空とされているが、西へ直距離で120～130キロの伊勢湾沖での空戦も可能である。

敵クルーが描いた「雷電」は彦坂機だったのか。イラストから搭乗員が落下傘降下したと分かるけれども、上飛曹はついに鳴尾に帰ってこなかった。

B-29墜不×2、斉藤栄五郎上飛曹（丙6)、越智明志上飛曹（甲9)、三三二空、笠ノ原

4月28日　B-29墜不×1、馬場武彦飛曹長（甲5)、三〇二空、志布志湾

B-29墜不×1、笹沢等一飛曹（甲11)、三〇二空、鹿屋

4月29日　B-29墜×2、坂田繁雄飛長（特乙1、戦死)、三〇二空、宮崎県南部

B-29墜×1、黒田昭二飛長（特乙1)、三〇二空、鹿屋

6月1日　B-29墜×1、林藤太大尉（兵72)、三三二空、大阪

6月23日　P-51墜×1、赤松貞明中尉（操17)・西條徹上飛曹（甲10)、三〇二空、千葉県

※出身期の「兵」は兵学校、「予」は予備学生、「操」は操縦練習生、「甲」は甲飛予科練、「特乙」は乙飛予科練（特）の略。期数のあとに戦死とあるのは当日の交戦時を示す。

「雷電」撃墜リスト（日付判別分のみ）

日付が判然とした撃墜だけを掲げてみた。当然ながら相手の大半はB−29だが、撃墜数が意外に少なく、本表には含まれない日付未確定の撃墜も10機あまりしかないようだ。1年に満たない実戦期間、多からぬ配備機数、それに交戦機種が限定されている点を考えれば、むしろ当然だろう。

データは順に、年月日、撃墜機種、機数、搭乗員（連名は協同戦果）、出身期、配属航空隊、撃墜空域（「上空」は省いた）を示す。「墜」は確実撃墜、「墜不」は不確実撃墜の略。「おおむね確実」は「墜不」に含んだ。

昭和19年

9月30日　B−24墜不×1、服部敬七郎中尉（機52）編隊、三八一空・戦闘第六〇二飛行隊、バリクパパン

11月21日　B−29墜×1、一木利之飛曹長（丙2）、三五二空、諫早東方〜五島列島西方

B−29墜×1、土屋進二飛曹（丙飛）、三五二空、有明湾

B−29墜×1、名原安信飛曹長（操44）・三宅淳一上飛曹（甲10）、三五二空、長崎県松島

12月3日　B−29墜×1、坪井庸三中尉（予9）、三〇二空、犬吠埼

B−29墜×1、中村佳雄上飛曹（丙3）、三〇二空、銚子

B−29墜×1、杉滝巧上飛曹（丙7）、三〇二空、房総半島

12月22日　B−29墜（不？）×1、越智明志上飛曹（甲9）、三三二空、大阪

昭和20年

1月6日　B−29墜×1、沢田浩一中尉（兵72、戦死）・栗栖幸雄飛長（特乙1）、三五二空、野母崎西方

2月10日　B−29墜×1、寺村純郎大尉（兵71）、三〇二空、銚子

2月12日　F−13墜×1、坪井庸三大尉（予9）、三〇二空、犬吠埼

2月16日　F6F墜×1、坪井庸三大尉（同上）、三〇二空、茨城県／千葉県

F6F墜×1、坪井庸三大尉（同上）・春川正次飛長（丙16）、三〇二空、三浦半島

4月27日　B−29墜×1、中島孝平大尉（兵71）、三三二空、鹿屋

「雷電」一一型データ（三菱、航空本部、航空技術廠資料）
全幅：10.795m、全長：9.695m（水平姿勢）、全高：3.875m（三点姿勢）、主翼面積：20.05m²、水平尾翼全幅：4.60m、主車輪：直径60cm×厚さ17.5cm、轍間距離：3.40m、自重：2527kg、全備重量：3300kg、翼面荷重：164.6kg／m²、エンジン：三菱「火星」二三甲型（離昇出力1820馬力、公称第1速1600馬力／高度1300m、公称第2速1510馬力／高度4150m）、燃料容量：590ℓ（胴体内タンク410ℓ、翼内タンク90ℓ×2）、潤滑油容量：64ℓ、水メタノール容量：120ℓ、プロペラ：住友VDM式4翅（直径3.30m）、最高速度：322ノット（596km／時）／高度5450m、着陸速度：82.5ノット（153km／時）、上昇力：5000mまで4分30秒、実用上昇限度：11680m、航続力：570浬（1055km）／230ノット（426km／時）／高度6000m／正規重量（燃料361ℓ）、1360浬（2520km）／230ノット／高度6000m／第2過荷重量（増槽装備、燃料856ℓ）、武装：九九式二号20mm機銃三型×2（弾数各100発）、九七式7.7mm機銃×2（弾数各550発）、60kgまたは30kg爆弾×2

「雷電」二一型データ
寸度、エンジンなどは同一。燃料容量：570ℓ（胴体内タンク390ℓ、翼内タンク90ℓ×2）、自重：2490kg、全備重量：3440kg、翼面荷重：171kg／m²、最高速度：322ノット（596km／時）／高度5450m、着陸速度：87.5ノット（162km／時）、上昇力：6000mまで5分38秒、実用上昇限度：11520m、航続力：1025浬（1898km）／190ノット（352km／時）／高度3000m、武装：九九式二号20mm機銃四型×2（弾数各210発）、九九式一号20mm機銃四型×2（弾数各190発）、60kgまたは30kg爆弾×2

NＦ文庫

局地戦闘機「雷電」
二〇二〇年八月二十三日　第一刷発行
著　者　渡辺洋二
発行者　皆川豪志
発行所　株式会社　潮書房光人新社
〒100-8077　東京都千代田区大手町一-七-二
電話／〇三-六二八一-九八九一㈹
印刷・製本　凸版印刷株式会社
定価はカバーに表示してあります
乱丁・落丁のものはお取りかえ致します。本文は中性紙を使用
ISBN978-4-7698-3177-8　C0195
http://www.kojinsha.co.jp

NF文庫

刊行のことば

第二次世界大戦の戦火が熄《や》んで五〇年——その間、小社は夥しい数の戦争の記録を渉猟し、発掘し、常に公正なる立場を貫いて書誌とし、大方の絶讃を博して今日に及ぶが、その源は、散華された世代への熱き思い入れであり、同時に、その記録を誌して平和の礎とし、後世に伝えんとするにある。

小社の出版物は、戦記、伝記、文学、エッセイ、写真集、その他、すでに一、〇〇〇点を越え、加えて戦後五〇年になんなんとするを契機として、「光人社NF(ノンフィクション)文庫」を創刊して、読者諸賢の熱烈要望におこたえする次第である。人生のバイブルとして、心弱きときの活性の糧《かて》として、散華の世代からの感動の肉声に、あなたもぜひ、耳を傾けて下さい。

＊潮書房光人新社が贈る勇気と感動を伝える人生のバイブル＊

ＮＦ文庫

海軍攻撃機隊　海軍航空の攻撃力を支えた雷爆撃機列伝

高岡迪ほか　艦攻・艦爆に爆装零戦、双発爆撃機、ジェット攻撃機とロケット機、大型機、中攻、下駄ばき機まで、実力と戦場の実相を綴る。

海軍大佐水野広徳　日米戦争を明治に予言した男

曽我部泰三郎　機動部隊攻撃、フィリピン占領、東京空襲…太平洋戦争は水野大佐の予測どおりだった！　気骨の軍人作家の波瀾の生涯を描く。

彩雲のかなたへ　海軍偵察隊戦記

田中三也　九四式水偵、零式水偵、二式艦偵、彗星、彩雲と高性能機を駆り幾多の挺身偵察を成功させて生還したベテラン搭乗員の実戦記。

海軍と酒　帝国海軍糧食史余話

高森直史　将兵たちは艦内、上陸時においていかにアルコールをたしなんでいたか。世界各国の海軍と比較、日本海軍の飲酒の実態を探る。

日本軍隊用語集〈下〉

寺田近雄　辞書にも百科事典にも載っていない戦後、失われた言葉たち――明治・大正・昭和、用語でたどる軍隊史。兵器・軍装・生活篇。

戦闘機対戦闘機　無敵の航空兵器の分析とその戦いぶり

三野正洋　最高の頭脳、最高の技術によって生み出された戦うための航空機――攻撃力、速度性能、旋回性能…各国機体の実力を検証する。